The Secret Life of Dust

From the cosmos to the kitchen counter, the big consequences of little things

小さな塵の大きな不思議

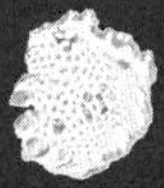

ハナ・ホームズ 著
Hannah Holmes
岩坂泰信 監修 梶山あゆみ 訳

紀伊國屋書店

The Secret Life of Dust

From the cosmos to the kitchen counter,
the big consequences of little things

小さな塵の大きな不思議

Hannah Holmes

The Secret Life of Dust

From the Cosmos to the Kitchen Counter, the big Consequences of little Things

大きくておでぶな私の女神、地球へ

謝辞

私のために時間をさいてくださった大勢の研究者に深くお礼を申しあげたい。彼らが、埋もれていた論文を掘りおこしながら適切な方向を示してくれたおかげで、有益な情報にたどりつくことができた。本書が今ここにあるのも、彼らが塵への情熱とその知識を惜しみなく分けあたえてくれたからである。なかでも、多忙な研究の合間を縫って詳しい説明をし、さらに何時間もかけて原稿をチェックしてくださった以下の方々には、重ねて心から感謝の言葉を述べたい。本書になお誤りがあるとしても、いっさいの責任は私にある。

2章——素晴らしい天文学者で大切な友人のデイヴィッド・レックロン。さらに、スタンリー・ウーズリー、ニール・エヴァンズ、ヘンリー・スループ、デイヴィッド・リーサウィッツ、マックス・バーンスタイン、キム・セパルヴァー。3章——ドン・ブラウンリー、スーザン・テイラー、ケン・ファーリー、マイク・ゾレンスキー、ラリー・ニトラー。4章——デイヴィッド・ループ、デイヴィッド・フアストフスキー、マーク・ヘンドリクス。5章——エステル・レヴェティン、バリー・ヒューバート、デイヴィッド・パイル、ヘイリー・ダッフェル。6章——ダン・ジャフィー、スティーヴ・ウォレン、ダグラス・ウェストファル、ジョー・プロスペロ。7章——ピエール・ビスケイ、ディーン・ヘッグ、タマラ・レドリー、デイヴィッド・リンド。8章——ジーン・シン、ダニエル・ムース、リチャード・

シュレシンジャー、モートン・リップマン、ギャリエット・スミス、メアリー・シルヴァー、ジョン・プリスク、デイヴィッド・ミラー、チャールズ・メイン。9章――ロバート・キャステラン、スザンナ・フォン・エッセン、アイリーン・シュナイダー、アルバート・ヒーバー。10章――ポール・リオイ、アンディー・リュー、ランス・ウォレス、アイリーン・アブト、バーナード・ハーロー、フランク・ヴィジル、イェンス・ポニカウ、ジョン・ロバーツ、アジル・レドモン。11章――リー・アン・ウィルソン、フレッド・アダムズ、ケン・カルデイラ。

　南メイン大学ポートランド図書館のデイヴィッド・ヴァーデマンにはとくに感謝の意を表したい。地球のさまざまな側面を研究する専門的な雑誌をいくつも取りよせてくれた。また、活字になった世界を次々に手渡してくれた同図書館のスタッフにもお礼をいいたい。

　最後になるが、私の両親に感謝する。キッチンのテーブルに顕微鏡が置いてある家で私たちを育ててくれた。友人でエージェントのカレン・ネイザー、お尻を叩いてくれてありがとう。パパ、カーステン、読んでくれてありがとう！　そして、わかりにくい文章をものともせずに快く原稿を読み、鋭いアドバイスをくれ、ミスター・ムーキー・モーを忘れずにビーチに連れていってくれたビッグ・フィッシュことクロード・V・Z・モーガンにも、感謝の言葉を送りたい。

はじめに

なぜ塵の本を書くことになったのかって？

塵のほうからいささか強引に売りこんできたのだ。何年か前、恐竜化石の調査を取材するためにモンゴルのゴビ砂漠を訪ねたときのこと。ピンク色ともオレンジ色ともつかない砂塵がたえず巻きあがり、無視のしようがないほどしつこく私につきまとった。ふいに向かってきては目や鼻に入りこむ。本のページのあいだからは顔を出す。果ては寝袋の奥にまで押しいってくる。

はじめは、砂塵が飛びかうといってもせいぜいこのあたりだけだろうと思っていた。ところが、調査隊に加わっていた地質学者のデイヴィッド・ループによると、空高く舞いあがった砂塵は遠くまで流れ、薄いベールとなって地球全体を覆っているという。私はたちまち興味を引かれた。切りたった砂岩の崖のかたわらで、渦巻く砂塵を目を細めて眺めながらループは続ける。ゴビから信じられないような化石が出てくるのにも、塵が一役買っているのだと。空に漂う塵を足場にして雨粒ができる。雨が降ると塵も一緒に落ちてくる。その塵が砂丘にもぐりこんでひそかに不思議な作用を及ぼす——。

それを聞いてふと想像が膨らんだ。考えてもみてほしい。一日に降ってくる雨粒の数といったら、世界全体では途方もないものになる。なのに、その一滴一滴に塵がひとつずつ入っているという。だとしたら、空にはどれほど莫大な数の塵が漂っていることになるのか。その塵はいったいどこからくるのか。

調査隊メンバーのひとりが、ゴビの塵はしぶといから気をつけろと教えてくれた。ゴビを離れて半年たっても耳から出てくると。でも、私の場合はもっと奥まで入りこんでしまったらしい。家に戻ってきたら、頭のなかが塵でいっぱいだったのである。空に目をやれば、地球を覆うベールが見えはしないかと探す。腕に雨粒が当たれば、飛びちった水滴を見つめて、このなかに入っていたのはどんな塵だろうと思いめぐらす。パソコンの画面を指でなでては虫眼鏡で覗き、指紋の谷間できらりと光る細かいほこりに目をこらす。小さすぎて見えなくても、ありとあらゆるものが塵となって漂っている。はがれた皮膚、砕けた岩石、樹皮、自転車のペンキ、ランプシェードの繊維、アリの脚、セーターの毛糸、欠けたレンガ、タイヤのゴム、ハンバーガーを焼いたときの煤(すす)、バクテリア。世界はこうしているあいだにも少しずつ削られている。

目に見えないからといって害がないわけではない。塵はときに情け容赦なく悪事を働く。気候学から免疫学まで、今ではさまざまな分野の研究者たちが塵に非難の目を向けている。地球の気候がなぜ移りかわるのかはいまだ明らかになっていないものの、変動を引きおこす重要容疑者と見られているのが塵だ。なにしろ、空に昇っていく塵の量は一年で数十億トン。これだけあれば、とうぜん大気の動きに影響する。塵は、多くの命を奪う元凶とみなされるようにもなってきた。炭坑で働く人やサンドブラスト(訳注 砂粒を吹きつけて金属やガラスを磨くこと)をする人、あるいはアスベスト(石綿)を扱う人だけが危ないのではない。数千人、いや、ことによると数百万人ものごくふつうの人々が、ただ塵の多い環境で暮らし、その空気を吸っているだけで命を落としている。人間の肺は、自然界の塵であれば吸いこんでもほとんど外に出すことができる。ところが、産業活動から生まれるもっと細かい塵には弱いらしい。塵と喘息の関係についても議論が盛んになっている。これまで科学者は、喘息患者が増えている原因をいろいろな室内塵（いわゆるハウスダスト）に求めてきた。しかし、最近の研究結果によれば、問題なのは塵の種類ではなくサイズかもしれない。つまり、小さすぎるハウスダストこそが真犯人ではないかというのだ。

こうした塵を研究するには、アイデアと工夫が欠かせない。調べる対象がゾウならば、さほどの苦労もなく標本が見つかるだろう。しかし、相手が塵となると、サンプルを手に入れるだけでも知恵を絞る必要がある。ある女性研究者は、水中で使える掃除機をつくって井戸の底に溜まった宇宙塵を吸いとった。別の研究者は最後の氷河期に積もった塵を調べようと、氷河の氷をくり抜いて、そこから塵を取りだしている。ようやくつかまえてもまだ闘いは終わらない。うまく扱おうにも分析しようにも、その慎ましやかなサイズが災いして一筋縄ではいかないのである。氷河を調べている研究者は、指にラップを巻いて塵をかき集めるそうだ。

ゴビ砂漠に立ち、空に漂う塵の数に思いを馳せてからというもの、塵は空気を介して伝わるメッセージだと考えるようになった。塵は世界のニュースを運んでくる――「ロッキー山脈で浸食が進む」「フィリピンで火山が噴火」。ローカルニュースも忘れない――「近くでコーヒー豆が焦げているもよう」「高速道路の交通量多し」。三面記事もあって、人間が何をしているのかを教えてくれる。それだけ私たちも塵にまみれているというわけだ。

塵が運ぶメッセージの意味を少しでも知ってもらいたい。それが、本書を書いた目的のひとつである。地球は大きすぎて、何が起きているのかつかみきれないように思えるときがある。しかし、この星でいちばん小さいレポーターが伝えるニュースに注目すれば、かえって全体の様子が見えてくるのではないだろうか。

それからもうひとつ。この本を読んで、あなた自身からも塵が出ているのに気づいてくれれば嬉しい。何を隠そう私たちは、自分の皮膚のかけらや服の繊維でできた塵のもやにいつも包まれている。それだけではない。マッチをするたび、明かりのスイッチを入れるたび、車で一キロ走るたび、私たちは空気中に飛びちる塵の量を増やしている。ひとりひとりの出す塵がすべて集まれば膨大な量だ。世界全体に影響が及んでもおかしくはない。

細かく砕けた地球の皮膚が塵となって舞いあがると、それが自然の営みによるものであれ人間の活動によるものであれ、気象に変化をもたらし、気候の変動をも引きおこす。やがておりてきた塵は、海や土壌の性質を変え、私たちの傷つきやすい肺にダメージを与える。こんなに小さなものが、大いなる不思議とはかりしれない破壊力を秘めているのである。

最後に、本書で使う用語について少し説明したい。

●温度は摂氏で表す。

●サイズの問題については1章で取りあげるが、参照しやすいように、いくつか小さいものの例をあげておく。

一センチ……一万ミクロン
句点「。」の直径……このフォントで一千ミクロン
砂粒……六三ミクロン以上

塵……六三ミクロン以下*
人間の髪の毛の太さ……一〇〇ミクロン**
花粉……一〇～一〇〇ミクロン
セメントの粉……三～一〇〇ミクロン
菌類の胞子……一～五ミクロン
バクテリア……〇・二～一五ミクロン
生まれたての宇宙塵……〇・一ミクロン
種々の煙の粒子……〇・〇一～一ミクロン
タバコの煙の粒子……〇・〇一～〇・五ミクロン

●「硫黄ビーズ」について。本書ではかなり広い範囲の微粒子を「塵」として扱っている。しかし、何人もの研究者から、私が「硫黄ビーズ」と呼んでいる粒子は塵に含めるべきではないとの助言をいただいた。反対する理由はわかる。硫黄ビーズとは、石炭を燃やしたときや、火山が噴火したときに出る硫黄化合物のガスが、空気中でさまざまな反応を経て小さな粒になったものを指している。この粒子は、まわりの大気からすばやく水分を奪いとって液体になる場合が多いため、塵に含めないほうがいいとい

*(原注) 厳密にいうと、ここで「塵」に分類している粒子を地質学では「シルト」と「粘土」に分ける。同じ地質学でも分野によって、砂とシルトの境を六三ミクロンとする場合もあれば、六〇、あるいは五〇で線を引く場合もある。「粘土」が四ミクロンより小さいことではおおかたの意見が一致している。

**(原注) 個人差が大きい。

うのだろう。しかし、空気が乾いていればこの粒子は固体になる。もっと正確にいえば、一個の硫黄ビーズは空中を漂いながら水を引きつけたり離したりすることができ、液体から固体へ、さらにまた液体へと移りかわる。科学者にすれば、この微粒子は「エアロゾル」であって塵ではない。だが、本書は専門書ではないので、これを塵の仲間に入れても問題はないと考える。*

*（訳注）右にもあるとおり、著者は広い範囲の小さな粒子を「塵」と表現している。これが本書のキーワードでもあるので、訳出上もそれを尊重した。そのため、各研究分野では通常「塵」と呼ばれていないものも「塵」と表現している個所がある。一般に、大気中にある程度の時間浮遊している微粒子を「エアロゾル」といい、著者が本書で「塵」としているものの多くは「エアロゾル」に含まれる。
また、本書で著者が「硫黄ビーズ」と呼んでいるものの正しい名称は、「硫酸塩エアロゾル」である。硫酸塩エアロゾルとは、産業活動や自然界から生みだされる二酸化硫黄のガスが、空気中で複雑な反応を経て小さな粒子になったものだ。酸性雨やオゾン層破壊の原因になるとともに、近年では気候変動とのかかわりで注目を集めている物質でもある。訳出上は著者の命名どおり「硫黄ビーズ」を採用し、ところどころに正式な名称を併記する形をとった。

小さな塵の大きな不思議
目次

第10章　家のなかにひそむミクロの悪魔たち　312

第11章　塵は塵に　368

口絵１　かに星雲（本文37ページ）
（T. Credner & S. Kohle, Uni-Bonn (Calar Alto Observatory)）

口絵２　わし星雲（本文48ページ）
（Jeff Hester and Paul Scowen (Arizona State University), and NASA）

口絵３　オリオン大星雲（本文49ページ）
左：ハッブルの古いカメラで写したもの（NASA and C. R. O'Dell (Vanderbilt University)）
右：赤外線を検知できる装置をつけて写したもの（Rodger Thompson, Marcia Rieke, Glenn Schneider, Susan Stolovy (University of Arizona); Edwin Erickson (SETI Institute/Ames Research Center); David Axon (STScI), and NASA）

口絵４　アムンゼン・スコット基地の井戸の底から見つかった宇宙塵（本文67ページ）
（Susan Taylor, Cold Regions Research & Engineering Laboratory, U.S. Army Engineer Research & Development Center）

口絵６　カッパドキア（本文269ページ）
©オリオンプレス

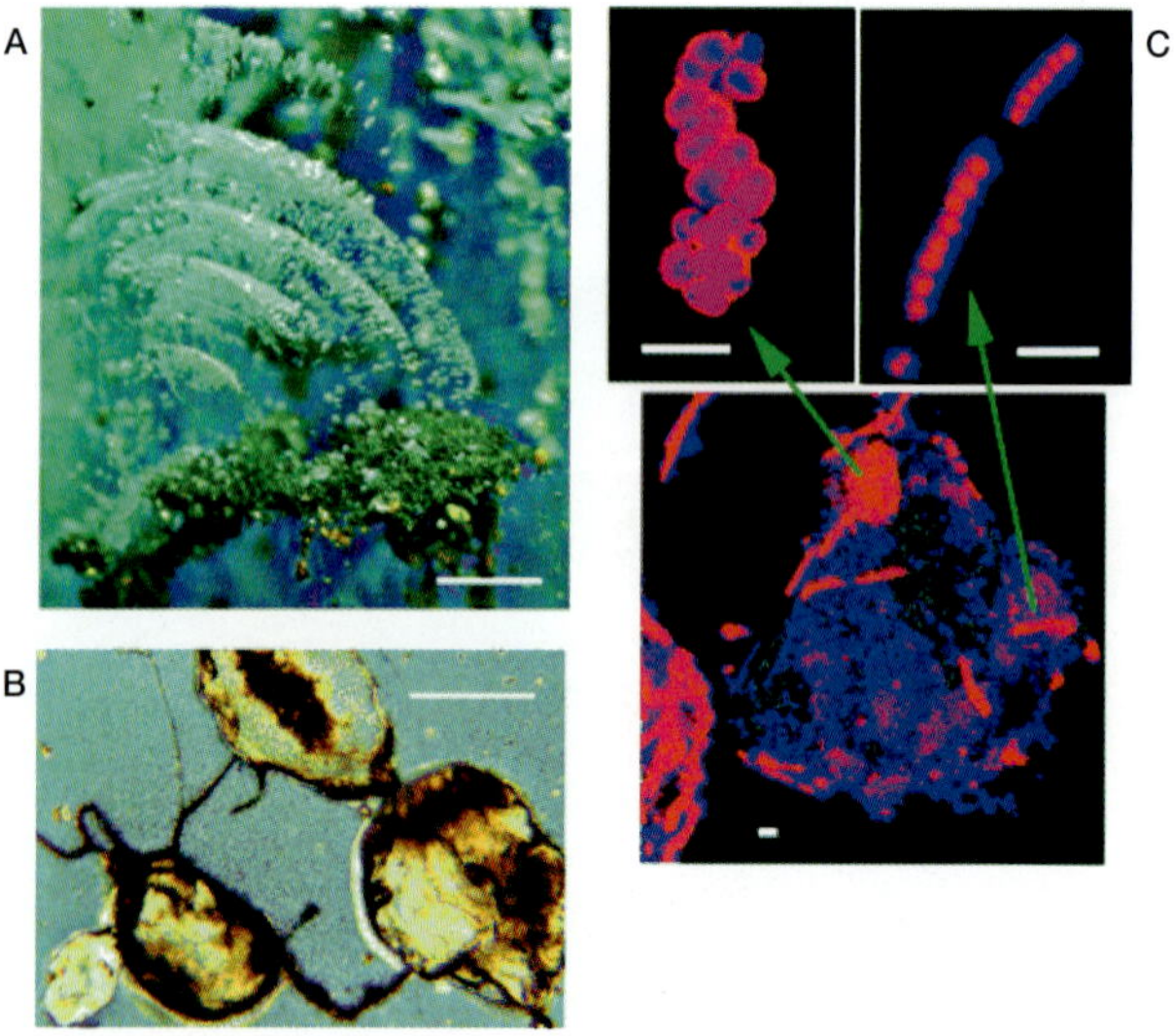

口絵５　ボニー湖の氷から見つかった塵の塊とバクテリア（本文234-5ページ）
A：黒く見えるのが塵の塊（スケールバー＝2センチ）
B：塵の粒子の拡大写真。バクテリアの出す繊維でつながっている（スケールバー＝10ミクロン）
C：粒子を染色して拡大した写真。青い個所は生きたバクテリア。赤はバクテリアがつくる葉緑素が集中した個所（スケールバー＝100ミクロン）
（Reprinted with permission from JC Priscu et al., "Perennial Antarctic Lake Ice: An Oasis for Life in a Polar Desert," Science 280: 2095-2098, June 26, 1998. Copyright 1998 AAAS.）

I章　一粒の塵に世界を観る

背の高いグラスがひとつ、ポーチの手すりに乗って日差しを浴びている。見たところ空（から）のようだ。しかし、グラスのなかにはミクロの塵が飛びまわっている——少なく見積ってもざっと二万五〇〇〇個ほど。しかも、こうした塵には地球のありとあらゆるものが勢ぞろいしている。あるときは、サハラ砂漠の細かな砂塵と目には見えないラクダの毛。風向きが変われば、森のキノコの胞子と干からびたスミレの花のかけら。近くのバス停で乗客が乗り降りすれば、人間の皮膚のかけらが排気ガスの煤と混じってあたりに立ちこめる。

あなたが息を吸うたび、何千という塵の微粒子が体に入っている。鼻の奥の迷路で止まってくれるとはかぎらない。のどに張りつく塵もあれば、大切な肺の奥深くまで入りこむものもある。ここまで読みすすんだあなたは、すでに世界のかけらを一五万個は吸いこんだことだろう。それも、飛びぬけて掃除のゆき届いたところで読んでいるならの話。あまりきれいとはいえない場所にいるなら、一〇〇万個以上が鼻のなかに消えていてもおかしくはない。

これまで塵は人間からほとんど顧みられてこなかった。しかし、じつは恐ろしいほどの力をもっている。地球とその住人の健康を脅かす塵。人間や動植物の役に立つ塵。その不思議さでただただ人をとりこにする塵もたくさんある。これからそのすべてを顕微鏡で覗き、知られざる塵の世界を明らかにしていきたい。

地球は塵に取りまかれていた

塵について調べてみてまずショックを受けるのは、私たちがどれだけたくさんの塵に取りまかれているか、地球の表面からいかに大量の塵が立ちのぼっているかである。塵はあまりに小さく、つかまえにくいため、正確なトン数はいまだに把握できていない。それでも、間違いなく毎年途方もない量の塵が風に乗っている。

砂漠からは、一年で一〇億から三〇億トンの砂塵が巻きあげられている。一〇億トンといえば、有蓋貨車一四〇〇万両に塵を詰めた量と変わらない。貨車をすべてつなげれば、地球の赤道を六周する長さになる。

海からは三五億トンもの塩のかけらが吹きあげられている。

植物も一〇億トンの有機化合物を吐きだす。その三分の一ほどは固まって小さな粒子となり、空気中を漂っているといわれる。

プランクトンから、あるいは火山や沼地から漏れだす硫黄化合物のガスは、二〇〇〇万から三〇〇〇万トン。その約半分が複雑な反応を経て微粒子となり、空を舞う。

山火事で草木が燃えれば六〇〇万トンの煤が立ちのぼる。

山肌は氷河に少しずつ削られ、塵となって風に乗る。その量は……どれくらいなのだろう？　誰にもわからない。

火山が噴火したら、火山灰はどれだけ飛びちるのだろうか。

生物の塵はどうだろう。カビの胞子、ウイルス、藻類、バクテリア、花粉、朽ちた葉の繊維、ハエの目玉、クモの脚、チョウの羽の鱗粉、ホッキョクグマの毛、ゾウの皮膚。こうしたものがいったい何トン宙に浮かんでいることか。

四〇〇万年ほど前からは、私たちの祖先も塵を吐きだす仕事に加わりはじめる。まずは火という魔法の道具を操るようになって、地上から立ちのぼる煤を増やした。やがて金属の不思議を学ぶにつれて、青銅、鉄、銅、金、銀などの熱い微粒子を空中にまき散らしていった。糸を紡いで布を織る方法を考えだしてからは、目に見えない繊維のかけらを次々と風に乗せた。ついに産業革命によって、私たちは急ピッチで塵をつくるようになる。

毎年九〇〇〇万から一億トンもの硫黄酸化物が、いわゆる「化石燃料」（石炭や石油など）を燃やすことで生じている。おもな出どころは石炭を燃やす火力発電所だが、石油を利用する発電所やディーゼルエンジンも見逃せない。今や人間が生みだす硫黄酸化物の粒子は、自然に発生するものより三倍から五倍も多くなった。しかも、化石燃料を燃やす量は日に日に増えている。

農場、自動車、ボイラーなどからは、窒素酸化物のガスが一億トン以上も立ちのぼり、硫黄酸化物の場合と同じように細かな粒子となって空を漂う。

上空に浮いている煤のうち八〇〇万トンは、山火事のせいではなく、化石燃料、とくに石炭を盛大に燃やしたために生まれた。山火事から吹きあげられた六〇〇万トンの煤も、もとをたどれば人間の手にいき着くケースが多い。

巻きあげられる砂塵が一〇億トンであれ三〇億トンであれ、その少なくとも半分は人間に原因があるといわれる。農業や乱開発などで大地をやみくもに掘りおこさなければ、自然に漂う砂塵の量は今の半分だったかもしれない。

さらには二〇世紀の産んだ恐ろしい塵がある。神経を冒す水銀。手足を麻痺させる鉛。ダイオキシンやポリ塩化ビフェニル（ＰＣＢ）などの発ガン性物質。原発事故で飛びちった放射能の塵。殺虫剤。アスベスト。有害な煙。こうした塵が一年にどれくらい空を舞っているのか——いまだ明らかになっていない。

小粒の塵は鼻をすり抜けて肺へ達する

塵の「量」を割りだすのは大変でも、「大きさ」をつきとめるのはそう難しくはない。いや、「小ささ」というべきか。とにかく小さいのである。小さすぎて、重力をもってしてもおとなしく従わせるのに苦労する。塵の表面に何らかの力が働くと、それが静電気であろうと、原子と原子の相互作用であろうと、重力よりも大きな影響を塵に及ぼす。だから塵にとっては、テーブルの上に落ちるのも天井に張りつくのも、同じくらい簡単だ。

科学者は塵の大きさをミクロンで表す。一ミクロンは一センチの一万分の一である。たとえば、私たちの髪の毛の太さはだいたい一〇〇ミクロンと考えていい。これをハサミで一〇〇ミクロンの「長さ」に切りとるとしよう。できた切れ端はすぐに見失ってしまうほどごくごく小さいものなのに、塵と呼ぶにはまだ大きすぎる。科学者の分類では、このサイズのかけらは「砂粒」の仲間に入る。

厳密にいうと、髪の毛の太さの三分の二より小さくなってはじめて、ようやく「大粒の塵」と呼ぶことができる。大粒の部類に入る塵はたいてい自然がつくったものだ。花粉もそのひとつで、直径は一〇〇ミクロンから一〇ミクロンのあいだに入る。浜辺か砂漠の砂を手ですくって揺すると、砂がこぼれてかすかな粉が手のひらに残るだろう。大きさはまちまちだが、その多くは大粒の塵といっていい。人間の皮膚のかけらは、シャツの織り目の隙間から漂いでて、目には見えないもやとなって体を包んでいる。かけらのひとつひとつは長方形で、縦が二〇ミクロン、横が一〇ミクロンだ。海から吹きとばされる塩のかけらは、直径五ミクロンあまりのものが多い。だいぶ小さくなってきたが、これでもまだ塵としては大きいほうである。

健康科学の分野では、大きな塵より小さな塵が問題になっている。人間の体は、自然がつくった大きい塵は締めだす仕組みになっているからだ。たとえば、ほとんどの花粉は大きすぎるので鼻のなかに引っかかる。花粉症の方なら身にしみておわかりだろう。ところが、小さい塵は鼻に仕掛けた罠をすり抜け、デリケートな肺の奥にまで進んでいく。

最近まで科学者は、安全な塵と危険な塵の境目を一〇ミクロン（髪の毛の太さの一〇分の一）としていた。しかし、塵にかんする研究が進むにつれて、この境界線は押しさげられることになった。今ではその四分の一、つまり二・五ミクロンより小さい塵が危ないとみなされている。塵による病気や死亡のほとんどは、このサイズの塵が引きおこしていることがわかってきたのだ。しかし、どこまでなら肺が安全かを定めなおすことはできても、ごく小さい塵がどうやって人の命を奪うのかはまだ明らかになっていない。

小粒の塵の顔ぶれを見てみると、自然の塵は少ししかいないのがわかる。代表選手は菌類（カビやキノコ）の胞子とバクテリアで、一〇ミクロンよりはるかに小さいものが多い。しかし、「飛びきり小さい」仲間の大部分は産業から生みだされる。殺虫剤の粒子は、直径が〇・五から一〇ミクロンのあいだのものがほとんどだ。タバコの煙のなかで一番大きい粒子でも、〇・五ミクロンに満たない。これは、髪の毛の太さのわずか二〇〇分の一である。自動車の排気ガスになると、一番小さい粒子はたったの〇・〇一ミクロン（髪の毛の太さの一万分の一）。大気汚染の原因となるガスが空気中で粒子になった場合も、これくらいの大きさになる。ウイルスや、化学物質の大きめの分子もほぼ同じサイズだ。

このように大小さまざまな塵が二万五〇〇〇個、ひそかにグラスのなかを漂っている――。どうだろう、だんだんイメージができてきたのではないだろうか？

「善玉」の塵もお忘れなく

これから詳しく見ていくように、塵は数々の害を及ぼし、生命を脅かす。そのいっぽうで、欠くことのできない大切なものでもある。私たちの太陽は、巨大な塵の揺りかごから生まれた。さらには、その同じ塵——タバコの煙の粒子ほどの大きさ——の一部が集まって私たちの地球ができた。宇宙空間には膨大な量の塵が漂って天の川を暗くしているため、地球からはきわめて明るい星しか見えない。星がその一生を終えれば、爆竹のように弾けて銀河にはさらに黒い塵が飛びちる。それでも、寿命の尽きた星が吐きだすこの塵こそが、次の世代の星々や惑星などを生みだしていく。

地球の上でも、塵がなければとうてい暮らしていけない。そもそも、塵のないきれいな世界はうだるような蒸し暑さになるはずだ。地球上の水は循環している。海や湖から蒸発した水蒸気は空気中で冷えて液体になり、雨となって地面に戻ってくる。しかし、雨粒ができるためには、塵がたくさん漂っていないといけない。小さな塵の表面を足場にして水蒸気が集まるからだ。塵がひとつもないと、水蒸気が水滴に変わりはじめるのは、湿度がじつに三〇〇パーセント近くになってからである。そんな湿度の空気のなかに入ったら、今の暑苦しい夏の日が懐かしく思えるほどになるだろう。ほかにちょうどいい足場がないので、水蒸気はあなたの体の表面で水に変わるからだ。

塵を足場として水滴ができ、それがたくさん集まると雲になる。とすると、塵が減れば雲も減るおそれがありそうだ。雲は日光の大部分を反射して、地面に影をつくっている。いつ観測してみても、地球のほぼ半分は雲に覆われている。雲がなければ、その下が凄まじい暑さになるのは間違いない。

また、空中をさまよう塵の多くは生きている。生き物の塵が風に乗って旅をしているおかげで、地球は緑と健康を保っているといっていい。たとえば菌類は、動植物の死骸から岩石にいたるまで種々雑多な物質を分解して生きている。その過程で、なかに閉じこめられていた栄養分が解きはなたれ、土が豊かになる。ありがたいことに、ほとんどすべての菌類は胞子を風にまき散らすように進化してきた。胞子は頑丈なので、気まぐれな雨風にもてあそばれながらもほうぼうに広がり、あちらこちらの地面に落ちてくれている。

花粉も風を利用するものが多い。大粒の花粉は、花蜜を狙うハチや鳥に張りついてヒッチハイクするが、小粒の花粉は風に乗って漂い、やがてしかるべき花の上に舞いおりる。こうして、緑の植物の成長は絶えることなく続いていく。

ケイ藻（そう）と呼ばれる小さな藻（も）も、やはり空中を旅して広がると見られている。線虫という名の小さい虫もその小ささを生かし、風に運ばれながら領土を広げている。しかも、多少の長旅はものともしないらしい。南極では最後の氷河期に生物が一掃されたはずなのに、今では大きめの線虫をはじめとする種々の微生物が、マクマード・ドライバレー〔訳注　南極大陸にありながら一年中雪や氷で覆われることのない乾燥した広大な谷〕の冷たい土に住みついている。おそらくはこの微生物の祖先が、南米やアフリカ、あるいはオーストラリアからはるばる飛んできたのである。

これで驚くのはまだ早い。風に乗るだけでなく、空中で子孫を増やす微生物がいるらしいのだ。ある種のバクテリアは、空を漂いながら自分の体のまわりに水蒸気を集め、できた水滴のなかで分裂して増えていくという。

善玉の部類に入る塵は生き物の塵だけではない。岩石の塵もそうだ。何十億トンもが風下に流れていくことで、地球にとってかけがえのない役割を果たしている。カリブ海に浮かぶいくつかの島は、塵が砂漠や火山から大量に飛んできて積もらなければ、灰色の岩肌がむきだしのままだっただろう。実際は塵のおかげで、青々とした植物が溢れんばかりにおい茂っている。アマゾンのジャングルも塵なくしては語れない。アマゾン地方は雨が多いため、土壌の栄養分がたちまち洗いながされてしまう。ところが、毎年冬にサハラから北東の貿易風が吹いてくると、栄養豊富な塵が南米の森に降りそそいで土をよみがえらせてくれる。

岩石の塵は、信じられないほど荒涼とした場所でも小さな命を養っている。氷河に住むタフな微生物にとって、空から落ちてくる塵は宅配サービスで届くよりどりみどりのご馳走のようなものだ。塵は厚い氷のなかにまでもぐり込んで小さな生命を育んでいる。塵が海に落ちれば、植物の大発生を促す場合もある。植物といっても植物プランクトンなのでとても小さい。だが、プランクトンがいなければ海の食物連鎖は成りたたない。また、「塵は塵に」のサイクルとしては少し変則的なのだが、植物プランクトンは砂塵から栄養をとって硫黄を多く含む新たな塵をつくっている。この塵が舞いあがると、雲をつくるうえで重要な役割を果たすことになる。

生きている塵もそうでない塵も、たくさん集まると気象に大きな影響を及ぼす。その仕組みはある程度解明されてきた。最近では、塵が世界の長期的な気候まで左右していることが明らかになりつつある。これまで気候学者は、ある種のガスによって地表近くの熱が閉じこめられるのを心配していた。しかし、地球が実際に温暖化してきた今、ガス以外の要素もかかわっていることがわかってきた。そこで、空中を漂う小さな塵に大きな注目が集まっている。塵には、日光を跳ねかえして地球を冷やすものもあれば、煤のように、空を舞いながら大量の熱を吸収するものもある。最後の氷河期の終わりに氷河が急に消えていったのは、地球全体が塵の猛吹雪に襲われたからではないかという驚くべき仮説もある。しかし、結局のところ塵が地球の気温にどう働きかけているのかは、世界でも指折りの優れた頭脳をもってしてもまだはっきりした答えが出ていない。

塵は人間の生活にもかかわってきた

塵と人間は何千年ものあいださまざまなかたちでかかわりあってきた。八〇〇〇年前、中国の中部で農耕を始めた人々は、自分たちの土地に素晴らしい特徴があるのに気づく。その土地は、砂漠の塵が風で運ばれてきて積もったものだった。塵は約一〇〇メートルの厚さに降りつもっていて楽々と耕せる。しかも、栄養分が豊富で、作物を育てるにはうってつけだった。今でも、同じように砂塵が堆積した地域はアメリカ中部をはじめ世界中に見られ、盛んに農業がおこなわれている。あいにく、この塵が気ままに漂いだすと大変な問題が起きるのだが、それはのちの章で見ていくことにしよう。

中国の農民が塵を耕してから四〇〇〇年ほどたった頃、古代メソポタミアの人々は素晴らしい発明の才を発揮した。地元で豊富に手に入る塵を高温で溶かして、石の板をつくったのである。数年前、イラクのマシュカン・シャピルと呼ばれる遺跡から、大きくて平たい長方形の石のブロックが見つかった。色は黒く、見た目は玄武岩にそっくりである。ところが、石の化学成分を調べてみると、天然の玄武岩とは一致しない。なんと、近くの川岸に堆積した細かい砂の成分と同じだった。マシュカン・シャピル一帯はもともと木材や石が少ない土地である。それで、塵を一二〇〇度にまで熱して溶かし、型に流しこんでブロックをつくることを思いついたのではないかといわれている。

同じ頃、フィンランドでは一風変わった塵をうまく利用していた。この塵は、奇妙な繊維状の石を砕くと出てくる。粘土に混ぜると強さが増すので、陶器をつくるときや家の隙間をふさぐのに重宝された。のちにヨーロッパのもっと南の地域では、この石——アスベスト——の繊維で布を織り、燃えない衣服がつくられるようになる。当時の博物学者は、アスベストを扱う仕事が健康を害することに早くも気づいていた。

時代はくだって七〜一〇世紀。グアテマラのティカルに住むマヤ族の人々は、焼き物を割れにくくするために火山の塵、つまり火山灰をかなりの割合で粘土に混ぜていたらしい。このやり方で陶器をつくるには大量の灰が必要となるのだが……ここで不思議なことがある。ティカルの近くには灰の堆積した土地が見当たらないのだ。では、大切な火山灰を、何百キロも先からジャングルを縫って運んできたのだろうか。じつは、もうひとつ興味をそそられる説がある——中米の火山は通説より遅い時代まで活動を続けていたのではないか。陶器がつくられた頃には、はるばるティカルまで灰が飛んでいたのかもしれない。

今でも人間は塵を利用して、作物の栽培や、建築や、陶器づくりをおこなっている。それだけではない。あたりを見回してみれば数々の場面で塵が活躍している。たとえば、セメントの壁には岩石の塵と砂利が混ざっている。建築用の石膏ボードは、鉱物の塵を押し固めて使いやすい形にしたものだ。絵具の色の素（もと）になっているのは、色のついた塵である。クレンザーで汚れがこすり落とせるのも、練り歯磨きで歯が磨けるのも、タルカムパウダーに光沢があるのも、すべて岩石の塵が入っているからだ。アイシャドーは、滑石や魚のうろこ、顔料など、きらきらした塵を混ぜあわせてつくる。アスピリンやビタミン剤も、塵を固めてつくったといっていい。雑誌の紙につやがあるのは、乾燥させた粘土の塵でごく薄くコーティングしているからである。鉛筆の芯は固めた黒鉛の塵。パンもパスタも小麦を挽(ひ)いた塵でできたもの。黄色いマスタードはカラシの種を砕いた塵。ココアはカカオ豆を砕いた塵。現代人の暮らしには塵が欠かせない。

なぜこれほど塵が好まれるのだろうか。たとえば、何か塊状のものを細かく削って塵にしたとしよう。塵の粒ひとつひとつは小さいが、表面の面積をすべて合計すると、もともとの塊の表面積より大きくなる。化学反応はふつう物の表面で起きるため、表面の面積が広いほど反応の度合いは激しくなる。試しに、お湯の入ったカップにコーヒー豆五〇粒をまるごと浸すところを思いうかべてほしい。……とてもじゃないが飲む気はしない。では、五〇粒の豆を挽いて粉にしてから入れたらどうだろう。石鹸も同じだ。洗濯をするのに固形石鹸をそのまま洗濯機に落とすのと、石鹸を粉にして入れるのとでは得られる効果が明らかに違う。表面積が広くなれば、それだけたくさん反応が起きるのがわかるだろう。

こうした性質があるからこそ、塵は大きなパワーを発揮する。そのパワーで、天の恵みを運ぶ場合もあれば……災いを連れてくることもある。

塵には「凶悪犯」が紛れこんでいる

私たちのまわりを飛びかう塵のなかには、凶悪犯も紛れこんでいる。工場から吐きだされる有害な粒子だけではない。ありふれた砂塵でさえ、じつは邪悪な一面をもっている。

七五〇〇万年前、何の変哲もない砂漠の塵が、地に満ちあふれていた恐竜にひそかな罠を仕掛けたらしい。恐竜たちが何事もなく家事にいそしんでいた次の瞬間、近くの砂丘の塵が示しあわせて、この恐ろしい生き物を埋めてしまったのである。(これほど大昔の殺害事件を再現し、塵のように見逃されがちなものを犯人と断定するには、大がかりな捜査が必要となる。のちの章で見ていこう。)

この恐竜はまだ恵まれていたほうかもしれない。その一〇〇〇万年後、はるかにゆっくりだが逃れようのない死がすべての恐竜を待ちうけていた。巨大な隕石が落下し、その衝撃で舞いあがった塵が地球を覆ったのである。空は暗くなり、日光が届かなくなった。この塵によって、鳥類、海に住む生物、誕生まもない小型の哺乳類なども被害を受けた。

砂塵は現代でも問題を起こしている。たとえば、ウミウチワというサンゴが死滅しているのは、塵が引きおこす病気のせいだと考えられている。サハラ砂漠の砂塵は、遠い昔から大西洋を渡ってカリブ海に降りそそいできた。ところが一九七〇年代に入ると、サハラの南にあるサヘル地域でひどい干ばつが続き、以前より大量の塵が運ばれてくるようになる。八〇年代になってカリブ海に飛んでくる塵の量がさらに増えていくと、サンゴ礁にみるみる病気が広がっていった。塵の襲来と時を同じくして、二種類のサンゴがほぼ全滅した。一種類のウニがほとんど死に絶え、ウミウチワには黒い潰瘍ができる。調査の結果、ウミウチワを苦しめている犯人はサハラの塵に含まれるカビだと判明した。

最近では、サハラの塵を詳しく調べる研究が進められている。すでに、放射性元素や水銀、さらには呆れるほど多種多様な菌類など、さまざまなものが砂塵に含まれていることがわかってきた。長年塵の問題にとりくんでいるある研究者によれば、フロリダ南部の夏の空気にはサハラの塵がかなり含まれているという。人間の体に何らかの影響があってもおかしくない。

塵に人の命を奪う力があることは以前から知られていた。たとえば、空気中の有害な微粒子が多い順にアメリカの都市を並べるとしよう。また、それらの都市を死亡率の高い順にも並べてみるとする。すると、ふたつのリストはなんとぴったり一致する。つまり、塵の多い町ほど死亡率が高い。ある連邦政府機関は、アメリカで毎年六万人もの人が汚染物質の塵だけが原因で死亡していると推定する。この大量殺人事件には大きな疑問がひとつ――殺しているのはどの塵なのだろう？

命取りになるのがわかっている塵もある。炭塵がそうだ。アメリカでは毎年一五〇〇人の炭鉱労働者が石炭の粉で命を落としている。また、採鉱やサンドブラストなどに携わる労働者の場合は、石英の粉を吸って年間二五〇人が亡くなっている。アスベストの塵は針のような形をしていて、肺や腹部に命にかかわるガンを引きおこす。しかし、この手の塵は町にはそれほど漂っていない。死亡率の高い都市には別の原因があるにちがいない。続々と集まっているデータから考えて、どうやら私たち自身がつくったごく小さな化学物質の塵が疑わしいようだ。

屋外の塵だけでなく家のなかの塵もまた、敵と味方というふたつの顔をもっている。

ソファーの下や冷蔵庫のうしろに隠れている綿ゴミには、いろいろな種類の塵が絡まっている。宇宙から飛んできたダイヤモンドの粒子。サハラの砂塵。恐竜の骨。ごく最近のタイヤのゴム。問題は、有害な物質もひそんでいることだ。毒性のある鉛。とうの昔に禁止された殺虫剤。恐ろしいカビやバクテリア。発ガン性のある煙の粒子。良かれと思って家中にまき散らしている便利な化学物質の数々。さらには、アレルギーの原因となるチリダニの死骸、生きているダニそのもの、そのダニを襲って食べる別のダニや別の虫までが綿ゴミのなかにひしめいている。

また、幼い子供に鉛中毒が見られるのは、ハウスダストにも原因があると指摘されている。子供がカーペット――とくに塵がいっぱい詰まった古いカーペット――の上を這いまわると、べたべたした小さな手に塵がつく。その手がどこにいくかといえば……そう、口に入る。子供の血液にどれだけ鉛が入りこむかを知りたければ、カーペットの塵に含まれる鉛の量を調べればよくわかるという。

変な話だが、化学物質や金属で汚れてさえいなければ、私たちは綿ゴミが大好きになるかもしれない。アレルギーの専門医は何十年も前から、掃除機のゴミパックから塵を取りだし、エキスにして一部の患者に注射する治療をおこなってきた。このなんとも奇妙なやり方でなぜうまくいくのかははっきりしていない。しかし、これでほこりアレルギーの症状が和らぐとアレルギー専門医はいいきる。現在大きな注目を集めている説によると、塵の多い家と「健康な」子供とのあいだには何らかのつながりがありそうだ。先進諸国では、数十年前から子供の喘息が爆発的に増えている。ところが、このところ次々に発表されている研究によれば、塵とバイ菌だらけの家で這いまわって指をしゃぶっている子供は、かえって喘息にかかりにくいという。ハウスダストのなかの何かが、子供の免疫機能を強くしているのだと医師たちは訴える。

塵から塵へ――これが逃れられない運命

家のなかにいても外にいても逃れられない塵。そのなかには、数こそ少ないものの、私たちの出生の秘密を握る不思議な塵も混ざっている。

それが、宇宙からの塵だ。たとえば、小惑星の塵。遠い昔に、はるか彼方で小惑星どうしがぶつかって弾きだされてきた。彗星の塵もある。数年前、いや数世紀前に地球をかすめたほうき星のなごりだろうか。こうした不思議な塵は、悠久の昔に生まれた星くずをそっくり抱えたまま、一平方メートルあたり一個の割合で毎日地球に降ってきている。

地球はこの宇宙でどうやって生まれたのか。宇宙の塵はその秘密を解きあかす手がかりを握っている。だから、研究者はあの手この手で宇宙塵をとらえようとする。この小さなタイムカプセルは、つかまえてからがまた大変だ。煙の粒子ほどの大きさしかないため、調べたくても調べられないこともある。それでも、宇宙塵の化学成分がひとつ明らかになるたびに、科学者は私たちのルーツに少しずつ近づいている。

過去を知る塵だけではない。

私たちの未来——私たちひとりひとりの未来——がどうなるかを物語る塵も、目には見えないがすぐそばを飛びまわっている。恐竜の塵が現代の空を舞っているように、朽ちはてたあなたの塵もいつかは漂いはじめる。あなたの亡骸が埋められれば、いずれまわりの土と混じりあう。何百年先か何百万年先かはわからないが、雨風に削られて墓が開き、あなたは世界中に飛びちる。火葬にされて散骨されるなら、塵への道ははるかに短いだろう。

塵になりたくないとどれほどあがいたところで、運命からは逃れられない。遺体が遠い未来までもちこたえたとしても、地球自身の死とともに結局はすべてが塵に返る。太陽の寿命は数十億年かけてゆっくりと尽きていく。その途中で地球は間違いなく焼きつくされるだろう。かつて私たちの世界だったものは煙となり、太陽風に乗って、塵ひしめく銀河の彼方へと漂ってゆく。

2章　星々の生と死

一〇五四年、中国。ひとりの天文学者が石造りの塔にのぼり、空を見あげて思わず息を呑んだ。夏の盛りの昼ひなかである。なのに、赤みがかった白い星が煌煌と輝いているではないか。夜になると、不思議な星はなおさら激しく燃えさかった。中国では古くから天文学が発達していて、じつに詳しい星図がつくられていたし、天体を観測するための複雑な道具も工夫されていた。だから、すでに一〇〇〇年以上ものあいだ、こうした「客星」が現れるたびに欠かさず記録されていた。まばゆい星がいきなり空に現れるのも、ふいに燃えあがっては徐々に消えてゆくのも、何か重大なことを告げているにちがいない。だが、それはいったい何なのか。客星を見つけた天文学者は、昔ながらの解釈にならって、その意味をせいいっぱい読みとこうとした。

「謹んで申しあげます。客星が現れるのを見ました」。こう天文学者は綴りはじめ、最後は皇帝を喜ばせる言葉で結んだ。「……客星が畢に近づいておらず、光がきわめて明るいことから、この国に大いなる賢者が現れる瑞兆と思われます」〔訳注　「畢」は中国で用いられた星座の名前のひとつ。おうし座の中央部、牛の顔の部分にあたる〕

ところが、報告書の墨も乾かぬうちに客星の光は弱まっていった。秋がくる頃には、もう真昼に輝く姿は見えなくなる。翌年の秋には夜でさえ見分けるのが難しくなった。天文学者の関心はもっと明るい星に移っていった。彼には知る由もない。客星がしだいに暗くなることにも、大切な意味が潜んでいるのを。客星は黒い塵をまき散らしてわが身を覆っていたのである。

今ではわかっている。客星の吐きだした塵がのちに集まって巨大な揺りかごとなり、次の世代の星々を産みだすのだと。恒星が生まれたあとに残った塵は、やがて何箇所かに固まって堅い惑星になる。今私たちが踏みしめている地球もそうやってできた。何より不思議なのは、糖やダイヤモンドなどさまざまなものを抱えた宇宙の塵が、小さな工場の役目を果たすことだ。そこでつくられた分子が、生命となって花開くかもしれないのである。

この塵のなかに、私たちのルーツを探っていきたい。

塵を宇宙に吐きだす星雲

客星からおよそ九〇〇年が過ぎた頃、あるオランダ人天文学者が中国の古文書に新たな光を当てた。例の客星の位置を割りだしてみたのである。その方向に望遠鏡を向けてみると……映ったのはおなじみの「かに星雲」〔訳注 おうし座の牛の角の先にある星雲〕だった。かに星雲は私たちのいる天の川銀河にあって、地球からは約七〇〇〇光年離れている。オランダの天文学者は確信した。中国の客星はいわゆる「超新星」、つまり並外れて大きな星が爆発したものだったにちがいない。

かに星雲をつくった客星は、短くも華々しい一生を送った。まず、数種類のありふれた元素のガスと、塵少々が集まって星ができる。それはじつに巨大な球だった。その莫大な燃料を、星の中心部にある炉はたった数百万年のうちにほとんど燃やしつくした。燃やすもののなくなった星は身震いし、星の外側をつくっている何層かのガスを振りはらう。まもなく炉そのものが爆発して衝撃波を放った。衝撃波は凄まじい勢いで広がっていき、遠ざかりつつあったガスの層に追いつく。すると、その衝撃でガスの一部が変化して、風変わりな新しい元素が生まれた。プラチナ、金、チタン、ウランなどである。

ガスはさまざまな物質が混じりあって緑、青、赤の光を放つ。爆発から数か月すると、ガスはいろいろな大きさの塊に分かれはじめた。塊はなおも時速数百万キロという猛スピードでつき進みながら、しだいに縮んでそれぞれが雲になる。やがて、気体だった元素が冷えて小さな塵の粒ができた。ガラス質のケイ酸塩の塵。金の塵。放射性ウランの塵。ユウロピウムやプラチナの塵。さらにはダイヤモンドの塵までも。

ダイヤモンドといっても、ゴージャスなものを思いうかべてはいけない。爆発した星のガスにはあまり炭素が含まれていないので、ミニ・ダイヤがゆっくり大きくなっている余裕はなかった。大爆発から数百日のあいだは、少ないながらもどうにか炭素原子を集められただろう。しかし、ほどなく炭素は底をつき、小さな宝石の望みは打ちくだかれた。バクテリアが婚約指輪をつくるとしたら、この宇宙のダイヤモンドがちょうどいいといった天文学者もいる。

ダイヤモンドの数は頭打ちになっても、ほかの塵は続々と生まれて溜まっていった。塵は日ごとに濃くなり、客星の光のなごりをますます隠していく。爆発から数年たつと、生まれたての塵が一面に渦巻きはじめた。黒鉛とガラスを粉々に砕いたような塵。といっても、口に入ってジャリジャリいうようなものではない。粒を二〇〇個並べてようやく人間の髪の毛の太さくらいのサイズだ。ダイヤモンドにしたって、光ることもできないほど小さい。それでも、この塵には輝かしい未来が待っていた。

　現在のかに星雲は、半透明の緑色の卵に赤い筋がいくつも走っているように見える（口絵1）。ところどころが塵で暗くなっているのもわかる。塵をつくりだす時期は終わったと見られるものの、塵をまき散らす時代は始まったばかりだと、ミネソタ大学の天文学者、クリス・デイヴィッドソンはいう。デイヴィッドソンは、かに星雲をつくっている物質についていち早く研究したことで知られている。

「温度が一〇〇〇ケルビン［摂氏約七二七度］より下がったら、塵が自然に生まれると考えてまず間違いありません」とデイヴィッドソンは説明する。「かに星雲ははじめ非常に熱かったと思います。爆発から数年間は塵がつくられなかったでしょう。一〇〇年後にはかなりの量の塵ができていたはずです」

　爆発してからほぼ一〇〇〇年のあいだ、かに星雲は塵のしみがついた風船のように膨らみつづけた。今では直径一一三兆キロ近くにわたって広がっている。それでもまだ息切れはしていない、とデイヴィッドソンはいう。

「ふつう、超新星の残骸が膨張をやめるのは、別のガス雲にぶつかったときです。ところが、かに星雲のまわりには何もありません。銀河面〔訳注　銀河を横から見たときの中央の面〕から上に五〇〇〇光年離れたところに浮いています。ですから、星雲の上半分はこのまま銀河系の外にまで広がりつづけるでしょう。下半分は、あと三万年から一〇万年くらいしたら銀河面に達するかもしれません」

　人間の時間の尺度からすると、かに星雲をつくったような華々しい客星はごく稀にしか現れない。超新星として一生を終えるのは非常に大きな恒星だけだ。そういう星は、この銀河系では一〇〇〇個に一個である。それに、超新星はたしかに盛大に塵を生みだすが、効率を考えてやっているわけではない。だから、炭素や窒素などの生命に欠かせない物質は、塵にわずかしか含まれていない。

しかし、ゆっくりと進む宇宙の時計で考えると、こうした巨大な星も、もっと慎ましやかな星も、ひっきりなしに銀河系で塵を噴きあげているといっていい。平均的な大きさの銀河に集まっている恒星は、全部で一〇〇〇億から一兆個。そのほとんどが、一生を終えるときに多少の塵を宇宙空間にまき散らしている。働きざかりの健康な星でも、ときおり咳きこんで熱い大気から塵を吐きだす。

私たちの太陽のような地味な恒星はあまり燃料を食わないので、一〇〇億年は燃えつづけるといわれる。しかし、いずれは膨れあがって、できたての熱い原子を放りだす。太陽型の星は目立たないが数は多い。宇宙にある炭素の塵のほとんどは、こうした平凡な星々がささやかなファンファーレとともにまき散らしたものだ。ストロンチウム、イットリウム、バリウムなどの元素も、そうやって地味な星から生まれた。アルミニウムもそうだ。だから、婚約指輪を捜しているバクテリアたちも心配はいらない。ダイヤモンドは無理でも、誕生石なら事欠かないだろう。ありふれた星の残骸をあされば、酸化アルミニウムのかけらが山ほど見つかる。酸化アルミニウムの別名を知っているだろうか？　含まれる不純物の種類にもよるが、ルビーまたはサファイアと呼ばれる宝石のことである。

小型の星が燃えつきたあとの芯からも、生命に欠かせない塵が生まれることがある。芯だけになった星は「白色矮星」と呼ばれ、きわめて重い。白色矮星が別の星と連星をつくっている場合、互いの距離が近づくたびに相手の星のガスが少しずつ白色矮星に流れこんでくる。溜まったガスの量が限度を超えると、白色矮星は爆発する。飛びちったガスが冷えるにつれて塵が生まれるのは同じだが、白色矮星の塵には、鉄とその仲間（クロム、マンガン、コバルト、ニッケル）などの重要な元素が豊富に含まれることになる。

かに星雲は、すでにきらびやかな塵をすべて吐きだし終えただろうとデイヴィッドソンはいう。今はできたての塵が猛スピードで広がりながら、新しい星として生まれかわる未来に向かっている。

宇宙塵の形のミステリー

かに星雲からどんな塵が生まれたか、またその塵がどれだけのスピードでふるさとから遠ざかっているかは科学者にも推測がつく。しかし、何兆キロも離れた地球からではどうしてもつきとめきれない部分が残る。まず、宇宙の塵はいったいどんな「姿」をしているのだろうか。

「まだはっきりした答えは出ていません」と天文学者のスティーヴ・ベックウィスはいう。ベックウィスは、ハッブル宇宙望遠鏡をコントロールする宇宙望遠鏡科学研究所の所長で、かつては宇宙の塵を研究していた。背が高く、珍しい金色の瞳をしている。「塵がどんな形で、どんな成分でできているのか、正確なところはわからないんです。小さな球状なのか、ひも状なのか。それとも植物に似ているのか。小さな雪片に似たものが多いだろうとは思うんですけどね」

ベックウィスがあげたのは候補の一部にすぎない。ごくふつうの宇宙塵がどんな姿をしているかについては、じつにさまざまな説がある。白いガラス状の粒か黒鉛の粒がむきだしになっているという説もあれば、ガラス質の芯を有機分子が覆っているとの興味深い見解もある。かと思えば、ガラス状の物質に、炭素や氷、さらには有機分子がつながった、ふわふわした感じの物体だろうといった意見もある。なかでも自由な発想の最たるものは、宇宙塵が一〇〇パーセント有機物でできているという説だろう。もしそうなら、そっくりそのまま生命の素になる。

もうひとつわからないのは、かに星雲から猛スピードで遠ざかっていく塵の「サイズ」である。生まれたばかりの宇宙塵がどれくらい小さいかはわかっている。塵から出ている放射線から判断して、煙の粒子ほどの大きさだ。だが、そのあとどれくらい大きくなるのかという話になると、放射線ではまったくわからない。ある研究者はこうぼやいた。「トヨタの車くらいに大きくなっていても、おれたちにはわからないんだ」

しかし、平均的な宇宙の塵がどんな姿をしているかは、少しずつ見えはじめている。一九九八年に打ちあげられたスペースシャトル「ディスカヴァリー」号には、実験のため、ある円筒形の容器が乗っていた。容器のなかには宇宙空間と同じ環境が再現されている。ここに人造の宇宙塵を入れて、塵がどのように成長していくかを観察しようというのだ。乗組員がスイッチを入れると、宇宙塵を模した二酸化ケイ素の粒子が自動的に容器に吹きこまれる。ハイテクのモニターが見守るなか、いくつかの小さな粒子がつながって細い枝のような形になった。あいにく、ほかの粒子がすぐ容器の側面についてしまい、枝はあまり大きくなれなかった。つぎに同じ実験をするときには、塵が付着しないように容器を衣類乾燥機のように回転させる予定だという。

宇宙空間は塵だらけ

できたての塵がどういう姿なのかはまだわからない。しかし、超新星の爆発によってガスから重い元素が生まれるたび、銀河系に日に日に塵が溜まっていくのは確かだ。そう、宇宙空間はけっして空(から)ではない。塵だらけなのである。

今はるかな宇宙に旅をしたとしよう。あたりの空間から一辺が一〇〇メートルの立方体を切りとり、そのなかの塵の数をかぞえる。たぶん二十数個しか見つからない。しかし、地球から冥王星までのわずかな距離を考えても、この立方体が約五八〇億個並ぶことになる。それぞれの立方体に二十数個ずつ塵が入っているのだから、相当の量だ。宇宙のどこに望遠鏡を向けても塵のもやにぶつかるといっていい。

NASAの科学者、デイヴィッド・レックロンは、ハッブル宇宙望遠鏡のプロジェクトを担当している。ハッブルの大きさはスクールバスほどで、地球を回る軌道に浮かんでいる。それでも、はじめて宇宙に向かって目を開いたときは、地上の望遠鏡と同じく塵に視界をさえぎられていた。メリーランド州のNASAゴダード宇宙飛行センターにオフィスを構えるレックロンは、銀髪で身のこなしが素早く、どことなく猫に似ている。レックロンは机の角に腰を乗せて、私たちの銀河系を写した写真を見せてくれた。地球が位置する銀河系のへりから、中心部を眺めたものだという。ところが、映っている景色は暗くてわびしげである。ところどころ針の先で突ついたように星が光っていて、あとはまんなかに光の帯があるだけだ。

「光でいっぱいのはずなんですがね」。レックロンはもどかしげな笑みを浮かべる。「この塵さえなければ」

宇宙の塵はすべて、中国に現れた客星のような星々の残骸が溜まったものだ。塵はこれからどうなっていくのだろうか。じつは、地球が誕生したときと同じ物語をくりかえしていくことになる。そこで、宇宙の時間を数十億年前に戻して、私たちの太陽系がどうやって生まれたのかを望遠鏡で覗いてみよう。

太陽系を産んだ塵の雲

六〇億から八〇億年前、地球の誕生よりもはるかに昔、宇宙には客星が溢れていた。ただし、まばゆい光が目撃されることも、その位置が筆で記されることもない。もちろん、その意味を推しはかろうとする者もいなかった。

宇宙の時計が時を刻むにつれて、客星はスローモーションの打ちあげ花火のように燃えあがっては消えていく。数十億年が過ぎていくあいだ、華やかな客星はもちろん、もっと暗くて目立たない星々も、たえまなく塵を吐きだしていった。

およそ五〇億年前、激しい銀河風に吹きよせられて少し多すぎる量の塵が一箇所に集まる。うしろのほうで弾けている花火からは、危険な放射線が激しく降りそそぐ。だが、この塵の雲は非常に大きかったので、放射線の猛攻に耐えた。雲の奥深くには花火の音などほとんど届かない。

それは、銀河系に数ある塵の雲のひとつにすぎなかった。同じような塵の雲は今もあちらこちらに浮かんでいる。たとえば、おうし座とオリオン座には、それぞれ大きな黒い雲が見つかっている。銀河系には、巨大な塵の雲だけでも全部で四〇〇〇個ほど漂っているし、小ぶりのものも入れたら数えきれない。銀河系ではこうした塵の雲がいちばん大きな物体なのである。とりわけ大きい雲になると、三〇〇光年にもわたって広がっている。これは、太陽系に一番近い恒星から地球までの距離の、ほぼ七〇倍にあたる。なかには、太陽を一〇〇万個もつくれるほどの大量のガスと塵を含む雲もあるという。こうした塵の雲を調べることで、私たちの太陽系がどうやって生まれたかも推測できるようになってきた。

太陽系を産んだ塵の雲がどれくらいの大きさだったかはわからない。しかし、最初はガスにも塵にもとぼしいおとなしい雲だっただろう。一立方センチあたりに含まれるガスの原子の数は、今私たちが吸っている空気と比べると一兆分の一にも満たない。ガスの原子がまばらなうえ、塵の数となるとさらに少なかった。

そんな薄いスープから太陽のような巨大なものが生まれるなんて、おかしいように思うかもしれない。しかし、この雲が途方もない大きさだったのを忘れてはいけない。塵ひとつひとつは煙の粒子ほどだとしても、膨大な数が集まれば侮れない力となる。銀河系に吹きあれる放射線はこの塵にも打ちあたり、そこで止まった。

太陽系を産んだ塵の雲にとって一番の敵は紫外線だった、と語るのはNASAのデイヴィッド・リーサウィッツ。レックロンのいる建物の向かいのビルにオフィスを構える彼は、まさに、絵に描いたような宇宙物理学者だ。太陽のまわりを回る惑星のようにコーヒーポットのまわりをウロウロし、書く文章は専門用語だらけ。オフィスの壁は観測衛星のピンナップ写真でいっぱいだ。

塵の雲の近くにあったどの星からも、紫外線が襲ってきたとリーサウィッツは説明する。紫外線には特殊な力があるため、塵の粒子や複雑な分子はばらばらにされかねない。もしもそれらがすっかり壊されていたら、地球が生まれることはなかっただろう。ところが、私たちの母なる雲は紫外線の攻撃に負けなかった。

リーサウィッツは塵の絵を描き、そこに向かって恐ろしげな波線を引く。「塵の粒ひとつひとつは小さな岩のようなものです。打ちあたる紫外線をほとんど吸収してしまいます」。一番外側の塵が鎧となって、母なる雲を守ったのである。

もうひとつの敵は熱だったとリーサウィッツは続ける。太陽系の母体となる塵の雲ができたとき、なかを飛びかうガスの原子はまだ超新星の爆発のなごりで非常に温度が高かった。近くで燃える星からも少しは熱が伝わってきただろう。冷えないかぎり、ガスは固体にならない。

リーサウィッツは波線をもう一本書きたす。今度は塵から遠ざかる方向だ。

「塵は紫外線を吸収して、かわりに赤外線を放出します」。赤外線とは、暖まった舗道から立ちのぼるあの熱だと思えばいい。わかりやすくいうなら、母なる雲は無数の小さなラジエーターとなって、内側にこもった熱を外に吐きだしたのである。

ゆっくりと雲のなかの温度は下がっていき、ついにはこのうえなく冷たい世界となる。宇宙には、ビッグバンのなごりのかすかな放射エネルギーが満ちているため、雲が絶対三度（摂氏マイナス二七〇度）より冷えることはなかった。ときおり紫外線や宇宙線が縁をかすめては、雲を多少は暖めた。それでも、中心部は摂氏マイナス二二七度という凄まじい冷たさである。

塵の揺りかごはなかに抱えたガスをなだめ、冷やした。やがて、ばらばらだったものがつながりはじめる。

塵の雲からアミノ酸もできる？

雲のなかでは不思議なことが起きていた。塵の上でガスの原子どうしが出会い、分子が生まれていったのである。塵が実験室の作業台の役目を果たしたのだ。もちろん、塵の助けを借りても、今私たちのまわりにあるような分子になるには長い長い時間がかかる。原子一個が塵一個を見つけるだけで、一〇〇万年はかかったかもしれない。

それでも、冷たい塵の上には原子がひとつまたひとつと舞いおりて出会いを待った。暗い雲のなかでは次々と成長が促されていく。生まれた分子が塵を離れ、さらに大きな分子をつくる場合もある。残された塵の表面には、新しい原子がやってきて新たな分子ができる。塵にしっかりと取りつく分子もあった。

塵はしだいに姿を変えていく。表面には水の分子が凍りついた。さらには、窒素などのガスも凍りつく。ときおり紫外線が雲を貫き、塵の表面の氷にぶつかる。すると、それが引き金となって化学反応が起き、よりいっそう大きな分子ができた。母なる塵の雲は少しずつ複雑さを増していった。

いったいどれくらいまで複雑になったのかは、まだ明らかになっていない。二〇〇〇年の夏、NASAの電波望遠鏡が銀河系の中心近くの巨大な塵の雲を覗いたところ、ごく単純な糖（炭素、酸素、水素の原子が計八個つながった分子）が見つかった。こういう簡単な分子なら研究室でもたやすく確認できるのだが、もっと大きな分子となるとそうはいかない。

「これまで確認されたなかで一番大きいのは、一一個の原子がつながった分子です」とエマ・ベイクスは語る。ベイクスはイギリス生まれのNASAの科学者で、塵の雲から漏れてくる電磁波を調べている。電磁波には、それぞれの物質に特有の「指紋」が現れる。その指紋を読みとって、雲にどんな物質が含まれているかをつきとめようというのだ。「炭素原子が八〇個つながった分子があるのも、たぶん間違いないと思っています。でも、それを確認するのはものすごく大変なんです」。すべての物質の正体を見きわめるには、何年もかかるかもしれない。

ベイクスの同僚の化学者、マックス・バーンスタインは、別のやり方でこの問題に挑んでいる。自分の研究室に人工的な塵の雲をつくり、そこでどんな分子がつくられるかを調べるのである。まず、人造の塵を何種類かの物質の氷でコーティングして、そこに紫外線を当てる。母なる塵の雲が紫外線に襲われた状況を再現するわけだ。すると、不思議なほどなじみ深い物質が姿を現す。

バーンスタインはこう説明する。「紫外線によって分子の結合が断ちきられますが、氷に閉じこめられているのでどこにいくこともできません。温度が上がって動けるようになると、分子のかけらは別のかけらと結びついて、さらに複雑な分子をつくります」。ケトン、ニトリル、エーテル、アルコールといった有機物も、このハイテクな塵の雲から生まれている。また、炭素を多く含む分子も現れ、それを塩酸に入れて熱すると、なんと生命の材料となるアミノ酸ができる。これまで、アミノ酸は液体の水のなかでしか生まれないと考えられてきた。しかし、バーンスタインの実験どおりのことが実際に起きるのなら、水がなくても凍った塵があればじゅうぶんということになる。「非常に嬉しい結果が出ています」。バーンスタインは慎重に言葉を選びながら話す。「少なくともここでアミノ酸が生まれているのは間違いありません」

同僚のジェイソン・ドウォーキンもまた、宇宙塵の表面でつくられる分子の研究をしている。彼が取りくんでいる分子は不思議なふるまいをする。水に落とすとすぐに集まって中空の丸い玉になり、なかに水を通さなくなるのだ。「あらゆる生命は膜に包まれています」とドウォーキンは指摘する。「膜というのは非常に便利なものなんです」

塵の上で生まれる特殊な分子が集まって、細胞に似たふるまいをするとしたら……いや、なんらかの仕組みで細胞になるとしたら？ 地球にとっても地球以外の世界にとっても、じつに大きな意味をもつ。そうした特別な能力のある物質が私たちの母なる雲でつくられたのなら、ほかのどの雲のなかでつくられても不思議はない。塵の漂うすべての場所で、生命が生まれるかもしれないのである。塵があらゆる銀河に満ちあふれているのはいうまでもない。

私たちの母なる雲のなかでは、しだいに塵が成長していった。鉱物の塵や金属の塵は、ゆるく結びついて塊になる。塵は奇妙な分子や、いろいろな種類の氷にも姿を変えた。こうしているあいだに近くの星が爆発していたら、衝撃で塵の雲に穴があいたかもしれない。すぐそばの星から激しい風が吹いてきたら、雲の一部がもぎとられてもおかしくはなかった。塵が大きくなる途中で雲の覆いを失えば、せっかく体についた物質もはぎとられて、漂いだす羽目になっていただろう。よくあることなのだ。一個の塵は、実際に星の誕生に巻きこまれるまでに、一〇億年で一〇個の塵の雲をめぐる可能性があるといわれる。しかし、母なる雲の塵は弾きだされなかった。私たちひとりひとりの体をつくっている原子は、すべて残されたのである。

「塵の揺りかご」から太陽の誕生へ

太陽系は、そして私たちは、どうやってこの宇宙に生まれてきたのか。その答えを宇宙の塵から読みとろうとしているのは化学者だけではない。天文学者も加わってきた。彼らは望遠鏡で、まさに星を産みだそうとしている塵の雲をとらえたのである。幼い恒星が必死で塵の揺りかごから這いだそうとする姿から、私たちの太陽がどうやって生まれたのかも浮きぼりになってきた。

「塵の雲は星を育む大切な場所です」とハッブルの科学者、デイヴ・レックロンはいう。「星々は暗闇のなかで生まれます」

レックロンは先ほど見せてくれた銀河系の写真を脇に置き、ハッブルが数年前に写した写真を取りだした。映っているのは、地球から七〇〇〇光年離れた巨大な塵の雲「わし星雲」の一部（口絵2）。膨らませたゴム手袋の指のような形をしていて、かすかな星明りを背に、塵に煙った黒々とした姿を浮かびあがらせている。不気味な指のところどころには、熾き火に似た赤黒い光が見える。まだ厚い塵に包まれているものの、これこそが生まれようとしている幼い恒星だという。

濃い塵の雲がなければ星は生まれない。だが、あいにくその雲が邪魔になって、ふつうの望遠鏡では星の赤ちゃんの様子を見ることができない。一九八〇年代に入ってようやくこの問題が解決された。波長の長い赤外線は、可視光と違って塵を縫って進むことができる。天文学者は赤外線をとらえられるように望遠鏡を改造した。いわば、星の赤ちゃんを写す超音波検査装置をつくったのである。

つぎにレックロンは「オリオン大星雲」を写した二枚の写真を得意げに掲げた（口絵3）。一枚はハッブルの古いカメラで撮った写真（口絵3左）で、もやもやとした霧のようなものしか映っていない。ところが、ハッブルに赤外線カメラを取りつけて写したもう一枚（口絵3右）には、生まれたばかりの星々がひしめきあってきらめいている。

わずか二世紀前には、塵の雲はただの「天空の穴」だとみなされていた。今やレックロンたちは、黒い塵の雲を愛情こめて「星を育む場所」と呼ぶ。私たちの太陽も地球も、間違いなく同じような塵の揺りかごから生まれたのだとレックロンはいう。

私たちの太陽系を産んだ母なる雲は、広大な範囲にまたがっていた。その冷たい中心部で、太陽の生まれる兆しが見えはじめる。ガスと塵のスープがほんの少し濃くなったのだ。この濃くなった部分がいわば「太陽の繭（まゆ）」である。繭はどれくらいの大きさだったのだろうか。たとえば、現在の太陽が砂粒大になったと考えてみてほしい。すると、この繭の幅は二キロ近くにもなるものだった。しだいに繭は縮んでいき、なかのスープも濃縮されていく。収縮すればするほど大きな重力が働くので、繭はますます小さくなる。圧力が高まってガスの温度が上がり、今にも繭が膨らみそうになると、塵が熱を外に逃がした。わずか一〇〇万年ほどで、中心の密度は非常に高くなる。と、繭はにわかに自分の重さに耐えられなくなる。とうとう中心がつぶれて丸い塊となった。しかし、繭の殻はその場に踏みとどまると、厚く暗い塵の層となって生まれたばかりの「原始太陽」を包んだ。この四五億年前の様子を天文学者が見ていたとしても、目に映るのは直径一光年ほどに広がった不気味な黒い塵の覆いだけだったろう。

しかし、塵のとばりの奥深くには幼い太陽がいた。まだ動きも鈍く温度も低い。それでも、数百万年に一回のペースでゆっくりした自転を始めていた。重力にたえまなく押しつぶされて太陽がますます小さくなると、しだいに自転のスピードが上がっていった。フィギュアスケートの選手がスピンをするとき、広げていた腕をたためばたたむほど回転が速くなるのに似ている。やがて圧力が容赦なく高まっていくと、ガスの温度は急速に上がる。もう、どんなに塵が冷やしても追いつかない。すると、ついに太陽に火がともって輝きはじめた。

太陽を産んだあと、母なる塵の雲はどうなったのだろうか。雲がどの程度の大きさだったのかはわからない。太陽のきょうだいを何十も産めるほど大きかったとも考えられる。だが、長い時間のあいだに、きょうだいは全部どこかに漂っていってしまったのかもしれない。あるいは、大きなきょうだいをあとひとつだけ産んだのに、その星はすぐに超新星となって爆発し、母なる雲を粉々に吹きとばしてしまったかもしれない。たぶん永久にわからないだろう。

では、幼い太陽を覆っていた繭の殻はどこへいったのだろう。かなりの部分は、太陽が燃えだしたときに宇宙空間に吹きとばされてしまった。しかし、わずかながら残った塵が、幅の広いドーナツ型の輪となって生まれたての星のまわりを回りはじめた。

「塵のドーナツ」から地球の誕生へ

太陽が産声をあげる頃には、ドーナツのなかの塵は大きくなっていた。岩石の黒い粉、金属のかけら、多種多様な分子、サファイア、ガラス、ダイヤモンド。すべてがガスに浮かび、太陽のまわりをめぐっている。まるで濁った川のようだ。ドーナツの内側、太陽に近いところでは、塵の粒子とガスの分子が一立方センチあたり数十億個もひしめいていた。

このドーナツが惑星へと変わるのは、宇宙の時計でいえばほんの一瞬にすぎない。しかし、ひとつの塵のかけらにとっては長く険しい道のりだった。惑星をつくるプロセスが始まったばかりの頃、塵は竜巻にもてあそばれる小石のように激しく揺れうごいていた。粒子どうしが猛烈な勢いでぶつかりあっては弾きとばされていく。あるとき、ふたつの粒子がたまたま同じ方向に飛び、どうにか軽く触れあう程度ですんだ。そしてふたつは結びついた。

大きさが倍になった新しい粒子は、揉まれながらドーナツのなかを流れていく。あたりでは粒子と粒子がぶつかり、跳ねかえってはまた別の粒子とぶつかっている。合体して成長を始めたものもある。ふたつつながった例の粒子の表面には水が凍りついた。そこに別の塵が結びつく。さらにもうひとつ。こうして塵は大きくなっていき、一〇万個の粒子が集まる頃には肉眼でもかろうじて見えるほどのサイズになった。ついに髪の毛の太さの一〇分の一にまで成長したのである。

先行き楽しみなこの塵が着々と成長しているとき、太陽が若気のいたりでかんしゃくを起こした。強烈な熱波がドーナツ全体を襲う。みるみる溶けて蒸気になった塵もある。溶けかけたところで固まったものは、「コンドリュール」というコーヒーシュガーくらいの赤黒い玉に変わった。さいわい、危険な時はすぐに過ぎさる。コンドリュールも塵も、ふたたびほかの粒子との合体を続けていった。

塵はひたすら大きくなることを目指す。一〇〇年もすると、幅一メートル程度の岩石の塊に成長していた。似たような塊は数えきれないほどあって、次々に塵を引きよせていく。ドーナツのなかには前より太陽光が入ってくるようになった。しだいにドーナツは平たい円盤状になる。太陽に近い側には岩石の塊が群がった。円盤のなかほどではガスが集まって固まり、巨大なガス惑星が生まれる。円盤の外側のへりは温度が低いため、塵がおびただしい氷の結晶と混じりあって無数の「汚れた雪玉」ができた。これが彗星である。

太陽に近い側では、いくつもの岩石がやみくもに合体して大きな塊になっていった。直径が二キロ近くになると、もう立派な「微惑星」と呼んでいい。微惑星になった未来の地球は、一〇〇〇年に一度くらいしかほかの微惑星を見かけない。それでも、同じような軌道を回っているうちに互いの引力が働いて、しだいに相手に近づいていく。やがて微惑星どうしはぶつかるが、粉々にはならずにうまく合体できた。だからといって、衝突が穏やかだったわけではない。その衝撃の激しさは、つながり合っていた塵の塊が溶けて混ざりあうほどだった。鉱物と金属が溶けあってふたたび固まると、おなじみの堅い岩の手触りが生まれた。

二万年もすると、太陽に近い側に月くらいの大きさの天体が何百個か散らばる状態になった。未来の地球もそのひとつである。一〇〇〇万年が過ぎる頃には、太陽を回る巨大な球体は数えるほどになっていた。地球、火星、水星、金星は、まだ漂っている微惑星を飽くことなく引きよせて大きくなっていく。つかまらなかった無数の岩石は火星と木星のあいだに残り、小惑星の帯となって太陽のまわりを回りはじめた。

地球をつくりあげてきた塵は、もはやもとの姿を留めていない。一〇億年以上も前に誕生して以来、たえまなく衝突をくりかえすうちに溶けてしまった。岩石に含まれる放射性元素からの熱も、塵を溶かすのに一役買っている。放射性元素は、超新星の爆発で傷ついて以来いまだに熱いのだ。塵が溶けるにつれて、なかに含まれていた物質が性質に応じて分かれはじめた。鉄とニッケルの塵は重いので、ほとんどが地球の中心部に沈む。軽い岩石の塵は上に昇って冷え、卵の殻のようなものができる。もっと軽い物質——氷、炭素、さらには生命の素になる不思議な化合物まで——は殻の上に集まった。地球の表面に溜まった大切な分子やガスは、太陽風で吹きとばされることもあっただろう。

こんな仮説がある。上に溜まった軽い物質はかなりたくさん飛ばされてしまったために、新鮮な塵がタイミングよく届けられなければ、地球に生命は誕生しなかったと。だが、そうそう都合よく塵を運んできてくれるものなどあるだろうか？　じつは、ある。塵の円盤のいちばん外側を回っていた彗星だ。しかも、さらに遠くには「オールトの雲」と呼ばれる彗星の巣が太陽系を取りまいている。巣には無数の彗星がひしめいていて、近くを恒星が通るとその引力の影響で押しだされ、太陽のほうに向かってきてくれる。こうした彗星はすべて、たくさんの有機物をそっくりそのまま氷に閉じこめていたらしい。たしかに、ときおり太陽をかすめる彗星を調べてみると、大量の有機分子が含まれていることがうかがえる。彗星の体積の三分の一近くは、有機分子ではないかといわれるほどだ。

岩石でできた小惑星も、地球に大切な物質を運んだ候補のひとつである。小惑星は、彗星と比べると太陽に近いところでつくられたので、彗星ほど豊かな贈物は携えてこなかったかもしれない。それでも、もとの塵粒子に含まれていた水や有機分子の一部をかろうじて留めていた見込みはじゅうぶんにある。その証拠に、隕石として地球に落ちてきた小惑星のかけらからは、水や水の跡が見つかっている。

溶けていた地球が冷えたあとで、彗星や隕石が次々にやってきて貴重な物質を届けてくれた、とこの仮説は説く。水やさまざまなガス、さらには生命の材料となる分子が、固まったばかりの地表に降りそそぐ。やがて、地上の分子と天からの分子が手を携えて生命を生みだしはじめた。

宇宙をひとり旅している塵も、大事な分子を運ぶうえで大きな役割を果たしたのではないか。NASAで宇宙塵を研究する化学者のバーンスタインはそう考えている。「太陽系を漂っている塵のなかには、重量の半分が有機物でできているものがあります。これまで、塵からアミノ酸が取りだされたことはありません。塵はいやになるほど小さいですからね。でも、隕石のなかにアミノ酸が含まれているのは確かなんですから、塵にだって入っていると考えていいでしょう。しかも、こういう塵は毎日何トンも地球に降りそそいでいるんです。塵も積もれば山となる、ですよ」

実験室のシミュレーションによると、生命の材料となる大切な分子の一〜一〇パーセントは、大気圏突入の衝撃を生きのびるという結果が出ている。

宇宙塵は昔も今も星たちの運命とともに

塵は今でも薄い帯となって太陽のまわりを回っている。まるで、自分たちの恩を忘れるなと念を押しているかのようだ。この塵の帯が太陽に照らされて光る現象を「黄道光」といい、その淡い光はまれに肉眼で見ることができる。黄道光をはじめて記録に残したのはイタリア人天文学者のジョヴァンニ・カッシーニで、一六八三年のことだった。記録には、日の出前か日没後の地平線近くで、三角形に広がった光が見える場合があると記されている。

この塵のほとんどは、できたてではなく削れたてだ。何が削られたのかといえば、ひとつは小惑星である。小惑星は、いわば大きくなる競争に負けた塵の塊といっていい。塵を集めるのはへただったくせに、今では太陽系に塵をまき散らすのが得意になった。隣を巨大な木星が回っているため、その引力の影響で、木星の近くを通る小惑星の軌道は乱される。ふらついた小惑星どうしが衝突する。そして、衝突のたびに太陽系に塵が飛びちるというわけだ。

数ある衛星も、隕石に打たれるたびに塵を吐きだす。火星の衛星のフォボスは、雨あられと降りそそぐ隕石のおかげで表面が粉々になり、一メートルもの厚さに塵が積もっている。木星を取りまくかすかな環は、おもに衛星から飛びちった塵でできていることがわかった。また、木星付近からは塵が高速で吹きだしているのが確認されていたが、その塵の出どころはどうやら衛星のイオらしい。イオの火山から噴きあげられた噴煙の粒子が、木星の強力な磁場の力で太陽系に振りまかれていたのである。かつては私たちの月も、フォボスのように厚い塵で覆われていると考えられていた。NASAの科学者が初の月面着陸を計画したとき、そのことを思うたびに恐れおののいたといわれる。探査機が勝利のファンファーレとともに月面に降りたとたん……沈んで見えなくなったらどうしよう？

彗星も、太陽系の内側に飛びこんでくるときに塵をまき散らす。二〇〇〇年の夏、太陽に猛スピードで近づいてきたリニア彗星は、木星を過ぎたあたりで溶けはじめた。太陽の光が、表面を覆う水やメタンやアンモニアの氷を蒸発させる。すると、閉じこめられていた太古の塵が自由になった。やがて、リニア彗星が急カーブを切って太陽を回ると、凄まじい爆発が起きて彗星の核がばらばらに弾けとんだ。少なくとも六個のミニ彗星に分かれたとき、きらめく塵が広い範囲にほとばしり出たのが確認されている。

よそ者の塵が漂ってくるときもある。銀河系には死んでゆく星が満ち満ちているため、最期の塵がどの方角から流れてきてもおかしくはない。

そう、宇宙は塵だらけだし、太陽系は塵でむせかえっている。小さな塵の粒はゆっくりとらせんを描きながら太陽に落ちていくため、太陽の光がさえぎられるほど塵が濃くなることはない。それでも、肉眼で見えるくらいの塵はいつでも漂っている。目を向ける場所さえ知っていれば、宇宙の塵はそこにある。

黄道光の淡い光を見るなら春分の日か秋分の日の前後に、灯りの少ない田舎にいくといい。春は日没後の西の空に、秋なら日の出前の東の空に、地平線の下にいる太陽のかすかな光を受けて塵の帯が浮かびあがるだろう。惑星の通り道（黄道）に沿って三角形に広がっているのが見えるはずだ。

おもしろいことに、黄道光は広がりすぎているし淡すぎるため、望遠鏡では見えない。じっくりと眺めるには肉眼に限る。一〇〇〇年前の中国の天文学者が、華々しい客星ではなく宇宙の塵の意味を考えようとしていたなら、彼らほどその謎を解くのにふさわしい人はいなかったかもしれない。

3章　静かに舞いおりる不思議な宇宙の塵

地球は今でも毎日一〇〇トン以上の宇宙の塵を集めている。科学者にとってはじつに嬉しい研究材料だ。塵のほとんどは小惑星や彗星から飛びだしてきたものである。小さい塵のひとつひとつは、さらに小さな粒子が集まってできている。ひとつの塵をつくっている粒子の数はときに一〇万個にものぼり、そのなかには、ダイヤモンドやサファイア、あるいは有機分子やまっ黒な炭素も含まれている。どの粒子も地球と同じくらい古い。いや、もっと昔にまでさかのぼるものもある。いちばん古い粒子を調べれば、遠い昔にその粒子を産んだ星の物語が見えてくるかもしれない。まわりを覆っている物質からは、地球をつくった母なる雲のなかがどういう状態だったかがうかがえるだろう。粒子のつながりかたを見れば、太陽系の材料となった塵がどのように成長していったかがわかるにちがいない。「私たちの体をつくっているすべての原子は、もとをたどればどこかの恒星が爆発したときに生まれました。つまり、私たちは星くずでできているといっていいでしょう」と宇宙物理学者のドナルド・ブラウンリーは語る。「ですから、宇宙の塵に含まれる古い粒子を調べれば、私たちをつくっている星くずがどこからきたのか、その手がかりをつかむことができるのです」

ブラウンリーは宇宙塵研究の第一人者である。数年前には、この小さな情報の宝庫をつかまえるために宇宙船まで飛ばした。とはいえ、柔らかい髪を横分けにして、活動的なグリーンのキャンバスシャツを着たその姿は、「宇宙塵の父」と呼ぶにはいささか若々しすぎるようだ。彼のオフィスの壁には、宇宙飛行士が月面でおしっこをしているポスターが貼ってある。しかし、一九七〇年代、博士課程の研究テーマに宇宙塵を選んでこの分野を切りひらいたのは、紛れもなくブラウンリーだ。今では、シアトルにあるワシントン大学の質素なオフィスから、宇宙塵の研究全般に目を光らせている。

ブラウンリーが研究している塵は、生まれたての宇宙塵に比べれば一〇〇倍も大きい。それでも、相手にするのはとてつもなく難しい。小さな宇宙の塵は私たちのまわりをかならず飛んでいるとはいえ、種々雑多な地球の塵から選りわけるのは不可能に近い離れわざだ。うまくつかまえられたとしても、保管や取扱いには大変な苦労を伴う。なにしろ、サイズは髪の毛の太さの一〇分の一しかない。そのうえ、塵をつくる一〇万個の粒子がそれぞれどこからきたかを調べる仕事が待っている。へたをしたら、ひとりの天文学者が一生かかってもつきとめられないかもしれない。

塵には圧倒されるほどの謎が秘められているが、その謎は楽しいものでもあるらしい。ブラウンリーは少し身を乗りだしてはよくこんなふうにいう。「さっぱりわからないんですよ。それって、素晴らしいことだと思いませんか?」

さいわい、謎を解くための材料が途絶えることはない。目に見えない宇宙の塵がたえず降りつもって、地球は毎日少しずつ太っている。数は少ないものの、平均すると土地一平方メートルあたりに一日一個は落ちてくる計算になる。数字のうえでは、車のボンネットに新しい宇宙塵が毎日一個は乗っていると考えていい。家の屋根の上なら一ダースは見つかるだろう。芝生で丸一日寝ていれば、ごくごく小さなガラス玉か、華奢(きゃしゃ)なつくりの彗星のかけらに打たれる見込みはじゅうぶんにある。

ブラウンリーはいう。「宇宙からの塵はそこらじゅうにあります。しじゅう口にも入っていますしね。どの家のカーペットからも出てきますよ」

生物大量絶滅の謎と塵

太陽系には塵の帯が広がっていて、地球の軌道はほぼそのなかを通っている。この塵の約四分の三は、火星の外側を回る小惑星どうしが衝突して飛びちったもの。四分の一は彗星からほとばしり出たものだ。こうした塵も、惑星と同じように太陽のまわりを回っている。しかし、惑星と違って、塵のような小さな粒子は太陽の光圧の影響を強く受ける。そのため、塵の運動にブレーキがかかって、徐々にその軌道が小さくなり、塵はらせんを描きながら少しずつ太陽に近づいていく〔訳注　蚊取り線香の渦巻きをイメージするといい〕。ということは、たくさんの塵が地球の上を通っていくことになる。

小惑星帯から太陽の近くまで、らせんを描きながら旅をするには、小粒の塵でおよそ一万年かかるといわれる。大粒の塵はなかなか自分の軌道を離れないため、太陽に近づくまでに一〇万年もかかる場合があるという。こうした塵のほとんどは地球を素通りしていき、やがて太陽の熱を浴びて凄まじい最期を迎える。ただし、具体的にどんな最期なのかははっきりしていない。「蒸発してしまうのか。それともいったん溶けて煮詰まってから、太陽風で吹きもどされてくるのか」。

ブラウンリーは疑問を並べる。「わからないんです。素晴らしいじゃありませんか！　ただ、わかったような気はしているんですけどね」。そういってはにかむように笑う。「なんとも奇妙なつくりの塵を見つけたんです」。そう、小さな玉でできたミッキーマウスとでもいおうか。

ブラウンリーは説明する。「塵どうしがぶつかって粉々になる場合もあるでしょうが、そうならないとしたら、塵は太陽に近づくにつれて非常に高温になって溶けるでしょう。塵に含まれていたケイ酸塩は球状になります。その上に、小さな玉になった金属がくっつきます。その形が、顔に耳のついたミッキーマウスに似ているんです」。塵がこの状態になると、小さすぎてそれ以上太陽に近づけず、太陽から吹きもどされてきてまた地球の上を通る。毎秒数トンの塵が太陽に近づいては溶け、太陽風に乗って吹きもどされているという。しかし、太陽が塵を吹きはらうそばから、新しい塵がやってくる。小惑星帯では衝突がくりかえされているし、彗星はたえず太陽系を訪れて塵を振りまいていく。

これだけでもじゅうぶん太陽系は塵だらけだと思うかもしれないが、地球の上を通る塵の量はなぜか増えるときがある。海底の泥を長い筒状にくり抜いたサンプル（コアサンプルという）を調べたところ、宇宙から降ってくる塵の量が約三倍に増える時期があって、それが一〇万年ごとにめぐってくることがわかった。あと二万年もしたら、塵で曇った太陽が見られるかもしれないのである。

なぜ周期的に塵の量が増えるのか、いくつかの仮説が立てられている。ひとつは、長い時間のあいだに地球の軌道面がゆっくり傾くために、塵の帯のなかを通るときと、少しはずれるときがあるというものだ。塵がひしめく部分を通るときには、大量の塵が地球に降りそそぐ。そこをはずれると、塵は小降りになる。

いや、軌道の傾きではなく軌道の形が問題なのだと訴える研究者もいる。地球の軌道は楕円形のときと円に近いときがあって、それが一〇万年の周期でゆっくりと移りかわっている。円に近いときのほうが太陽を回る速度が遅くなるため、楕円のときの二、三倍の塵を引きよせるのではないかという。

最近おこなわれたコンピュータ・シミュレーションによれば、重要なのは軌道の形のほうらしい。だが、「円軌道派」の科学者が首をかしげる問題も残った。彼らの仮説と、実際に地球で得られるデータが食いちがうのである。コンピュータの計算どおりなら地球に山ほど塵が降ってきたはずの時期には、海底の泥に含まれる塵の量がきまっていちばん少なくなっている。逆に、塵が地球のわきを素通りしていたはずの時期に、実際の塵の量は最も多い。

謎は残るものの、この研究によってひとつはっきりしたことがある。地球が周期的に氷河期に見舞われるのは宇宙塵のせいだとする仮説があるが、どうもその説には無理がありそうだ。塵が多くなる周期のときでも、太陽光をさえぎって地球が凍るほどの量にはならない。

氷河期が小惑星どうしの衝突によってもたらされるという説もある。一〇万年ごとのサイクルでは塵の量は三倍になるにすぎないが、激しい衝突が一度でも起きれば、塵の量がふだんの三〇〇倍になってもおかしくない。そうなれば、太陽の光は相当にさえぎられるだろう。しかも、小惑星のかけらが地球に飛んでくるかもしれない。このシナリオなら、地球上の生物が周期的に大量絶滅する理由もうまく説明できる。塵で凍えさせ、かけらで叩くというわけだ。

しかし、詳しく調べたところ、大量絶滅を引きおこした犯人は小惑星ではなく彗星である可能性が出てきた。少なくとも、地球に大きな傷跡を残したひとつの事件についてはこの説が当てはまるようだ。

パサデナにあるカリフォルニア工科大学の地球化学者、ケネス・ファーリーは、海底の泥のコアサンプルからとりわけ宇宙塵の多い時代を見つけた。その時代は、三六〇〇万年前から始まって二五〇〇万年にわたって続いている。これは、謎の天体が落下してアメリカのチェサピーク湾とシベリアのポピガイに巨大クレーターができた時期と重なる。ファーリーのグループはクレーターの塵を分析し、落ちてきたのは彗星だと判断した。

小惑星どうしが衝突すれば、たしかに大量の塵が生まれて地球にも降ってくる。しかし、ほとんどの小惑星は重力の影響で小惑星帯に縛りつけられているため、衝突でできた大きなかけらまでもが塵と一緒に地球に落ちてくる見込みは薄い。むしろ、かけらは小惑星帯に留まって衝突をくりかえし、よりいっそう塵を生みだす可能性が高いとファーリーは指摘する。つまり、小惑星どうしの大きな衝突が起きると、理論のうえでは塵の量が一気に跳ねあがり、そのあと二五〇〇万年よりはるかに長い期間にわたって塵の多い状態が続くはずだ。

いっぽう、彗星は塵と一緒に太陽系に飛びこんでくる。なんらかの理由で彗星の大群が遠いふるさとを追われてきたとしたら？　きっと、太陽を回るあいだに大量の塵をまき散らしただろう。事実、ファーリーが照らしあわせたところ、ちょうど謎の天体が落下した時期にコアサンプルの宇宙塵の量が最大になっている。その後、コアサンプルの塵は二五〇〇万年という比較的短い期間に少なくなっていた。太陽が彗星を残らず蒸発させるには、ちょうどそれくらいの時間がかかるのではないだろうか。

地球が彗星の塵の雲に包まれたら、きっと寒さに震えたにちがいない。塵が太陽の光を跳ねかえしてしまい、地上に届かなくなるからである。1章で、塵が威力を発揮するのは合計した表面積が大きいからだと説明したのを覚えているだろうか。シアトルのオフィスで、ブラウンリーは素朴なイラストを描きながらこう説明する。「シアトルのスペースニードル・タワーをご存知ですか？　あのタワーのてっぺんにたきぎを乗せても、下からは見えませんよね。でも、たきぎに火をつければ、煙があがってよく見えるでしょう？」同じように、彗星の本体——塵と氷が混じりあった雪玉——そのものは、表面積が小さいので地球からはほとんど見えない。ところが、本体が削られて塵となってまき散らされれば、非常に大きな表面積が生まれ、夜空に光って遠くからでも見える。しかし、光って見えるのは、熱をもっているからではない。塵が太陽の光を跳ねかえしているためだ。この塵の厚い雲のなかに地球が入ったら、日光を奪われて身震いしたとしてもおかしくはないだろう。

宇宙塵と「夜光雲」

太陽系が塵の洪水に襲われようと、塵凅れに見舞われようと、地球はただ自分のそばにきた塵をつかまえるだけだ。宇宙の塵が地球の上空約一〇〇キロのところ——飛行機が飛ぶ高さよりははるかに上だがスペースシャトルの軌道よりはかなり下——を通りかかると、粘り気のある地球の大気につかまって速度を落とす。時速数万キロの猛スピードで飛んでいたのに、大気中の分子と次々に衝突をくりかえすうち、ものの数秒でブレーキがかかるのである。どうにか二、三キロ進むが、すぐに立ち往生してしまう。

塵は何週間も大気をさまよい、上へ下へ、西へ東へと揺れうごいていく。宇宙からの仲間はほかにもたくさんいる。地球の大気と宇宙空間とで宇宙塵の数を比べてみると、一立方センチあたりの数は地球の大気のほうが百万倍も多い。

ところで、宇宙からの塵は、家の窓辺にとまる前におもしろい芸当を演じているかもしれない。「夜光雲」という雲をご存知だろうか。空の非常に高いところに現れ、夜でも光って見えるのでその名がついた。オーロラがたえず揺らめくのと違って、夜光雲は位置を変えない。おもに高緯度地方で夏に見られるこの雲は、気象学者を悩ませてきた。水蒸気が冷えて雲になるには、ふつう核になる塵が必要である。ところが、夜光雲ができる場所は地表から八〇キロときわめて高い。塵が地上から昇っていくとは考えにくいのだ。下からでないなら……上からにちがいない。そこで、夜光雲は大気圏に入ったばかりの宇宙塵を核にしている、という説が唱えられるようになった。

このはるかな高みから、宇宙の塵はガスの原子のあいだを縫ってゆっくり落ちてくる。地球の大気につかまってからおよそ一か月で、塵はそっと地上に舞いおりる。

すべてが無事に降りてこられるわけではない。サイズが大きすぎると、大気とぶつかったときに熱くなって溶けてしまう。おなじみの流れ星は、宇宙の砂粒や宇宙の小石が大気中で燃えつきていくときの光である。毎年一一月に見られるしし座流星群のような流星群は、彗星が残した大きめの塵が雨あられと降ってくる現象だ。地球が彗星の尾のなかを通るたびに、たくさんの塵が大気にとらえられて蒸発していく。もしかしたら、砂粒くらいの、場合によっては家くらいの大きさの流星が燃えつきるときの煙が、夜光雲ができるのに手を貸しているのかもしれない。

いずれにしても、サイズが小さいほど大気に突入したときのダメージは少ない。どうにか地表まで届いた宇宙塵のサイズを見ると、髪の毛の太さの二倍くらいのものがいちばん多い。丸いミニ・ビー玉のような形をしていて、大気中で溶けたために半分程度の大きさになったと考えられている。痛ましいほど縮んでしまったが、冷えて固まるときに体の一部は残すことができた。しかし、もとの姿をいちばん留めているのは、髪の毛の太さの一〇分の一以下という小さい塵だ。

「きわめて小さい宇宙塵の素晴らしいところは、大気に入ってくるときあまりスピードが出ないことです」とブラウンリーは説明する。「九〇から一〇〇キロの高度では空気の密度が低いので、塵が空気の分子にぶつかって壊れることがありません」

こうしたミクロの塵を残らず空中でつかまえられればいいのだが、それは無理な話だ。せめてきれいな場所に落ちてくるよう誘導したいものだが、そういうわけにもいかない。しかし、私たちがどんな星くずでできているのかをつきとめたいなら、確実に宇宙からきた塵が必要だ――それもたくさん。

南極基地の井戸に溜まった宇宙塵

南極点にあるアムンゼン・スコット基地〔235頁図12参照〕では、厚い氷河に「井戸」を掘ってそこから飲み水を手に入れている。井戸のなかには、氷が溶けてできた水が溜まっている。小さな穴からその水を汲みあげて一部を使い、残りは熱して井戸に戻す。こうしてさらに氷を溶かす。熱い湯が古(いにしえ)の氷の層を溶かしていくと、なかに閉じこめられていたさまざまな塵が自由になって底に沈む。

基地の研究者たちが今飲んでいる水は、十字軍遠征の時代（一一～一三世紀）に降りつもった雪だという〔訳注　氷河の氷は、降ってきた雪が押しかためられてできている〕。井戸の底には数百年分の塵が溜まっていることになる。地球由来の塵は、そうそう南極大陸までは飛ばされてこないので、井戸のなかはほかと比べて宇宙からきた塵の割合が多い。かつてブラウンリーの教え子だったダスト（塵）・ハンターのスーザン・テイラーが、一九九五年にこの井戸に白羽の矢を立てたのはじつに目のつけどころが鋭かった。とはいえ、ただバケツを放りこんで底をさらえばいいというものではない。「飲み水を汚さないように、細心の注意を払わなくてはなりませんでした」とテイラーはふりかえる。「大変なチャレンジでしたね。ストレスはたまるし、お給料は少ないし」

メドゥーサヘアーに平底の革サンダルというスタイルのテイラーは、ニューハンプシャー州ハノーヴァーにある陸軍の寒冷地研究工学試験所にいる科学者である。テイラーは清潔このうえない真空吸引装置をつくって、ケーブルの先にくくりつけた。装置の少し上にはカメラとライトを取りつけ、ビデオの画面を見ながら装置を動かせるようにした。装置を入れる穴は、水を汲みあげる穴とは別に新しく掘った（図1）。こうすれば、万が一装置がつかえて抜けなくなっても基地の飲み水は確保できる。テイラーは一〇五メートルほど下の井戸の底に装置をおろし、「掃除機」のスイッチを入れた。

「山ほど見つかりました！」テイラーは目を輝かせる。「いえ、山ってことはないですね。全部で一グラムにもなりませんでしたから。でも、何千という数です。そのおちびちゃんたちですか？　見せてあげましょう。とてもきれいなんですよ」

まるで黒や赤褐色のガラス玉である（口絵4）。きれいなおちびちゃんたちの写真は、科学雑誌『ネイチャー』の表紙も飾った。テイラーの話では、大気圏を落ちてくるあいだに塵から分子が流れでることがあり、その跡がかすかに残っている塵もあるそうだ。塵は大粒で、直径は生まれたての宇宙塵の二〇〇倍である。それでも、大気中でもみくちゃにされているあいだに体積の九割を失っている〔訳注 次頁の訳注を参照のこと〕。

これまでに井戸のなかで溶けた氷の量と、氷ができるのにかかった年数はわかっている。テイラーはその数字をもとに、宇宙塵が一年間にどれくらい南極に降ってくるかを計算した。まず、集めた塵の量を年数で割って、一年間に井戸にたまった塵の量を求める。つぎに、その数字を井戸の面積で割る。すると、地球の大気につかまる年間四万トンの宇宙塵のうち、かなりの割合をこの小さなガラス玉が占めていることがわかった。詳しい分析は現在も続いている。*

あまり手間をかけずに宇宙からの塵を集める実験もおこなわれている。カリフォルニア工科大学（通

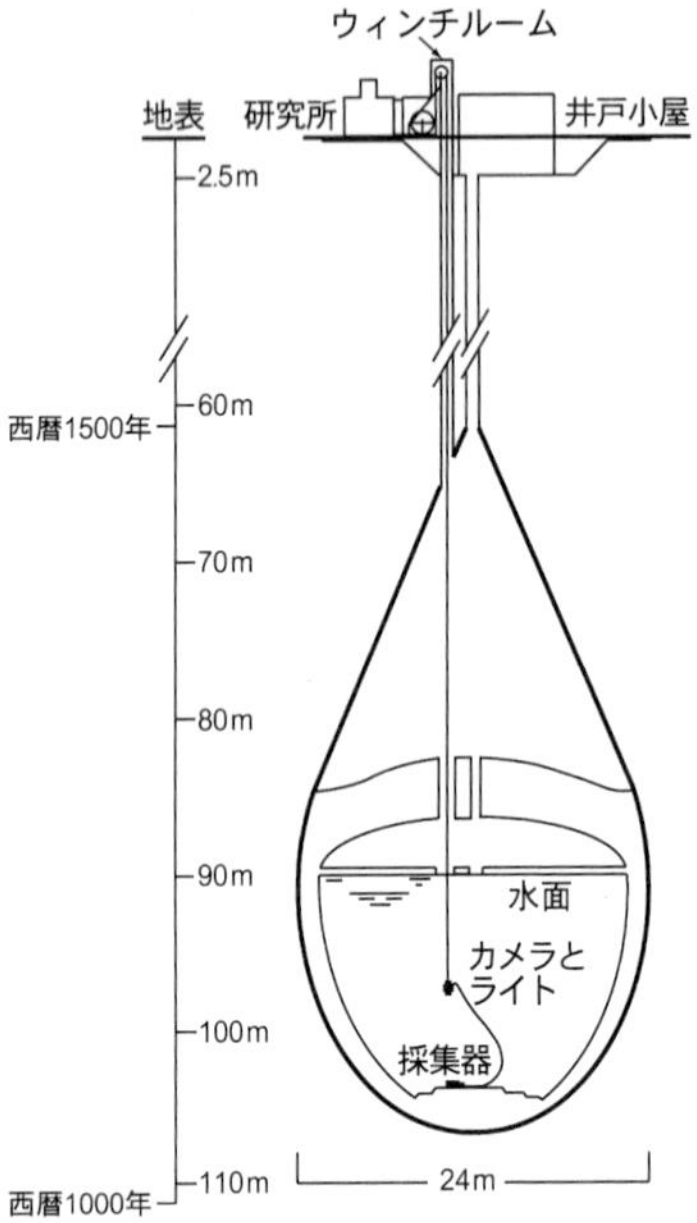

図1　アムンゼン・スコット基地の井戸の断面図（Susan Taylor, Cold Regions Research & Engineering Laboratory, U. S. Army Engineer Research & Development Center）

称カルテック）のとある建物の屋上に、一見すると子供用ビニールプールにそっくりな仕掛けがある。「いや、本物のビニールプールなんですよ」とダスト・ハンターで地球化学者のケン・ファーリーは笑う。水をいっぱいに張ったビニールプールに、空から塵が降ってくる。プールには磁石が一個ついている。宇宙塵は鉄を多く含むので、水をポンプで循環させると磁石に宇宙塵がつく。磁石には地球の塵も多少は付着してしまうのだが、全体の何割くらいが宇宙からきたものかを計算できるので問題はない。

ファーリーは集まった塵を週に一回チェックし、塵が落ちてくる時期に規則性があるかどうかを調べている。まだ最終的な結論ではないものの、今のところ宇宙塵は夏と冬に多く春と秋に少ないとのデータが出ている。ただ、これが太陽系における塵のシーズンを表しているのかどうかはわからない。地球の風や雨の影響のほうが大きいかもしれない。

ビニールプールはじつにうまく塵を集めるので、ファーリーはこのシステムを海外にも広げてネットワークをつくった。今では、ハワイの山の上とイギリスのオックスフォード大学にも同じ仕掛けがある。

もっとも、最近は最新のテクノロジーに替えたのだとファーリーは打ちあける。「しじゅう日光を浴び

＊（訳注）　テイラーの研究について著者は少々誤解をしている。地球の大気につかまる年間約四万トンの宇宙塵のうち、井戸の底から見つかるようなタイプのものが大部分を占めることはすでにテイラーのグループは知っていた。しかし、そのうちどれくらいが地表まで到達しているかがわからなかった。そこで、一年間にどれくらいの重さの宇宙塵が井戸の底に溜まるかを計算し、それをもとに一年に地球全体の地表に落ちてくる宇宙塵の重さの合計を類推したところ、それが四万トンのうちの約一割であることをつきとめた。つまり、全体の九割は大気圏に突入する際に蒸発していたのである。前段落にある「九割」というのは、個々の塵が失った体積のことではなく、実際は全体として失われた重さを指した数字である。

ていると、ビニールプールは傷んでしまうんです。だから今は、余っていたパラボラアンテナを使っています」。ただし、もともとのビニールプールは、今もカルテックの屋上で名誉ある仕事を続けている。

ちなみに、このプール方式で得られるデータからは、ふつうの地球の塵がどれくらいカルテックに降ってくるかもよくわかる。ファーリーが三か月おきにプールの底をさらうと、磁気を帯びていない塵がおよそ五グラム集まるという。アスピリン一五錠分の重さだ。

深海底も、宇宙の塵を探すにはもってこいの場所である。(海底からコアサンプルを切りだすのを待つあいだ波間で揺られる覚悟をしなくてはならないが。) 海底でも陸地に近いところでは、小石や砂をはじめ生き物の死骸や大きなゴミがたくさん散らかっている。こうしたガラクタは重いので、ほんの少し流れに乗っただけですぐに沈んでしまう。この自然のふるい分けシステムのおかげで、はるか沖まで運ばれてから沈むのはきわめて小さい粒子だけになる。つまり、沖の深海底から比較的大粒の塵が見つかれば、地球生まれではない可能性が高い。たぶん空からまっすぐ落ちてきたと考えていい。

「深海底の堆積物から見つかる塵のうち、宇宙からのものは一〇〇万個に一個もありません」とブラウンリーはいう。「ところが、直径が一〇〇から二〇〇ミクロン[髪の毛一本ないし二本分の太さ]で、磁気を帯びた球形の粒に限るなら、その半数は宇宙塵です」

塵は空から降ってきてもすぐには沈まない。小さすぎてなかなか海底にたどり着かないのである。沈むためには、少々重くなる必要がある。

「この塵の最後はあまり輝かしいものではありません」。ブラウンリーは含み笑いをする。「四〇億年以上の歳月を耐えてきたあげくに……魚の糞になるんですから」

二万メートルの上空で宇宙塵を集める

塵がビニールプールに降ってくるのを待ったり、魚の糞から塵を取りだしたりするより、ブラウンリーは高度二万メートルの上空で新鮮な塵をつかまえるのを好む。物で溢れかえったオフィスの棚から、彼はお気に入りの仕掛けをひとつ取ってきた。トランプを入れるには少し小さいアルミケースのなかには、べとべとしたプラスチックの板が入っている。

「ここでは開けられないんです。クリーンルームに入って全身を覆う無塵服を着ないと」。ブラウンリーはケースをもてあそびながら申し訳なさそうにいう。「この塵を集めるために大変な労力をつぎ込んでいます。だから、だめにしたくないんです」

ＮＡＳＡは一九七四年から、成層圏を飛ぶ観測機に粘りけのあるオイルを塗った板を取りつけて、宇宙からの塵を集めている。高度二万メートルでの低い気圧に耐えられるよう、パイロットは飛ぶ前に一時間酸素を吸っておき、宇宙服さながらの大きくてかさばるスーツに身を包む。これだけの大仕事なのだから、六時間の飛行のすべてを塵集めにあてられないのはしかたがない。観測機のおもな任務は地球と大気を調べることだ。それでも、パイロットがちょうどいい高さを飛行していて、ほかの作業で手いっぱいでなければ、採集板を外に出して飛ぶ。さらに飛ぶ。ひたすら飛ぶ。

「板を三〇分出したくらいではがっかりするだけです」とブラウンリーはいう。「塵は一時間に一個程度しか集まりませんから」。そのため、観測機が一〇回飛んでからようやく板を取りはずす場合もあるという。

この方法を使って集めると、ビニールプール方式などと比べて全体に占める宇宙塵の割合が多い。それでも欠点はある。砂漠の飛行場から飛びたつときに、観測機は砂ぼこりや花粉などの地上の塵をかぶったまま空に向かう。やがて、その塵や塗料のかけらが機体から飛びちって、採集板にくっついてしまうのである。板が集めてくるのはそれだけではない。ロケットが残した燃料の燃えかすや、火山から噴きだした硫黄酸化物の粒子。菌類の胞子に花粉。なんと風で飛ばされてきた微生物までもが成層圏で見つかる。

「じつにおもしろい問題です」。ブラウンリーは例によって困っているのか喜んでいるのかわからない表情を浮かべる。「生物はいったいどれくらいの高さまで生きていられるのか」

よけいなものは集めたくない。しかも、地球の大気の影響を絶対に受けていない塵をつかまえたい。それなら、さらに高いところまでいくしかないだろう。一九九九年二月、NASAはブラウンリーの構想による彗星探査機「スターダスト」(星くずの意)を打ちあげた。スターダストは太陽のまわりを回りながら、細かい穴が無数にあいたシリコンのパッドで塵を集めている。二〇〇四年一月には本家本元に切りこむため、猛スピードでやってくるヴィルト2彗星に近づく。スターダストがヴィルト2彗星の「コマ」(凍った核を取りまく濃いガスと塵の雲)からサンプルを集める様子は、船上のカメラで地球にも生中継されることになっている。サンプルを収めたカプセルは、二年後の二〇〇六年にユタ州のグレートソルトレーク砂漠に落ちてくる予定だ。

宇宙塵は、私たちのルーツを探る手がかりを握っているため、にわかに科学者の熱い注目を浴びるようになってきた。塵を求めて宇宙を目指す宇宙船は、スターダストのほかにもたくさんある。科学衛星の「ARGOS（アルゴス）」は「SPADUS（スペーダス）」という装置を使って、地球を取りまく無数の塵の速度や密度の測定を二〇〇二年までおこなう〔訳注　著者が本書を執筆したあとでスケジュールが変更になってSPADUSによるデータ収集作業は二〇〇一年九月にほぼ終了。一部続いていた作業も、二〇〇二年にARGOSが故障したために終了している。〕。日本の小惑星探査機「MUSES－C（ミューゼスC）」は、二〇〇三年に小惑星ネレウスに接近する。MUSES-Cは上空をホバリングしながらネレウスの表面に金属の球を打ちこみ、飛びちったかけらを集めて直径四〇センチのカプセルに入れる（図2）。カプセルは二〇〇五年に地球に投下される予定になっている〔訳注　その後スケジュールは変更になった。探査機は二〇〇三年五月に打ちあげられ、「はやぶさ」と命名された。今後は、二〇〇五年六月に小惑星に接近し、二〇〇七年六月にカプセルを投下する予定〕。同じく二〇〇五年にはNASAが「ディープ・インパクト計画」を実施する。こちらは小惑星ではなく、彗星の核に対して似たような手荒い挨拶をすることになっている。アメリカ独立記念日の七月四日、探査機がテンペル第一彗星に近づいて時速約三万六〇〇〇キロのスピードで弾丸を打ちこみ、吹きとばされた塵を調べるのである。

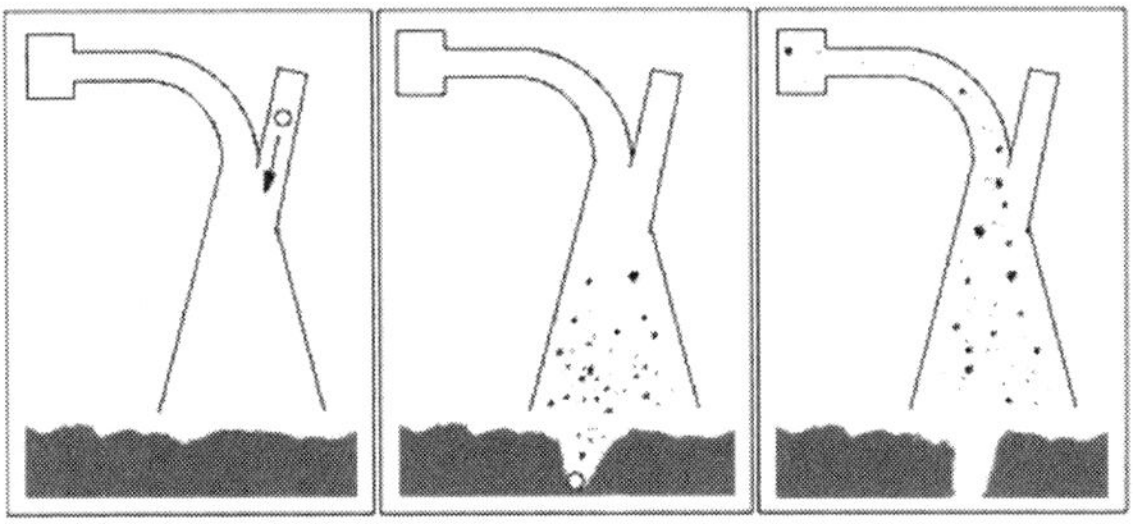

図2　小惑星探査機「はやぶさ」の塵サンプル採集の方法（宇宙科学研究本部提供）

　水中でも使えるオーダーメイドの掃除機から、宇宙を旅する彗星探査機まで、塵をつかまえる方法にはますます磨きがかかっている。しかし、難しく思える塵集めの作業も、全体から見ればじつは簡単な部分といっていい。本当に大変なのは、集めた塵を骨を折りながら取りあつかって、ミクロの粒子に秘められた物語を詳しく調べることだ。そうしてはじめて、私たちのルーツが浮かびあがる。

宇宙塵の標本をつくる

塵の面倒を見るには高度な技術がいる。そもそも、どこにしまえばなくならずにすむだろうか。じつはアメリカには宇宙塵の図書館がある。もちろん塵の管理人もいる。NASAのマイケル・ゾレンスキーは、テキサス州ヒューストンのジョンソン宇宙センターで約一〇万点の塵コレクションを管理している（図3はその例）。

観測機からはずした塵採集板が図書館にもちこまれると、ゾレンスキーはざっと眺めて板の状態にかんする簡単な説明書きをつくる。観測機がどこを飛んだかを記す場合もあれば、塵そのものの特徴を書きくわえる場合もある。たとえばこういうメモだ。「アラスカで採集」。「バックはきれい。いくつか黒い球体。少々汚れあり」。標本をつくる時間があれば、シリコンオイルを塗った採集板から塵を拾いあげて小さなプラスチックのプレートに乗せる。だが、たいていそれは塵を借りる人の仕事だ。

「すべての塵を分類整理するには予算が足りません」とゾレンスキーは嘆く。「毎年三〇〇個くらいはカタログに登録していますが、板の半分は手をつけないままましまいこむのが当たり前になっていますよ」

苦労して集めた塵は窒素を満たしたケースに入れる。塵の鉄分が酸素に触れて錆びないようにするた

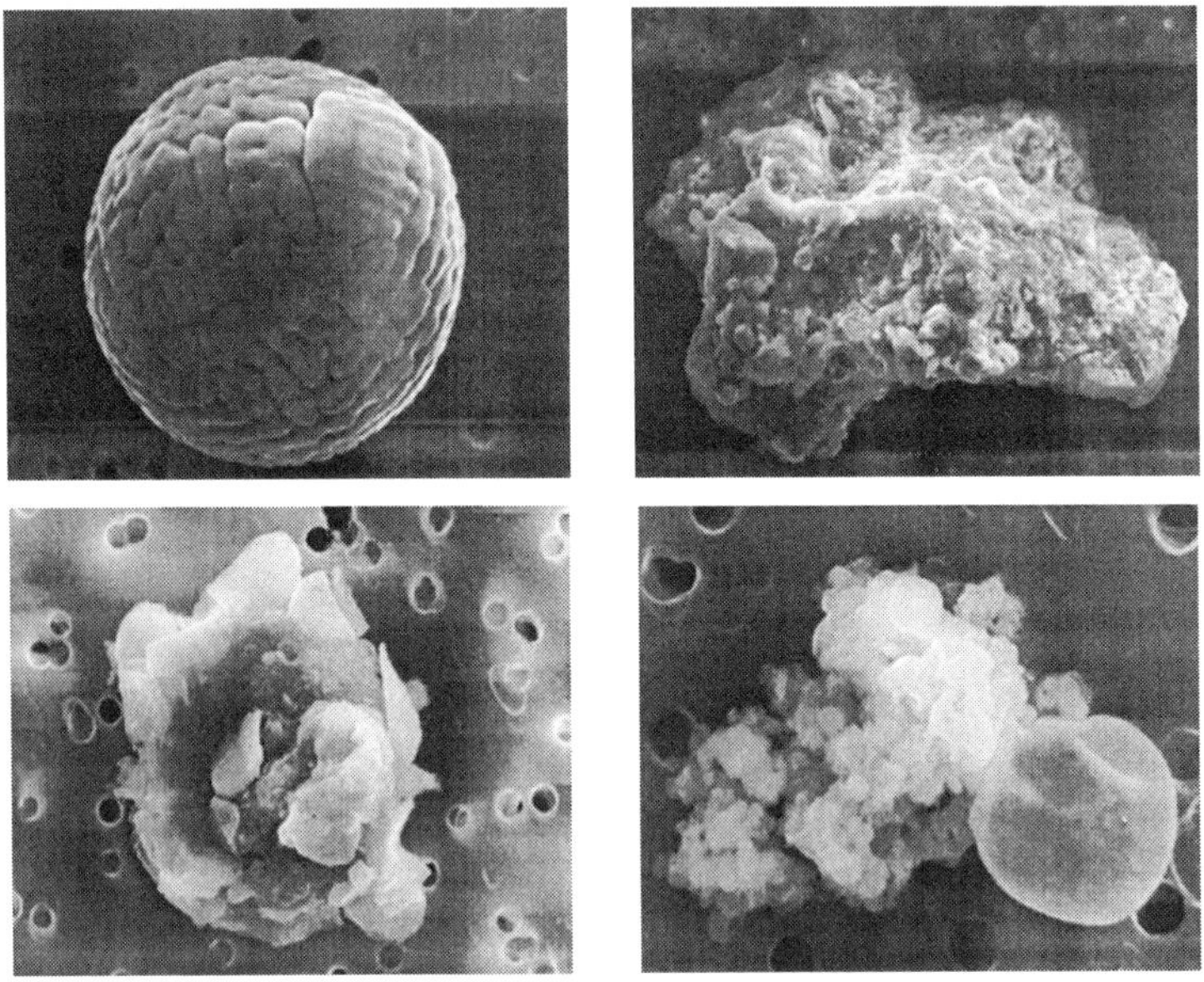

図 3　成層圏で採集した宇宙塵のサンプル（NASA Johnson Space Center）

めだ。カタログは、ゾレンスキーが管理する二〇〇の採集板と六〇〇〇個の塵の特徴を記したもので、世界中の研究機関に配布されている。研究者はカタログを見て興味のある採集板をリクエストし、自分の欲しい塵だけを拾って標本をつくる。板についた砂塵や花粉、観測機の塗料などはそのままにしておけばいい。

どうすればうまく標本をつくれるか、ブラウンリーは何度も痛い目を見ながら学んできた。はじめのうちは悩みがつきなかったという。一九八〇年代には、大切なサンプルをなくしてしまう事件もあった。いまだに気の抜けない難しい作業である。

「皆さんに知っていただきたいのは、塵が世界のどんなものともまったく違っているということです」。ブラウンリーは珍しくまじめな口調になる。「信じられないくらい静電気の影響を受けやすいんです。五ミクロンか一〇ミクロンといえば、ふつうの顕微鏡で見たらただの小さな黒い点です。拾いあげようとして針に乗せたと思ったとたん、もうどこかにいってしまう。針から跳びおりてしまうんです。試行錯誤のあげく、研究室の湿度を高くしてイオン発生器を使うのがいいと気づきました」

ブラウンリーはファイルから写真を一枚抜きだした。塵の標本が一〇〇個写っている。灰色のポップコーンのようなもの。ブドウの房に似たもの。ただの石に見えるもの。そんな塵が一〇〇個、白いマス目のなかに並んでいる。ひとつひとつ、顕微鏡を覗きながら針の先に乗せて標本にしたのだ。写真では大写しにされているが、一〇〇個の塵を全部合わせても米粒の半分くらいにしかならない。ところで、この大事なポップコーンをどんな特殊な糊(のり)でプレートに貼りつけているのだろうか。

「糊なんか使いませんよ」とブラウンリーは嬉しそうに答える。「塵が壁にくっついているところを思いうかべてください。何もしなくたってそのまま落ちてこないでしょう？　無理やり引きはがさなきゃならないくらいですよ。宇宙からきたといっても、しょせんやつらは塵ですからね！」

研究者たちは厳しい塵のおきてを学び、それに従って行動するすべをマスターした。そしてついに、ひとつひとつの塵の——さらには塵に含まれる太古の粒子の——歴史を調べられるようになった。

塵のルーツ探し

塵をつかまえてしっかり押さえつけたら、今度は厳しく尋問して私たちのルーツを吐かせる番だ。まずは、塵のふるさとが小惑星なのか彗星なのかを確認する。塵が大きな天体に取りこまれたことがあるかないか、といいかえてもいい。

　ブラウンリーは、大写しにした宇宙塵の写真をもう一枚取りだして机に置いた。ココナッツのような形をした黒いきらきらした粒子に混じって、チューインガムを思わせる黄色い塊が見える。ブラウンリーは片方の眉を上げた。「これですか？　研究室の塵か、航空機からのものか。火山から出た塵かもしれませんね」。そういって肩をすくめる。「地球外の塵の正体をつきとめるほうがよほど楽ですよ」

　とはいえ、宇宙からきた塵の素性を明らかにするのはなまやさしいことではない。かなりの部分は推測に頼るしかないと、ブラウンリーは率直に認める。「塵はどれもみなしごです。地球生まれでないことは証明できます。どこの出身かの見当をつけることもできます。でも、彗星も小惑星も何億何兆とありますからね」。太陽系が誕生したときから漂っている塵も入れれば、生まれ故郷の候補は無数にあるといっていい。

　今のところ、宇宙塵の身元を割りだすには状況証拠を積みかさねるしかない。ひとつは塵の見た目。小惑星が削られてできた塵は、硬い石のような姿のものが多い。塵が集まって小惑星くらいの大きな天体になるまでには、熱や重力はもちろん、ときには水の作用までが加わって塵を押しかためる。そのため、中身の詰まった岩石と金属の塊になる。それにひきかえ、つかまえた塵が灰色のポップコーンに似ていて、水が抜けでたような穴がたくさんあいていたら、彗星の生まれと見ていいだろう。彗星の核のなかにいる塵は、熱や圧力に苦しめられたことがない。塵を形づくっているおおもとの粒子は、氷でゆるくつながっているだけだ。

こうした単純な診断だけでは疑いが残る場合は、別の線から取りしらべてみよう。大気圏に突入したときにどれくらいのスピードを出していたかを見きわめるのである。

彗星は猛スピードで太陽系の内側に飛びこんできて、惑星とはまったく違う軌道を描いて太陽を回る。彗星が吐きだす塵は、時速七万二〇〇〇キロを超える速度で地球の大気圏に衝突する。（しし座流星群のもとになるテンペル・タットル彗星などは、ほとんど地球すれすれのところを飛んでくるので、塵が時速二四万キロ以上というとてつもないスピードで大気にぶつかる。）いっぽう小惑星は、地球とほぼ同じ速さで、同じ向きで太陽のまわりを回っている。塵が小惑星から飛んできた場合、地球の重力で加速されてもせいぜい時速四万八〇〇〇キロ程度にしかならない。いちばん速いスピードで地球の大気圏に突入するのは、太陽系の外からやってくる宇宙塵である。ただし、数は少なく、地球に飛びこんでくる塵の一〇〇〇個に一個程度といわれている。

例外は多いものの、大まかにいうとこうなる——小惑星の塵と、彗星の塵と、太陽系の外からやってくる塵が、同じ角度で地球の大気に突入したとすると、よそからきた塵が最もスピードがあっていちばん熱くなり、次が彗星で、小惑星の塵はいちばんのろまで温度も上がらない。

つまり、塵の速度を割りだすには、大気と衝突したときにどれくらい熱くなったかを調べればいい。まずは顕微鏡の焦点を合わせて、塵の表面をじっくり眺めてみよう。細い引っかき傷のようなものが見えれば、哀れな原子が太陽に焼かれて放りだされた跡である。何もなければ、その塵はきわめて高速で大気にぶつかったのだろう。五〇〇度を超える高温になって、傷跡が溶けて消えた可能性が高い。さらに、塵をオーブンに入れて徐々に熱していき、なかに含まれている多種多様な物質が何度で蒸気になるかを確認してみよう。かりに、塵が大気圏に入るときに五〇〇度まで熱せられたのであれば、オーブンの温度が五〇一度になるまでは何の蒸気も出てこないはずだ。突入時の温度さえ決まれば、ひとかどの塵研究者ならそれをもとに突入時の速度を計算できる。

塵を熱したときにどんな物質の蒸気が出たかはきちんと記録しておく。そのうえで、次の謎に取りかかろう。現れた物質から塵の家系をたどるのである。

小惑星は、なかに含まれる物質の種類によっていくつかの「一族」に分けられる。隕石——大部分は小惑星のかけらといわれる——もそうだ。塵もまた、どんな物質でできているかに応じて分類できる。塵ごとにその成分は大きく違う。地球の岩石よりはるかに水分の割合が多い塵もあれば、地球の数千倍もの炭素を含む塵もある。塵の成分の種類や比率がどれかの隕石に似ていれば、その塵と隕石のふるさとは近いと考えられる。塵の中身が地球の平均的な岩石とかけ離れていれば、同じ太陽系でも地球とはまったく違う環境で成長した塵と見ていい。

次なる捜査テクニックは、問題の塵を具体的な彗星や小惑星と結びつけることだ。天体そのものをつかまえて成分を調べるわけにはいかない以上、手元に塵のサンプルがあるだけでもありがたい。小さいかけらとはいえ、温度や化学反応など、生まれ故郷がどういう環境だったかをいろいろ教えてくれるだろう。

手元にある塵を、特定の彗星や小惑星と結びつけるなど無理だと思うかもしれない。たしかに、最高の塵捜査官でも、生まれ故郷の天体まではなかなかつきとめられない。だが、うまくいく場合はある。

一九九一年の六月から七月にかけて、NASAの観測機は穴のたくさんあいた華奢なつくりの塵をいくつかとらえた。塵捜査官たちが調べたところ、ヘリウムの同位体（同じ元素だが重さが若干違う種類）のヘリウム3という物質が異様に少ないことがわかった。宇宙空間では、太陽から吹きだしたヘリウム3が太陽風に乗って運ばれている。ヘリウム3が塵にぶつかると、塵のなかにめりこむ。この状態の塵をつかまえて一四〇〇度近くまで熱すると、ヘリウム3の蒸気が出てくる。ヘリウム3がわずかしか含まれていなければ、塵は短いあいだしか太陽風を浴びなかったことになる。塵は地球のすぐそばに吐きだされたのだろう。では、そんなことができる天体は何だろうか。小惑星の塵？　それなら、地球のそばにくるまでに何千年もかかるはずだ。塵捜査官たちは、塵は彗星が落としていったものだと結論を下した。しかも、かなり最近の彗星にちがいない。

　手がかりはもうひとつ見つかった。この塵は、地球の大気とぶつかったときにそれほど高温になった形跡がない。きっと突入のスピードが遅かったのだろう。とうぜん、塵を吐きだした彗星のスピードもゆっくりだったはずだ。

　いくつもの候補を検討した結果、条件に合う彗星がたったひとつだけ浮かびあがった。一九九一年五月に地球の軌道を横切ったシュヴァスマン・ヴァハマン第三彗星。ミクロの塵を徹底的に調べることで、小さなサンプルとはるか彼方を突きすすむ彗星がつながった瞬間である。

過去を語る塵

ひとつの塵の身元が割りだせたとしても、さらなる仕事が待っている。今度は塵そのものを深く探っていかなくてはならない。ひとつの塵をつくりあげている一〇万個の粒子は、もとをたどれば超新星の爆発で生まれた星くずである。だが、ほとんどは熱や水で溶かされたり、重力の影響で形が変わったりしている。まわりの物質とも反応をくりかえしてきたため、もはや生まれたままの姿は留めていない。それでも、ほんのひと握りの粒子は無傷で生きのこり、遠い昔の母なる星の手がかりをほのめかしてくれる。

炭化ケイ素、黒鉛、サファイア、ダイヤモンドなどは、非常に頑丈な星くずだ。太陽が誕生するときの激動にも熱にも耐えて、生きのびてきたものもある。もろい星くずが合体しては溶けて形が変わっていっても、この頑固な粒子たちはもちこたえた。だから、隕石や宇宙塵のなかからこうした粒子が出てくると、科学者は大いに喜ぶ。その粒子が、悠久の昔に消えた星からの小さな使者に思えるからである。

ただし、使者がいつもそうして手厚く迎えられたわけではない。隕石から微小なダイヤモンドが見つかったのは、一二〇年ほど前にロシアに落ちた不思議な石が最初である。この石はふたつ同時に落ちてきて、ひとつは科学者のもとに届けられた。だが、片割れはいささか哀れな末路をたどった——どうやら、農民が隕石を砕いて食べてしまったらしいのである。ともあれ、発見から一世紀以上が過ぎた今もなお、宇宙のダイヤモンドは堅く口を閉ざしている。そもそもあまりにも小さくて見つけにくいため、隕石に含まれているのはわかっていても、塵に含まれていることを示す直接の裏づけはまだ得られていない。

「塵のなかには絶対にダイヤモンドが入っています」とブラウンリーは力をこめる。「生まれたときの状態を留めた古い隕石には、微小なダイヤモンドが豊富に含まれています。塵に入っていないわけがありません。ただ、取りだすのが難しいので、まだ誰も見たことがないんです。今は塵に含まれる鉱物成分を全部溶かして、炭素だけを調べています。これがダイヤじゃないか、というのは見つけましたよ」

最近、デンマークの宇宙物理学者、アーニャ・アナセンが計算したところ、太陽系の材料となったすべての炭素のうち、じつに三パーセントもが微小なダイヤモンドだった可能性があるとの結果が出た。誕生時の姿を留める古い隕石を調べると、そういう数字になるとアナセンはいう。しかも、これはまだ氷山の一角かもしれない。彼女はこう指摘する。「星くずの多くは、太陽系の材料になったときに溶けてしまいました。だとすれば、はじめはもっとダイヤモンドがあったのではないでしょうか」

宇宙のダイヤモンドをアップで眺めたいなら、手近なダイヤのアクセサリーを覗きこんでみるといい。マサチューセッツ大学の地球科学者、スティーヴン・ハガティーは、地球でとれる天然のダイヤモンドには宇宙のミニ・ダイヤが取りこまれているのではないかという。実験室で人工的にダイヤモンドを成長させてみるとわかるのだが、もとになる「種」があるほうが短い期間で簡単に結晶ができる。地球の地面のなかに、宇宙からきた「ダイヤの種」が掃いて捨てるほど埋まっているとしたらどうだろうか。なにしろ、地球にミニ・ダイヤモンドを運んでくる隕石は、ダイヤモンドの含有量が桁外れに大きい。地球で最も良質なダイヤモンドの母岩でも、同じ重さどうしで比べたら、含まれるダイヤモンドの量は隕石のわずか一六〇〇分の一だ。宇宙のダイヤモンドがひそかに地中で育って大きな宝石になり、それが今、女性の指や耳に虹のきらめきを与えているとしても、まったく不思議はない。

ダイヤモンドは口が堅いものの、ＧＥＭＳ――Glass with Embedded Metal and Sulfides（金属と硫化物が埋めこまれたガラス）の略――と呼ばれる粒子はもっと腹を割って話してくれそうである。ＧＥ

MSは煙の粒子ほどの大きさで、丸みを帯び、おもにシリカというガラス状の物質でできている。おもしろいのは、そこにきらきらした金属の結晶が散りばめられていることだ。電子顕微鏡で覗くと、グレーの小石が派手なスパンコールで着飾っているように見える。一九九九年にブラウンリーのチームは、GEMSもまたきわめて古い粒子であり、多くを語ってくれそうだと発表した。

GEMSを詳しく調べるため、ブラウンリーのチームはGEMSの入っている宇宙塵を薄くスライスした。そして、ブルックヘイヴン国立研究所の精密な装置を使って、なかに散らばったGEMSの化学成分を調べた。分析を終えてみると、私たちのルーツにつながる手がかりがまたひとつ増えていた。GEMSの化学成分の特徴が、はるかな宇宙にある塵の雲の特徴と一致したのである。とすると、GEMSは太陽系を産んだ塵の雲のなかにいた粒子であって、しかもそのときの状態を留めていることになる。今後は、GEMSから新たな発見があるたびに、塵が母なる雲のなかでどのように成長したかが明らかになっていくにちがいない。

GEMSからは早くも大きな収穫があった。GEMSから見つかった特殊な物質が、地球の材料になっているかもしれないのである。GEMSのまわりは、炭素を多く含む不思議な黒い物質で厚く覆われていた。この黒い覆いは、母なる塵の雲のなかでGEMSに積もってから、太陽系の天体に取りこまれたのではないかとブラウンリーのチームは考えている。

星くずから母なる星を探す

太陽系をつくった塵はどんな星々からやってきたのか。その正体を明らかにするという目標に、科学者たちは驚くほど近づいている。太陽系の祖先の星たちは、何十億年も前に星くずとなって消えた。しかし、星々のかすかな声は、あとに残されたその星くずに乗って研究者の耳に届けられている。祖先の星の在りし日の姿を再現できたら、長く険しい探求の道のりに歴史的な一歩が記されることになるだろう。

宇宙の塵を探る旅はおよそ二〇〇年前に始まる。きっかけは、一八三三年に現れた見事な大流星雨だった（図4）。それを見たイェール大学の天文学者はこういう考えを発表した。あの流星雨の正体はきわめて小さい天体なのではないか、彗星の尾をつくる塵のような小天体が無数に降っているのではないか、と。まもなく別の天文学者たちが、いくつかの彗星と流星雨の通り道が同じであると指摘しはじめた。

ごくごく小さな隕石が実際に地球に落ちているとの噂も、当時ひそかに広まっている。また、夕焼けが赤いのも、雨粒にわずかに金属が含まれているのも、宇宙の塵に原因があるとする説が唱えられていた。一八七二年には、全長二〇〇フィート（約七〇メートル）のイギリスの軍艦「チャレンジャー号」が探検調査に出発する。世界中の海から海底堆積物のサンプルを集めるためだ。乗船した海洋動物学者のサー・ジョン・マレーが磁石を使って深海の泥を探ったところ、光る微小な球体が見つかった。マレーは球体の化学成分を調べて隕石と比べ、小さな球体が隕石のいとこに間違いないと発表した。ついに宇宙からきたと見られる塵が発見されたのである。

やがて、地球のまわりには無数の塵が飛びかっていると考えられるようになる。人間が地球の外に精密な機械を送りだせる時代がくると、そのことが切実な問題としてクローズアップされていった。「宇宙時代が幕を開けたばかりの頃、宇宙船は塵の攻撃に耐えられないのではないかといわれたものです」。ブラウンリーは何やらおもしろがっているような口調でいう。「塵の量を実際の一〇〇万倍も多く見積もっていたんです。人工衛星は一年でだめになると思われていました」。一九五〇年代から打ちあげが始まった人工衛星には、激しい塵の雨に打たれてすり減らないようにと、塵を防ぐシールドが取りつけられていた。

図 4　1833年の大流星雨を描いた木版画（作者不詳）

それが今では、わざわざ塵を集めるために宇宙船を飛ばしている。私たちは新たな段階に入った。宇宙の塵はもはや恐ろしい敵ではない。私たちのルーツを教えてくれる情報の宝庫なのである。

塵を調べていけば、いつかは太陽系をつくった祖先の星々をつきとめられるだろうか。NASAゴダード宇宙飛行センターの宇宙物理学者、ラリー・ニトラーは、名指しはできなくても星の「種類」はわかるだろうと語る。ニトラーは隕石のサンプルを強い酸に入れて溶かし、頑丈な大昔の粒子を取りだして化学成分を分析している。炭素には炭素12と炭素13という同位体があって、そのふたつがどんな比率で含まれているかがわかると、塵を産んだ星の種類を絞りこめる。というのも、恒星を大きさや年齢によってグループ分けすると、それぞれのグループの星がつくりだす塵には炭素12と炭素13の比率にはっきりした違いが見られるからだ。隕石からは酸化アルミニウム――宝石名でいえばサファイア――の粒子も見つかっている。この場合も、酸素やアルミニウムなどの同位体の種類と比率が、隕石のサンプルによって違っていた。

しかし、どれほど精密に数値を計っても、太陽系をつくった塵がいくつの星から集まってきたのかはいまだ謎のベールに包まれている。「ひとつでないのは確かです」とニトラーは笑う。「いくつかのデータから判断して、ほとんどの研究者は一〇から一〇〇個のあいだと考えています。要するに、たくさんだということですよ」。サファイアの種類だけで考えると、太陽系を産んだ母なる星は約三〇個になるとニトラーは説明する。だが、母の日のカードを送るのは難しそうだ。「ひとつの粒子から特定の星を割りだすのは無理です。数十億年前に太陽系が生まれたとき、その星はもう一生を終えていたのですから」

けれども祖先の星々は、その輝かしい生涯を忍ばせる形見を残してくれた。ダイヤモンドの指輪が、祖母から母へ、母から娘へと伝えられるように、宝石を散りばめた宇宙の塵は南極の氷河へ、屋上のビニールプールへ、そしてキッチンの流し台へと舞いおりてくる。塵に閉じこめられた星くずは私たちに語りかける。地球に生きとし生けるものはすべて、長い長い驚くべき物語の一部なのだと。

4章　砂漠の大虐殺

ビッグ・ママに恐ろしいことが起きた。

ビッグ・ママは恐竜である。正式には「オヴィラプトル」と呼ばれている。大きさはダチョウくらいで、形もダチョウに似ていなくはない。ただし、大きくて歯のないカメのような口と、長い鉤爪には目をつぶろう。オヴィラプトルの化石がはじめて発見されたのは、一九二三年のこと。ゴビ砂漠のオレンジ色の砂岩のなかから姿を現した。発掘にあたった探検隊はそのとき大きな勘違いをする。この恐竜の骨格が、円く並んだ卵の化石のそばに横たわっていたため、ラテン語で「卵どろぼう」を意味する「オヴィラプトル」という名をつけたのである。ようやく一九九三年になって、この汚名を返上する化石がふたつ見つかった。ひとつは、一九二三年のときと同じ種類の卵の化石。なかを調べると、なんと体を丸めたオヴィラプトルの赤ん坊が入っている。もうひとつはおとなのオヴィラプトルの化石で、いくつかの卵を覆いかくすようにしてうずくまっていた（図5、6）。もはや見誤りようがない。オヴィラプトルではなく、「オヴィプロテクター（卵を守る者）」と名づけるべきだったのだ。雄か雌かはわからないものの、以来この化石には「ビッグ・ママ」というニックネームがついた。

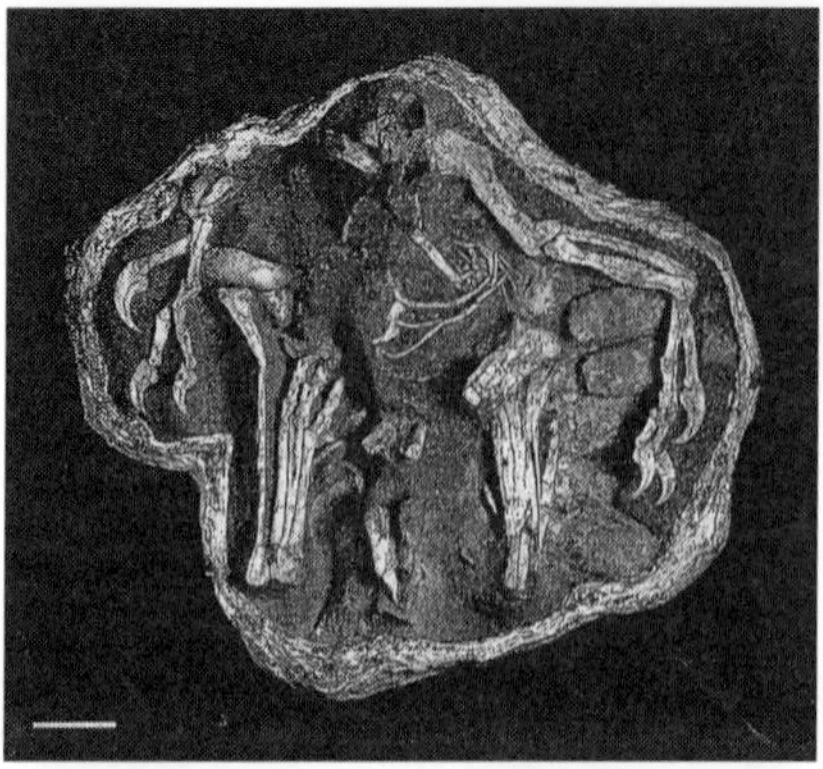

図 5（左） 1993年に発掘されたオヴィラプトルの巣（スケールバー＝10センチ）（Norell et al., Nature 378, 1995）

図 6（下） 卵を抱くオヴィラプトル予想図（Norell et al., Nature 378, 1995）

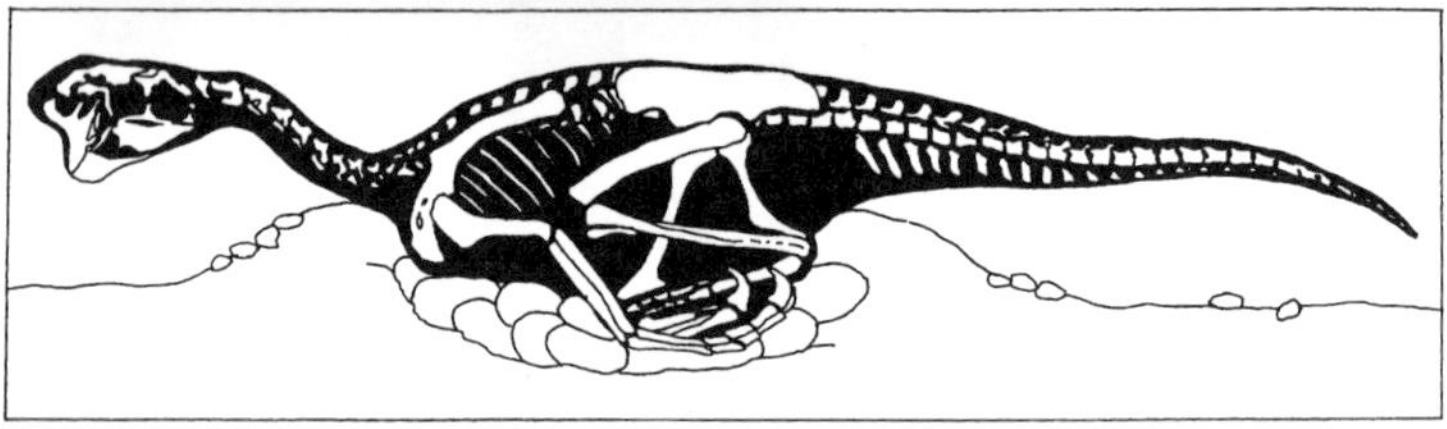

親の鑑（かがみ）ともいうべきこの恐竜は、およそ七五〇〇万年ものあいだ、丸い石と化してしまったわが子を抱えたまま砂に埋もれていた。ビッグ・ママがついに太古の砂から掘りだされたとき、古生物学者は自分たちの考えを改める必要に迫られた。恐竜は予想以上に自分の子供を大事にしていたのである。

しかし、新たな謎も浮かびあがった。一頭の恐竜をこれほどすばやく深く埋めてしまうものとは何だろう。巣から飛びだして逃げる暇すら与えないとは……？

「ある意味これは、大昔に起きた未解決の殺害事件なんです」。地質学者のローウェル・ディンガスは、そのおおらかな人柄を物語るゆったりした口調で話す。ディンガスは、ニューヨークにあるアメリカ自然史博物館の研究者で、同博物館の有名な恐竜ホールの改装を指揮したことで知られる。これまで何度もモンゴル側のゴビ砂漠に入って、七月の四〇度近い猛暑のなかをさまよってきた。

もちろん砂塵には犯人の嫌疑がかけられている。しかし、これはなかなか入りくんだ事件なのである。

そもそも、巻きこまれたのは子供思いのオヴィラプトルだけではない。長い年月のあいだには別の種類の恐竜や、爬虫類、哺乳類、鳥類までもがここでたくさん殺されている。しかも、巣を守っていたオヴィラプトルと同様、どれもいきなり命を奪われている。戦車のようなアンキロサウルス、カメ、さらにはきわめて小さい原始的な哺乳類まで、犠牲者の顔ぶれもバラエティー豊かだ。ゴビ砂漠のモンゴル側でも中国側でもどちらでもいい。谷間のもろい砂岩を掘ってみれば、無造作に押しこまれていた犠牲者の骨がいくらでも吐きだされてくる。脊椎骨。歯。肋骨のかけら。「みんな急に関節炎にかかって立てなくなった、というわけじゃなさそうなんですよ」。ディンガスは苦笑いを浮かべる。

塵がどうやって大量殺戮をやってのけたのかはさておき、おかげで古生物学者は大喜びだ。オヴィラプトルの例からもわかるように、ゴビの化石には恐竜が「何をしていたか」がそのまま残っている。ふつう、恐竜の死体はこうはならない。恐竜が死ぬと、たいてい嚙みきられたり引きさかれたりしたあげく広い範囲にばらまかれる。やがて骨は土に含まれる酸にむしばまれて、おかしなブヨブヨになり果てる。(鶏の唐揚げの骨を酢につけてもできるので、興味のある方は試してみるといい。)うまく川に落ちれば酸からは守られるが、死体が腐っていくうちに水の流れで骨が散らばるのは避けられない。いい化石になるには、骨がすぐに埋まる必要がある。そうなる確率は低い。全身の骨格がいい化石になるには、動物が丸ごとすばやく埋まる必要がある。そうなる確率は涙が出るほど低い。

それなのにゴビでは、生きているような姿勢を保った恐竜の全身の骨格が当たり前のように見つかる。

もうひとつ不思議なのは、並外れて小さい骨がたくさん無傷で残されていることだ。光沢のある卵の化石を調べると、おもちゃのような白い骨が出てくる場合がある。恐竜の赤ん坊がそのまま化石になったのだ。トガリネズミに似た哺乳類の祖先の化石も同じで、鉛筆の芯くらいの足の骨や、米粒くらいの脊椎骨がそっくり見つかっている。直径一センチほどの砂岩の塊が落ちていたら、手のひらに乗せて転がしてみるといい。小型の哺乳類や小さなトカゲの白い頭蓋骨が姿を現すはずだ。ピンク色の砂岩に包まれた骨は葉のように薄いのに、眼窩も、あごに生えた歯も確認できる。ゴビで一か月化石をあされば、頭蓋骨が五〇個も見つかることがあるという。こんな場所は世界中どこを探してもない。なぜだろう？

この問いが頭を離れなかったローウェル・ディンガスは、一九九六年のゴビ行きの際に、「砂博士」の異名をとるデイヴィッド・ループを誘った。背が高く寡黙なループは、ネブラスカ州リンカーンにあるネブラスカ大学で研究する砂丘の専門家である。ループはディンガスの問いへの答えとして、塵がかかわる仮説を立てた。そして一九九七年、ふたりの地質学者は総勢一八名の化石調査隊に加わり、裏づけとなる証拠を求めてふたたび遥かなゴビへと旅出った。

楽な道中ではなかった。ガソリンスタンドはない。自動製氷機もない。公衆電話などあるはずもない。ウランバートルから南に下る細い道沿いには、便利なものは何ひとつないのだ。あるのは、まばらに生えた野生のチャイブ（アサツキに似た植物）や、砂利にラクダ、あとは目もくらむような日差しと視界をふさぐ砂塵ばかり。そのため、食料や道具類、テントに水のタンク、スペアタイヤやトランスミッションオイル、ビールから大量のトイレットペーパーまで、すべて二台のトラックに詰めこんできた。車はしじゅう故障して立ち往生する。そのあいだ、サングラス姿のディンガスは、くしゃくしゃになった緑のフェルト帽をかぶったまま、ロシア製四輪駆動車のうしろの座席でタバコをくゆらす。砂博士は昼寝だ。赤いキャップのつばが顔に影をつくっている。少し離れたところに、銀緑色の葉をつけたトゲだらけの低木が生えていて、その小さな木蔭にいたラクダの夫婦が、いいことがありそうだと思ったのか、ぶらぶらとこちらにやってくる。出発から一週間近くがたとうかというある日、一行はようやく丘の上にたどり着いた。眼下には盆地が広がり、ところどころ奇妙な形をした赤い岩が突きだしている。

恐竜ハンターたちが車から降りると、ブーツの下で恐竜の卵の殻がパリッと割れた。この象牙色のかけらはいたるところに落ちている。そして、誰かが足を踏みだすたびに、かすかな塵の煙があがった。

ゴビ砂漠が生まれたとき

モンゴルは地球上のどの地域とも同じように、いわば溶けた塵でできている。地球が宇宙塵の塊として誕生した頃は、まだどろどろに溶けた状態だった。やがて塵が冷えるにつれて、軽い鉱物が浮かびあがって殻ができた。殻の下では、岩石がまだ溶けた状態のまま流れている。その流れに運ばれて、冷えつつある殻のかけらはゆっくりと地球の表面を漂った。この若い大陸はやみくもにぶつかり合ったり離れたりしていく。地球の内部からはたえずマグマが湧きあがってくる。それが冷え固まって若い大陸にくっつけたされるたび、大陸は大きくなっていった。

現在アジアと呼ばれている陸地が生まれたのは、わずか五億年前である。アジア大陸の形を太ったトカゲにたとえるなら、この陸地はシベリアを頭として海から這いだしてきた。トカゲの肩にあたるモンゴルがゆっくりと姿を現すあいだ、その皮膚をときおり波が洗った。今のモンゴルは海から何百キロも離れているのに、南部と西部でサンゴの化石が見つかるのはそのためだ。また、浸食の進むゴビの山々には石灰岩が堆積している。おそらく、大昔に生きた海の生物の骨が積もってできたものだろう。

オヴィラプトルが登場するはるか昔、恐竜時代が始まったばかりのモンゴルは、今よりはるかに暖かくて湿度も高かったと考えられている。海からの水蒸気を含んだ暖かいモンスーンが、大地を越えて北のモンゴルまで届いていた。いっぽう、トカゲの南側では、いくつもの火山島が弧を成して海から顔を出し、やがて北に運ばれて若いモンゴルにぶつかっていた。島は次々に誕生しては北上してモンゴルに打ちあたる。こうして中国がつくられていった。新しい陸地がアジアにつけたされるたび、モンゴルは震え、しわになり、岩石がせりあがって、高くそびえる山並みがいく筋も平行して走るようになる。中国でも新しい山脈ができてしだいに高く成長していった。ついにはあまりにも高くなりすぎて、湿ったモンスーンの雲は北に向かう途中で山を越えなければならなくなった。雲が山の斜面に沿って上にあがっていくと、水蒸気が冷えて水滴になる。そのため、この南の脇腹を昇りながら大量の雨を降らす。少しでも水蒸気が残っていれば、雲はどうにか山を越えていくものの、渇いてしわだらけの南モンゴルにはあざけるような小さい影を落とすだけだ。

砂漠が生まれ、塵が舞いあがりはじめた。

恐竜の足跡を見つけた

話は戻って現代のゴビ。ディンガスとループ、そして調査隊の面々は、オハー・トルゴッドという場所にやってきた。でこぼこの少ない丘を選んで、みな一斉に黄色のテントを張る。大地はグレーとピンクを混ぜたような色だ。これから化石ハンターたちは、昼のあいだは熱い塵と砂をいやというほど浴び、風が強い夜には砂ぼこりから食べ物をかばいながら大急ぎで食事を済ませる日々を送る。

炊事場のすぐそばから小道をくだっていくと、さしわたし一キロ半ほどの盆地に出る。そこには、化石のかけらが惜しげもなくまき散らされていた。まわりを取りまく黄色やオレンジ色の砂岩の崖には、ほうぼうから骨が突きだしている。ある七月の朝、ループとディンガスはこのお盆の底におりていって、右手にある岩壁に向かった。まだ八時だというのに、早くも猛烈に暑くなりそうな気配が漂っている。空中を舞うミクロの塵のせいで日差しはギラギラした光に変わり、容赦なく目を刺す。小石で覆われた地面は、立ちのぼる熱で揺らめいて見える。地平線に目をやると、数頭のラクダがのんびり歩きまわりながら低木の茂みから葉をかじりとっていた。

ループはほとんど自分から話をしない。ディンガスも無口なほうだ。にぎやかな化石ハンターたちは、ふたりの地質学者（ジオロジスト）に「ジオ・ガイ」というあだ名をつけて一目置いていた。

岩壁のふもとには崩れおちた土が高く積もっていた。ふたりは足をとられながらもどうにか登っていく。たどり着いた崖の壁面をよく見てみると、斜めに傾いたいくつもの層に分かれていた。岩壁が浸食されたために、遠い昔に移動をやめた古代の砂丘が姿を現したのだとループは説明する。断面を横切るかすかな筋のひとつひとつは、静止していた砂丘の表面が固く薄い皮膚に変わった時代があったことを示している。そのあとで、風の吹きあれる時代が訪れ、新しい砂が運ばれてきて砂丘に数センチ積もる。それがまた皮膚に変わる。ジオ・ガイたちによると、こういうタイプは「層状」の砂岩というらしい。

ループは何か探しものがあるようだ。岩の角を回ると、かがみこんで壁面に顔を近づける。やがて、白い色の層を指さす。白い層は、ところどころすぐ下の少し濃い色の層に食いこんでいた。食いこんだ部分は人間の手くらいの大きさである。ループは興奮を隠すかのように目を細める。

「これは、恐竜の足跡を横から見たところじゃないだろうか」

恐竜の足跡は、昔の砂からより昔の泥からのほうがたくさん見つかる。ところが一九八四年に、ループはネブラスカの砂丘地帯でバイソンの足跡の化石を発見した。さらには、その難しい環境ではじめて恐竜の足跡も見つけている。さすがは砂博士である。

こうした足跡が残るためには、大量の砂が一気に覆いかぶさる必要がある。七五〇〇〇年前のゴビはかなり乾燥していたのだろう。全部ではないにしろ、風とともに自由に移動する砂丘があったのは間違いない。しかし、ディンガスの話では、ここの古い砂岩には小さな池や植物の痕跡も残っているという。だとすれば、当時のゴビは今よりいくらか湿気が多く、緑も多かったのかもしれない。ただし、そう大きくは違わなかったはずだ。

風の吹きあれる白茶けた場所で、恐竜のようなかさばる生き物がどうやって腹を満たしていたのだろうか。大型の肉食恐竜なら、子供思いのオヴィラプトルを食べていたかもしれない。ほかにも、プロトケラトプスという子だくさんの恐竜が餌食になったと思われる。なにしろ、小型で襟飾りをもったこの恐竜の化石は、オハー・トルゴッドのいたるところに見られ、まさに少し歩けばプロトケラトプスに当たるといった感じなのである。しかし、餌にされていいたほうの恐竜は何を食べていたのだろうか。

あたりをもっとよく見てごらん、とディンガスは促す。現代のゴビにだってたくさんの生き物が暮らしている。のんびりと歩くラクダたち。小さな群れをなす家畜のヒツジ。数えきれないほどのガゼル。ときおりワシやオオカミやハリネズミも顔を見せる。ホモ・サピエンス（ヒト）までもが立派な集団をつくって、荒漠とした大地に白いフェルトの天幕を散らしている。現代のモンゴルでは、食べる者と食べられる者とのつながりは複雑に絡みあっているが、そのおおもとになっているのは、はたから見るかぎりトゲだらけの低木のわずかな茂みと野生のチャイブだけだ。一見砂ぼこりしかない乾燥した土地でも、生命を養えないわけではないのがよくわかるだろう。

それに、足跡ができた時期は非常に乾燥していたが、巣があちらこちらにつくられた時期はもっと湿潤だったとも考えられる。どんな砂漠も、乾いた時期と湿った時期のあいだを小さな振り子のように揺れうごいている。大きな気候変動のサイクルがめぐってくれば、もっと激しい変化が砂漠にもたらされる。たとえば一万八〇〇〇年前、地球が広い範囲にわたって氷に閉ざされていた頃、陸地の半分はむきだしの砂に覆われていた。赤道をはさむ幅六五〇〇キロほどの範囲は、すべて砂漠だった。そのうち今も砂漠のままなのは全体のわずか一割でしかない。地球を取りまく砂塵の量も今のほうが少ない。

じつは、ゴビの小さな振り子が塵をそそのかして、この地で大量殺戮を働かせたのかもしれないのである。

ゴビの風、舞いあがる砂粒……

オヴィラプトルの墓が砂地であることから考えても、当時このあたりに砂塵が飛びかっていたのは間違いない。ゴビの岩石はたえまなく崩れていただろう。それでも、卵を抱くビッグ・ママが不安になることはなかった。塵は知らぬまにつくられていく。そのプロセスがたえず進んでいることなど、誰も気にしたりはしない。

塵の存在を思いだすとすれば、風が吹いたときだったろう。さらさらと鳴る木々や草がなくても、ゴビの風ははっきりと聞こえる。岩のまわりを流れるときは低くうなり、小石に砂粒を叩きつけるときにはバラバラと音を立てる。

岩石というものは、山であれ石灰岩であれ、たとえ砂粒であれ、たいていどこかに弱い個所を隠しもっている。地球の岩石は、溶けた塵――あるいは積みかさなったサンゴの骨――が固まって誕生した。それ以来、徹底的に痛めつけられてきた。この四五億年のあいだに、ほとんどの岩石は曲げられるか、ねじられるか、つぶされるかしている。あるときは逆さまになり、あるときは崖から落ちた。削れて砂になったものもあれば、溶けて溶岩になったものもある。そのすべてをくぐり抜けてきた岩石もあるだろう。だから、じつはどの岩石にも傷やひび割れが無数に入っていて、「岩のようにびくともしない」という喩えにはそぐわない。石灰岩の崖などは、いつ崩れるかわからない危うさを秘めている。つまり、風が小さな手榴弾を落とそうとするときには、砂粒はすでに砕ける準備を整えているといっていい。

風速九メートルほどの風が吹けば、砂は地面から浮きあがる。地面の上でおとなしくしていた砂粒も、まわりで風がうなりをあげると小刻みに揺れはじめ、やがて風に乗るのである。飛ぶ距離は短いし、舞いあがる高さも二メートルを超えることはない。すぐにまた地球に戻ってくる。それでも、地面に降りるときにまるで手榴弾のように別の砂粒の角にぶつかって、細かい削りくずをまき散らす場合がある。塵の誕生だ。

さらには、手榴弾が落ちてきた衝撃で、被害を受けた砂粒が弾きとばされて風に乗る場合もある。こうして、次々と新しい砂粒が跳ねあがっては手榴弾となって落ちていく。風で飛ばされた砂は、別の砂粒にぶつかるだけではない。小石や、もっと大きい岩にも打ちあたって塵を叩きだす。石灰岩の山肌に砂が吹きつけられれば、白い塵が雨あられとまき散らされるという。

ゴビはほかの砂漠と比べて砂が少ないため、霜(しも)の働きも侮れない。目には見えないものの、霜は着実に塵をつくっていく。ゴビにはある程度の雨が降り、冬には雪も落ちてくる。この水分が、岩石の細かいひびや割れ目に忍びこむ。気温が下がると、水分は岩石のなかで氷に変わる。すると、かさの増した氷の結晶がまわりを押すため、割れ目は広がっていく。崖でも、岩でも、砂粒でも、一度割れ目に水分がしみこんだ岩石はいずれ粉々になる運命から逃れられない。一回凍っただけでは砕けなかったとしても、気温が上がって氷が溶ければ、水は深くなった割れ目のさらに奥まで入りこむだろう。次に凍るときには、裂け目を大きくこじあけるのに絶好のポジションにいることになる。ミクロの塵がほとばしり出るのは時間の問題だ。

塩分も同じようにして岩石を割っていく。地球の地殻には種々の塩類が含まれていて、古い岩石から自然にしみだしている。しかし、雨の少ない砂漠では水の流れで塩分を運びさることができないため、塩分が地面に溜まりやすい。オヴィラプトルが卵を抱きながら物思いにふけっていたときにも、風で飛ばされてきた塩の結晶がひとつ、かたわらにあった石灰岩の小石に舞いおりたことだろう。日が暮れて、夜露を受けた塩は湿る。溶けた塩が小石の割れ目に滑りこむ。翌朝、日が昇って露の水分が蒸発すると、塩はこの新しい場所でふたたび結晶になる。もちろん、まわりをぐいぐい押しながら。もしもビッグ・ママが小石のなかに入ってこのミクロの谷間に立ったなら、谷が引きさかれる小さなうめき声を聞いたにちがいない。

　風、氷、そして塩。現代のゴビではこの「恐怖のトリオ」が猛威をふるっている。ここが不安定な土地だったこともトリオに味方した。ゴビに見られる岩石はきわめて崩れやすい。しかも、五〇〇〇万年前にヒマラヤ山脈をつくった地殻活動――かつては離れていたインド亜大陸がアジア大陸に衝突した――は今なお続いていて、エヴェレストから一五〇〇キロ以上北のモンゴルにまで圧力を及ぼしている。そのため、ゴビの盆地には、まわりを囲む灰色の山並みから次々と石が落ちてくる。待ってましたとばかりに、恐怖のトリオはその石を塵に変えていく。

　もともと塵になりやすい岩石もあればなりにくい岩石もある。石灰岩や長石（ちょうせき）、あるいは石膏（せっこう）は、簡単に崩れて粉になる。いっぽう石英は手ごわい。古い時代にできた砂丘の砂や、ふつうの浜辺に見られる砂は、頑丈この上ない石英が丸くすり減った粒でできている。だが、これだけタフな鉱物でも、いずれ塵になる運命は避けられない。露がたったひとしずくあれば、石英の結晶のなかにまで入りこむ。そして、結合の弱い部分を見つけだしては、分子をひとつまたひとつと溶かしていく。顕微鏡で覗いてみると、年代を重ねた砂粒は年代を重ねた山のようだ。頂上は丸くなっているが、小さな「川」によっていく筋もの「谷」が刻まれ、「崖」のふもとには崩れおちた「岩屑（がんせつ）」がわずかに溜まっている。髪の毛の太さの一〇〇分の一しかないこの岩屑こそが、砂粒から削りだされた塵なのである。

遠い昔のゴビで、オハー・トルゴッドを激しい風が吹きぬける。ミクロの岩屑、石灰岩や石膏の粉、さらには塩の結晶や種々雑多な塵が混じりあい、熱い風に乗って巻きあげられる。風がおさまっても、塵はそのままオヴィラプトルのはるか頭上を漂っていた。

塵のベールが頭上を覆っている

ビッグ・ママの上に浮かんでいたのはゴビの塵ばかりではない。風や水に削られて、世界中でたえず大量の塵がつくられていた。緑の多い地域では、塵ができてもすぐに湿った土や植物にとらえられるが、乾燥した地域では塵が風に乗って飛びやすい。ごくまれに塵が非常に高く舞いあがると、地面に降りるまでに何千キロも旅をする。空の高いところにはつねに塵が漂い、ベールのように地球を覆っている。塵のベールには、風が地表からさらっていったあらゆるものが含まれている。

何千万年も前にゴビの空を覆っていた塵は、おもにどこからきていたのだろう。今となっては想像するしかない。しかし、現代の地球に目を移して、塵をたくさん生みだす場所を見ていけば、いかに多種多様な塵がオヴィラプトルの頭上を舞いながら謀（はかりごと）をめぐらせていたかが推しはかれるのではないだろうか。

今日の塵の出どころとしてまず名前をあげるべきは、広大なサハラ砂漠だろう。たいていの砂漠は、砂漠といっても砂は隅のほうにわずかに見られるだけで、大部分は岩石がむきだしになっていたり砂利で覆われたりしている。ところが、サハラでは全体の約五分の一が砂の海で、三〇〇メートルもの高さにそびえる砂丘まである。テキサス州を四つ並べた〔訳注　日本の総面積の約七倍の広さ〕上に、砂が五階建てビルの高さまで積もったところを思いうかべてほしい。それがサハラの砂の量である。その砂が、跳ねまわっては仲間に爆弾を落とし、強い日差しと塩の力でひそかに削られている。オヴィラプトルの時代に、サハラから遥かなゴビまでどれくらいの塵が旅をしていたかはよくわからない。だが、少なくとも現代のサハラからは、膨大な量の金色の塵が飛びたっている。地表から立ちのぼる塵の量などそう簡単に見積れるものではないと、科学者はきまって釘をさす。それでも、恐れを知らぬ者たちはあえて数字を弾きだしてきた。かなり支持されている説は、毎年約六億トンの砂塵がサハラから吐きだされているというものだ。別の計算では、じつに年一〇億トンという答えが出ている。少ないほうをとるとして、サハラから舞いあがる塵をすべて有蓋貨車に詰めていくと、四秒弱ごとに貨車が一両ずつアフリカを出発する計算になる。一分で約一六両。一時間で約一〇〇〇両。これが、来る日も来る日も延々とくりかえされていく。

中国の広大な――しかもさらに広がりつつある――砂漠からも、同じくらいの量が漂いでていると見られる。また、アメリカの中部と西部の農地は浸食が進んでいて、年に一〇億トン近くの塵を吐きだしているといわれる。ただし、アメリカの塵が遠くまで旅することは少ない。

現代の塵の出どころとしてもうひとつ見逃せないのが、古代の砂塵だ。ゴビの南には、中国黄土高原と呼ばれる魔法の農地が広がっている。黄土には石が含まれておらず、砂塵だけでできている。すべて、何百万年ものあいだにゴビ砂漠やタクラマカン砂漠から飛ばされてきたものだ。砂塵は降りやまぬ淡雪のように一〇〇年に約一センチの割合で積もり、二五万平方キロメートルを超える広い大地を覆っている。これは、コロラド州の面積にほぼ等しい〔訳注　本州と九州を合わせたくらいの面積〕。中国北部に点在するほかの黄土の堆積地も入れると、塵でできた農地は中国の総面積の五分の一を占める。塵は沈みこんだり削られたりしたとはいえ、まだ一〇〇メートル近くの厚さに積もっている個所は多い。厚さが三〇〇メートルに達する場所もあるという。

　世界全体でみると、地球の陸地表面の一〇パーセントは砂塵の積もった土地である。この古代の砂塵が、植物に覆われて押さえつけられていれば問題はない。ところが、そうでない地域、とくに農耕や乱開発などでダメージを受けたところからは、はかりしれない量の古い塵が風に乗っている。

　氷河も忘れてはいけない。砂漠とは正反対のものに思えるかもしれないが、氷河からの塵もきっとオヴィラプトルの頭上に浮かんでいただろう。深い氷の河がゆっくりと山の斜面を流れていくと、家ほどの大きさのある岩を押しだすだけでなく、山肌を削って「岩粉（がんぷん）」と呼ばれるミクロの塵に変える。氷河が通った跡には、スカンクの縞模様のような黒い溝が延々と残るほどだ。氷河から流れだす水が見事な乳緑色をしていることが多いのは、削りとられた岩粉が含まれているからである。水は流れついた先で荷物を降ろし、岩粉の積もった平野ができる。こうなれば、いつ塵が飛びたってもおかしくない。しかし、氷河から現在どれだけの塵が生まれているのかも、数千万年前がどうだったのかも、今のところ明らかになっていない。塵の科学はまだ若い研究分野なのである。

　「プラヤ」と呼ばれる涸れた湖もまた、気前よく塵を吐きだす。アメリカの西部だけでも、一〇〇を超えるプラヤが砂漠に点々としている。かつては水をたたえていたが、最後の氷河期が終わって水が流れこまなくなったために干上がってしまった。プラヤの表面には塩類が積もっていることが多く、飛行機から眺めると、大地に白く平らなすり傷がついているように見える。しかし、その下には細かい塵が厚く溜まっている。大昔に川が運んできたものだ。

プラヤの表面が非常に硬ければ、下の塵が気ままに漂いだすことはない。カリフォルニアのモハーヴェ砂漠にあるかつてのロジャーズ湖も硬いプラヤで、スペースシャトルの着陸場所に選ばれるほどだ。車が通って丈夫な皮膚に傷がついても、冬に降る雨に潤されて皮膚はもとの状態に戻り、また塵をしっかり封じこめる。ところが、皮膚のもろいプラヤからは、水のあった時代に溜めこんだ細かい塵が大量に舞いあがっている。こうした塵が大問題を引きおこしている場所もある。

ロジャーズ湖の北約一三〇キロにあるオーウェンズ湖は、大量の塵を吐きだして空気を汚している。一箇所から出る塵の量としては全米一という不名誉な記録まで打ちたてた。面積はおよそ二八〇平方キロメートル〔訳注 琵琶湖の五分の二程度〕。やはり水がないが、自然に干上がったわけではない。ロサンジェルス市民の渇きを癒しているうち、一九二〇年代に水が涸れてしまったのである。最後の一滴が失われてから、いったいどれだけの塵が風で飛ばされただろう。さまざまな推定がなされ、耳を疑う数字が発表されている——下は四〇〇万トンから上は約九〇〇〇万トンまで。しかも、一年間でである。たとえば、三キロ入りの特大の小麦粉の袋を開け、中身を風に向かってまき散らすところを思いうかべてほしい。一分間に二五〇袋のハイペースで空（から）にしていき、一年間休みなく続ける。それが、小さいほうの数字が意味するところである。湖のほとりにあるキーラーという町の住民は、この「キーラーの霧」と長年泣くつきあってきた。キーラーの霧は塩分を含んだきわめて細かい塵で、すぐ家のなかに入りこんでくる。一九九五年にこの町の空気を検査したところ、国が定める基準値の二三倍もの塵が見つかった。一九九八年にロサンジェルス市はようやく重い腰を上げ、このもろい大地を砂利と水と植物でふさぐことにした。

もっと大きな湖になると、飛びちる塵の量も桁外れである。中央アジアにある広大なアラル海（塩湖）は、周辺で大規模な灌漑農業がおこなわれたために、水量が大きく減った。すると、水ぎわの一部がむきだしになり、塵が風で飛ばされるようになった。塵を封じこめる皮膚はまだできていない。大まかな見積りによれば、アラル海から立ちのぼる塵の量は年間一億五〇〇〇万トン。あまりにすごい数字でまったく実感が湧かない。しかも、アラルの塵には現代ならではの風味が加わっている。周辺地域で使われたかなりの量の農薬も、塵となって一緒に漂っているのである。

このようにさまざまな場所から岩石の塵が舞いあがり、その一部は空高く漂う塵のベールに合流する。仲間の顔ぶれは多彩だ。海から吹きとばされた塩のかけらや、細かい穴のあいたガラス質の火山灰など、多種多様な自然界の塵が勢ぞろいしている。オヴィラプトルの時代もそうだった。地球の皮膚はたえず削りとられて、あらゆるものが少しずつ上空を漂っていた。

世界で猛威をふるう砂塵嵐

オヴィラプトルが暮らしていた頃、世界を旅するこの塵のベールは今より薄かったかもしれないし厚かったかもしれない。それでも、たしかに頭上を覆っていた。モンゴル以外の塵が混じっていずに、岩石や古いサンゴ礁のかけらだけだったとしても、あたりに漂う塵はかなりの量だっただろう。しきりに風が立ち、塵が舞いあがる。ピンクとオレンジが混ざったような色の塵は、風が和らぐまで何分も、ことによると何日も濃く立ちこめたにちがいない。

こうした砂塵が嵐となって襲いかかり、オハー・トルゴッドの恐竜を殺したのだろうか。ジオ・ガイたちの仮説が正しければ、たしかに砂塵嵐は恐竜の息の根を止めた。ただし、じかに手は下さなかったらしいのだ。

そもそも砂塵嵐が起きたら、近くにいる人にどんな影響が及ぶと思うだろうか。何か不便を強いられる、あるいは不快な思いをするという面には目が向いても、命が危なくなるとまでは考えないのではないか？　しかし、砂塵嵐が瞬時にどれだけのパワーを発揮するかを甘く見てはいけない。中央アジアやアラビア、あるいはアフリカの砂漠で暮らす人たちが、どれほどひどい目にあっていることか。それぞれの土地で、砂塵嵐を運ぶ風に特別な名前をつけているほどだ——ハムシン、ハルマッタン、ハブーブ、アフガネット、シャマール。その風の恐ろしさを知らなければ、甘美な響きさえ感じられる名前ではないか。

塵を含んだ風は体に深刻な影響を与える。日焼けした頬が砂で白い粉を吹くとか、鼻の穴や耳の穴に塵が張りつくとかいうだけではすまない。夏の浜辺を裸足で歩いたことがあるなら、砂が空気よりはるかに熱くなるのをご存知だろう。砂と塵の熱い粒が空中に舞いあがれば、さながら空飛ぶラジエーターだ。空気を熱するのはもちろん、まわりにいる人や動物にも熱風を浴びせかける。しかも、砂や塵が飛びかうと、摩擦が起きて静電気が生まれる。静電気は、しつこい頭痛の原因になるといわれる。また、砂塵嵐の風は熱く乾燥しているため、植物と動物から水分を奪う。おまけに、空気中にあまりにもたくさんの塵が含まれていると、かえって雨が降りにくくなってなかなか熱気が冷めない。動物を苦しめ、植物の葉をずたずたにし、最新の機械を動かなくさせ……しまいには飛行機まで落とすこともある。

二〇〇〇年一月、ケニア航空の旅客機が海に墜落して乗員乗客の全員が死亡する事故が起きた。その原因が塵ではないかといわれている。地元紙の記事によると、このジェット機はナイジェリアのラゴス空港に立ちよる予定だったのだが、空港が砂塵混じりの強風で閉鎖されていたため、上空を通過してコートジヴォアールのアビジャンに向かった。飛行機はその夜、アビジャンを離陸したあとで墜落した。エンジンに塵が溜まって内部の空気の流れが乱れ、出力が落ちたのではないかと見られている。

せめてもの救いは、本格的な砂塵嵐がそう簡単には起きないことだ。そのかわり、もっと規模の小さい、「塵旋風（じんせんぷう）」と呼ばれる現象はよく起きる。塵旋風は、見た目には小さな竜巻に似ている。熱い地面に接した空気の層が暖められ、上に昇っていきながら回転することで塵旋風が生まれる。熱い空気はすばやく上にあがりながら塵を——そしてカンガルーネズミを——巻きあげていく。

塵旋風が上昇する速度を調べるには、カンガルーネズミを使うといい。少なくとも、そう考えた研究者の論文が一九四七年に発表されている。この研究者は、塵旋風がときどき不運なカンガルーネズミ（体長一五センチくらい）を吸いあげるのに気づき、なんと管制塔のてっぺんからカンガルーネズミを落としてその落下速度を測った。そのデータをもとに塵旋風が上昇する速度を計算したところ、時速四〇キロ以上という答えが出た。ちなみに、実験台にされたカンガルーネズミは、腹を立てはしたが怪我はしなかったと研究者は記している。カリフォルニア州のモハーヴェ砂漠を例にとっても、塵旋風は一日に何千回も起きることがある。カンガルーネズミはしじゅう放りなげられているうちに、落ちても平気な体に進化したのかもしれない。

塵旋風が地面に接する部分は直径数十センチにすぎないのに、そこからおびただしい量の塵を吸いあげる。ご馳走の山を見つけようものなら、塵旋風の食欲はとどまるところを知らない。さきほどの論文によると、あるとき工事現場の盛り土の上に塵旋風が現れた。すると、毎時一立方メートル以上のペースで土を平らげはじめ、空中にまき散らしていった。四時間後、ご馳走の盛られていた場所にはブルドーザーを駐車できるほどになったという。

大規模な砂塵嵐は起こりにくいとはいえ、一度起きてしまったら誰にも止められない。アルプスに吹雪がなくならないのと同じで、乾燥した地域には大きな砂塵嵐がつきものである。アルプスに猛吹雪の季節があるように、砂漠にも塵が猛威をふるう時期がめぐってくる。たとえば、エジプトの塵のシーズンは一二月に始まって五か月間続く。サウジアラビアでは、春の到来は塵の到来でもある。アメリカのアリゾナ州を通るハイウェイ一〇号線は砂ぼこりで有名で、五月から九月までここを走るドライバーは、特別なラジオ局にダイヤルを合わせる。黄褐色の砂塵の壁が砂漠から湧きだしてきたら、すぐに知らせてくれるからだ。アリゾナでは、砂塵嵐が原因で起きる交通事故が一年で平均四〇件以上。多数の怪我人と、わずかではあるが死者まで出している。

アリゾナ州のフェニックスは年間およそ一五回の砂塵嵐に見舞われる。しかし、これでもまだましなほうだ。イラン東部のシースターン地方は、世界で一、二を争うほど砂塵嵐が多い。とくにひどい年には、一キロしか視界のきかない日が八〇日に及ぶという。カラクームとキジルクームというおもしろい名前の砂漠を抱える三つの国、トルクメニスタン、ウズベキスタン、タジキスタンでは、年に約四〇回の砂塵嵐が起きる。中国の広大なタクラマカン砂漠では、年におよそ三〇回。パキスタン、アフガニスタン、イランの三国が接する乾燥地域もそれと同じくらいだ。こうした数字はあくまで平均であって、天候や気候の気まぐれに大きく左右される。一九七〇年代のはじめ、サハラ砂漠の南に広がるサヘル地域が凄まじい干ばつに襲われたことがあった。このときには、例年の五倍もの砂塵嵐がスーダンを駆けぬけている。

砂塵嵐は、七五〇〇万年前のオヴィラプトルにとっても珍しくはなかっただろう。こんな光景が目に浮かぶ。ある春の日の午後、暖められた空気の塊が寒冷前線とぶつかった。砂塵嵐が起きる。嵐は太古のゴビの大地をえぐりながら進んでいく。砂が激しく地面に叩きつけられ、閉じこめられていた塵を解きはなつ。地面を転がっていた砂粒からも、くっついていた塵が振りおとされる。砂は低いところを飛びかう。塵は数百メートルの高さにまで立ちのぼった。塵はまるで地上に湧いたオレンジ色の入道雲のように、もうもうと渦巻きながら進んでいく。

元気いっぱいの風だったなら、ゴビの塵をはるかな高みにまで運んでいただろう。塵は一週間近く旅をして、はるばる北アメリカに舞いおりたかもしれない。中くらいの風であれば、塵を中国の黄土高原まで飛ばしたにちがいない。しかし、このときの風はすぐにやんでしまった。塵は空気をきらめかせながらゴビの大地の上に立ちこめた。

砂塵嵐が原因との説には疑問あり

非常に激しい砂塵嵐なら、ゴビの恐竜の命を直接奪うことができる――それが古くからの定説である。今ではループもディンガスも、砂と塵そのものがオハー・トルゴッドの動物を殺したとは考えていない。とはいえ、ほかにこの説が当てはまる場面はないのだろうか。

オハー・トルゴッドから北に数日ゆっくり車を走らせたところに、有名な「戦う恐竜」の化石が発見された場所がある。ロシアとポーランドのチームが砂岩を掘っていたとき、肉食のヴェロキラプトルの化石と、小型で草食のプロトケラトプスの化石が一緒に出てきた。しかも、ヴェロキラプトルの鉤爪が、プロトケラトプスの骨格に食いこんだような状態だったのである。

ロードアイランド大学の地質学者、デイヴィッド・ファストフスキーは、堆積岩の研究をとおして、かつての地球がどういう環境にあったのかを探っている。以前「戦う恐竜」の埋まっていた砂岩を徹底的に調査したところ、砂の層がはっきりと確認できた。風で運ばれてきて積もったものである。砂塵嵐によって命を奪われたのだと、ファストフスキーは信じて疑わない。たしかに現代でも、砂塵嵐そのもののせいで命が失われることがある。

一九三〇年代、アメリカ中南部は大干ばつに襲われた。細かい土が舞いあがり、「黒いブリザード」となって吹きあれた。数百万もの人々が家を追われただけでなく、何千というウシやウサギが死んだと伝えられている。砂塵がのどに詰まって窒息したり、草と一緒に大量の塵を食べてしまったりしたためだ。地域によっては、家の外で嵐に襲われた人間が窒息死するケースもあった。塵をたくさん吸いこんだために肺炎（高熱を伴い、すぐに手当てをすれば治る）を起こして亡くなる人はもっと多かった。わずか数年前の一九九八年にも、中国西部の砂漠地方で大規模な砂塵嵐が起き、少なくとも一二名の死者が出ている。ただし、砂塵が原因で交通事故を起こして亡くなったのか、別の災いが降りかかったのかは伝えられていない。

ただ砂に打たれるだけでも、恐ろしい結果につながりかねない。モンゴルでは男らしさを示すための厳粛な儀式として、裸で砂嵐のなかに立ってじっと耐える試練が課される。血が流れる場合もある。意識が混乱することもある。悪くすれば、脱水症状を起こして命を落とすという。

「砂漠で砂嵐に襲われた二頭の恐竜が、砂に打たれて身動きがとれなくなり、やがてそのまま埋まってしまった。そう考えても、少しもおかしくありません」とファストフスキーはいいきる。「あっというまに起こりうることなのです」

一九九七年のオハー・トルゴッドでも、調査隊のキャンプは何度か砂嵐に見舞われた。規模が小さいものでさえ、こちらに恨みがあるとしか思えないほどの凄まじさ。黄色い蜃気楼のような風がにわかに襲ってきては、砂利道から砂と塵をつかんでトラックやテントめがけて投げつける。砂粒は皮膚を刺し、細めた目のなかや耳の奥まで飛びこんではみなに悲鳴をあげさせる。杭（くい）が外れて砂漠中を跳ねまわる羽目になったテントは数知れず。運よく残ったテントも、内側が細かいピンク色の粉でびっしり覆われた。ファストフスキーも一度ゴビでひどい目にあったという。

「あのとき身をもって感じましたよ。自分が『戦う恐竜』だったら相当いやな気分だったろうって」。

ファストフスキーはくすくすと笑う。

しかし、ループとディンガスは、オハー・トルゴッドの場合は砂に共犯がいたと考えている。しだいに暑さが増すなか、岩壁のそばを苦労して歩きながら、ジオ・ガイたちはループの仮説を生むきっかけとなった個所に着いた。

その部分は一面に赤くなっていて、層ができていない。近づいてよく見ると、大小さまざまな砂粒をはじめ、小石までもがすべてむらなくかき混ぜられたようになっている。白い砂岩の部分はきれいな層をなしていて恐竜の足跡も残っていたが、化石を含んではいなかった。ところが、この赤いごちゃまぜの砂岩は、層状の砂岩にはさまれているのに骨がたくさん詰まっている（図7）。

オハー・トルゴッドの恐竜が砂嵐で命を奪われたという説にディンガスが疑問を抱いたのは、この違いがあるからだった。「砂嵐説に従えば、勘の鈍いオヴィラプトルが巣に座っているところに、砂嵐がやってきて埋もれてしまったことになります」とディンガスは独特のゆったりした口調で説明する。かつてさまざまな仮説が立てられたが、この地に何トンもの砂を落とす方法は砂嵐以外に見つからなかったのである。

「はじめ、この赤い部分は池の堆積物ではないかとの意見もありました。でも、どうやらそうではないということになった」。ディンガスはサングラスの奥で眉根を寄せる。「では川でしょうか。川には流れがあるのでふつう恐竜の骨は散らばってしまいます。でも、砂嵐ならできるとこれまでの研究者は考えた。恐竜の骨をばらばらにせずに、短時間で埋められる方法はそうはありません。それで、砂嵐が候補にあがったのです」

砂博士のループも、砂嵐のシナリオが腑に落ちなかった。「彼が砂嵐説に疑問を感じはじめたのは、砂嵐ではせいぜい五、六〇センチくらいの砂しか積もらないとわかったからです」。ディンガスはそういって笑みを浮かべる。なぜ笑うのかといえば、オヴィラプトルはヴェロキラプトルと同じ二足歩行の恐竜で、立ちあがると肩までの高さが一メートル程度。長くたくましい足と恐ろしい鉤爪をもっていた。残っているオヴィラプトルの骨格を見るかぎり、多少の砂が巣に降ってきたくらいで倒れて死ぬとは思えない。しかも、このごちゃまぜの砂岩からはオヴィラプトルが華奢に見えるほど大きな恐竜の骨も出

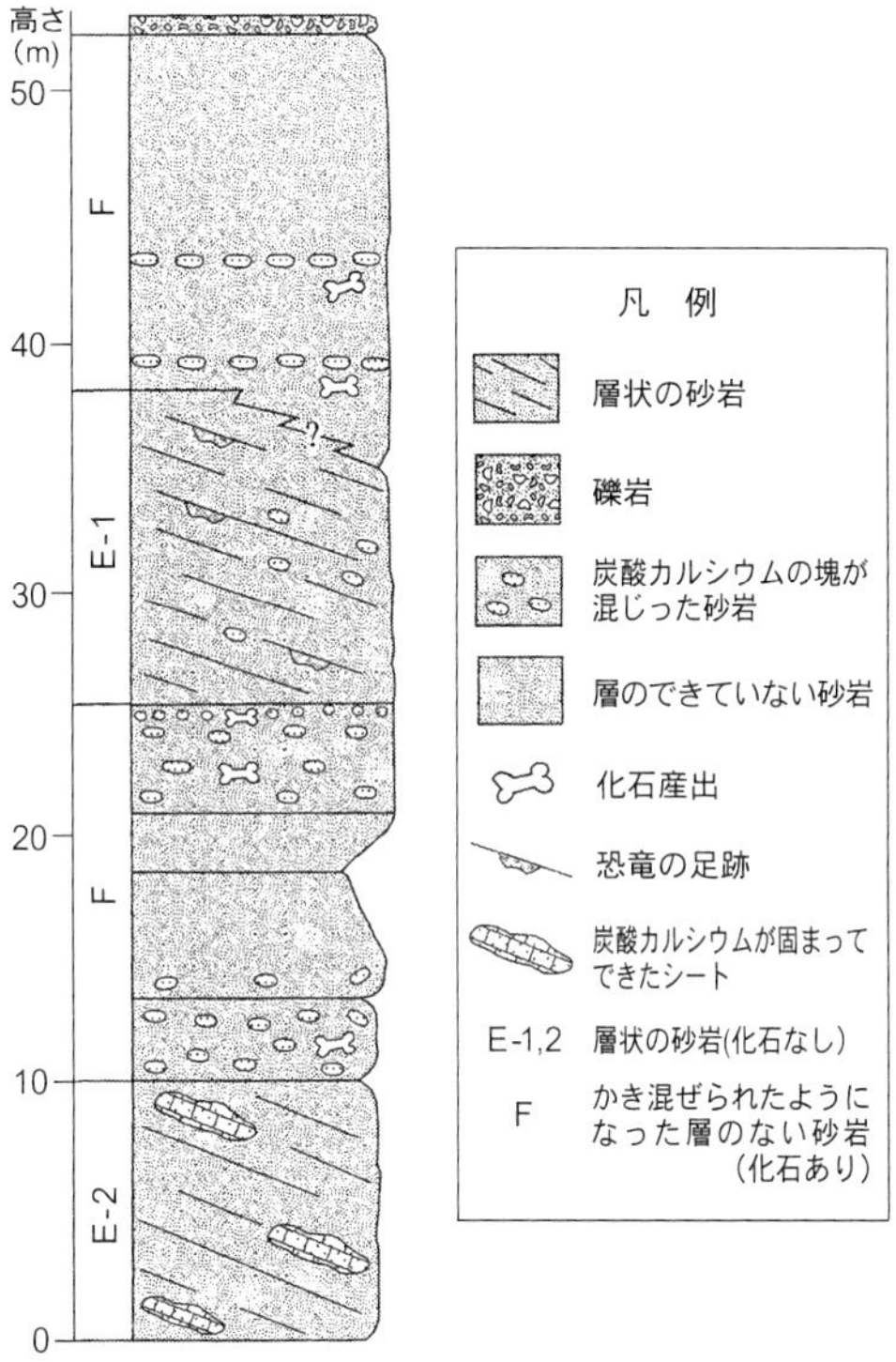

図 7　オハー•トルゴットの地層（Loope et al., Geology 26, 1998を参考に作成）

てきている。考えれば考えるほど、ジオ・ガイたちは――そして恐竜掘りの仲間たちも――砂嵐説が気に入らなくなっていった。

ループは赤い壁を軽く叩くと、風に負けないように声を張りあげた。「この乱れた個所は、流れてきた堆積物が溜まったものだと思います。つまり、砂崩れです」

雨と砂崩れと塵と

およそ七五〇〇万年前のある春の日、ゴビを一陣の突風が吹きぬけた。風は砂をもちあげて、はるか昔に堆積した石灰岩に叩きつける。白い塵が薄い帯となって立ちのぼり、空高く舞いおどる。見下ろす広大な砂丘の連なりには、ところどころ春の緑が彩りを添えていた。

それから一日ほどして雲が通りかかり、雨を落とした。雨粒が塵の帯をぬけていくとき、漂っていた石灰岩の塵も飲みこんでいく。雨粒のなかで、小さな石灰岩（炭酸カルシウム）の塵は溶けはじめる。

ゴビには高さ二五〇メートルほどの砂丘があった。すでに移動をやめている。雨はその砂丘の急斜面に打ちあたり、炭酸カルシウムを含んだ雨水をまき散らす。雨水のほとんどはすぐに蒸発して、きらめく空へと戻っていった。しかし、ごくわずかな水分は残り、溶けた炭酸カルシウムと一緒に砂粒のあいだを縫って砂丘にしみこんでいった。表面から一メートル足らずのところで小さな水の流れは止まる。こうして、炭酸カルシウムは砂丘の奥にたどり着き、暖かく滑らかな砂粒にくっついてふたたび固まった。

降りしきる雨は次々と炭酸カルシウムを砂丘に落とす。砂丘のなかでは少しずつ石灰岩の薄い膜ができていった。まるで砂丘の表面に薄く漆喰を塗り、その上に一メートルの厚さの砂をかぶせたようである。しかし、すぐにそうした姿になったわけではない。砂粒と砂粒のあいだの隙間をふさぐには何百年もかかった。

「何千年だったかもしれません」とループはいう。「塵が降りつもる割合をもとに、おおざっぱに見積っただけですが。カルシウムを豊富に供給してくれるものがあれば、もっと早くできるでしょう」

砂丘の奥では石灰岩の膜が固まっていく。いっぽう、別の種類の塵が、上にかぶさった砂を徐々に変化させていた。水に溶けない塵が雨と一緒に落ちてくると、砂粒の表面に残って乾く。しだいにこうした塵が溜まって、砂粒のひとつひとつが粘土でくるまれた状態になっていった。ゆっくりと、オヴィラプトルには気づきようがないほどゆっくりと、砂丘の奥にはつるつるした石灰岩の膜ができていく。膜の上には、滑らかな粘土でコーティングされた砂粒が厚く積もっていた。

乾燥が激しく、砂丘が砂漠中をせわしなく移動している時代なら、こんなことは起きなかっただろう。砂粒どうしがぶつかって石灰岩の膜は壊れ、粘土のコーティングも振りおとされたはずだ。砂丘を押す強い風も粘土の塵を吹きとばすのに一役買う。しかし、このときゴビは穏やかな時代を迎えていた。子供を育てるにはまたとない環境だったにちがいない。砂丘の谷間にはつかのま池もできて水面(みなも)をきらめかせた。砂丘には植物も生え、塵に含まれるミネラルを吸って成長していた。植物が張る小さな枝は風を和らげ、砂をおとなしくさせる役目を果たす。植物に引きよせられていろいろな生き物が集まる。それを食べる動物たちもやってくる。恐竜、カメ、トカゲ、小型の哺乳類、鳥。すべてが砂丘のまわりに住みつくようになった。

そんなある日、オハー・トルゴッドで激しい雨が降った。雨に溶けた塵が悪さをするどころの騒ぎではない。雨そのものの力だけでも、恐ろしい事件を引きおこすにはじゅうぶんだった。

最後にこれほどの大雨が降ったとき、石灰岩の膜にはまだ隙間が多かった。だから、雨水は簡単に砂丘にしみ通っていった。しかし、その後も炭酸カルシウムが降りつづけたおかげで、今では隙間がふさがっている。激しい雨は石灰岩の膜のところまで進んで、そこで止まった。膜と砂のあいだに雨が徐々に溜まっていく。膜の表面を伝ってわずかに雨水が流れおちるが、その程度では急ピッチで溜まる水をとうてい吐きだしきれない。

砂丘の表面の砂は、下に落とそうとする重力のプレッシャーを長年受けている。それでも、乾いた滑り台にしがみつく子供のようにその力に耐えてきた。しかしこの日、雨が降って滑り台が濡れた。高さ二五〇メートルの砂丘の表面を砂がにわかに滑りおちはじめる。粘土にくるまれた無数の砂粒も斜面を転がりおちていく。まもなく、なだれのように砂の層がきれいにはがれ、砂丘のふもとめがけて一気に落ちた。土砂崩れもそうだが、湿った砂が崩れて流れるスピードは人が走るより速い場合がある。砂は凄まじい速さで斜面を下り、谷間の四方八方に広がった。その途中で、小石や岩、さらには植物も動物も巻きこんだだろう。

徐々に勢いを弱めながらも、砂は巣を守るビッグ・ママのほうに向かっていく。砂の流れが低く高く唸りをあげているのに、ビッグ・ママはまったく気づかない。ふと立ちあがって背中の雨を振りはらい、ふたたび卵を抱えようとしてかがんだ次の瞬間、重い砂の壁がどっとのしかかってきた。すでに砂の勢いは衰えていて、恐竜を巣から押しだすほどの力はない。だが、重さはじゅうぶんだ。ビッグ・ママは動けない。そのまま数千万年の時が流れた。

　砂崩れからの数か月間は虫が砂のなかを掘りすすみ、閉じこめられた動物たちの死骸で腹を満たしただろう。粘土にくるまれた細かい砂粒は、埋れた骨の隙間を優しくふさいでいった。こうして、小さな哺乳類でも耳の骨までがそのままの姿で残った。

　化石になるのは、長い続編ともいうべきプロセスである。雨が降るたび、雨粒に溶けた鉱物も一緒に落ちてきて、砂のなかにしみこんでいった。骨から分子がひとつ溶けだすごとに、鉱物の分子が着実に置きかわっていく。悠久の時が静かに流れるあいだ、白い塵は白い化石に変わった。粘土のコーティングに含まれる鉄分は錆（さ）びて赤くなる。その鉄分が入りこんだ骨は、海老茶（えびちゃ）色の化石になった。

　骨が化石になるのに数千年かかったとすれば、地面の上では気候が移りかわっていっただろう。しだいに気温が下がり、乾燥が進んだかもしれない。そうなれば、砂丘は足かせとなっていた植物を振りはらう。動物は緑の多い草地に移っていったにちがいない。オハー・トルゴッドはしばしのあいだゴーストタウンと化しただろう。やがて雨が戻ってくる。植物も動物もふたたび引きよせられてこの地に帰ってくる――。こうして、順に不意打ちにあった動物がここに百万年分は積みかさなっているのではないか。ループはそう考えている。

　ゴビの風が肌を刺す。無数の骨が眠る大地に立ち、ループはブーツで地面をこすった。足元からゆらゆらと塵が立ちのぼり、淡い黄色の煙となって北に流れていく。塵は谷を囲む崖を越え、空高く舞いあがってテント村を見下ろし、はるかな彼方へと消えていった。

5章　空を目指す塵たち

火山の塵はいつまでどこまで「悪さ」をする

　1章でも駆け足で見たように、地球の表面からはじつにさまざまな塵が立ちのぼっている。たとえば、海からは大量の塩が舞いあがる。海面から水滴が飛びちって、空気中で塩の粒子に変わるのである。山火事ともなれば、まっ黒な煤の粒子がもうもうと湧く。生き物も負けてはいない。干上がった湖の底からは、固い殻に包まれたケイ藻(そう)がたくさん飛びたつ。バクテリアやウイルス、カビ、花粉、砕けた昆虫の死骸。すべてが風に乗る。ペンギンも、さらには木々までもが、風変わりな粒子を吐きだす。塵は自然界から出るだけではない。産業活動が生みだす塵は濃く立ちこめ、ときに人の命を脅かす。小さな塵は、世界のいたるところからたえまなく空に昇っていく。しかし、おびただしい量の塵を華々しくまき散らすことにかけては、まず火山の右に出るものはないだろう。

　一九九七年、カリブ海に浮かぶモントセラト島（図8）。鬱蒼とした緑の丘陵地帯に激しい地鳴りが響きだすと、世界中の火山学者は旅支度を始めた。もうすぐロックスターや大物実業家たちが、美しい別荘を放りだして島を出るだろう。だが、そんなことはどうでもいい。青々とした畑で働く農民が、まもなく命を落とすかもしれない。でも、今は考えないようにしよう。火山学者は塵が飛ぶのを見たいのである。

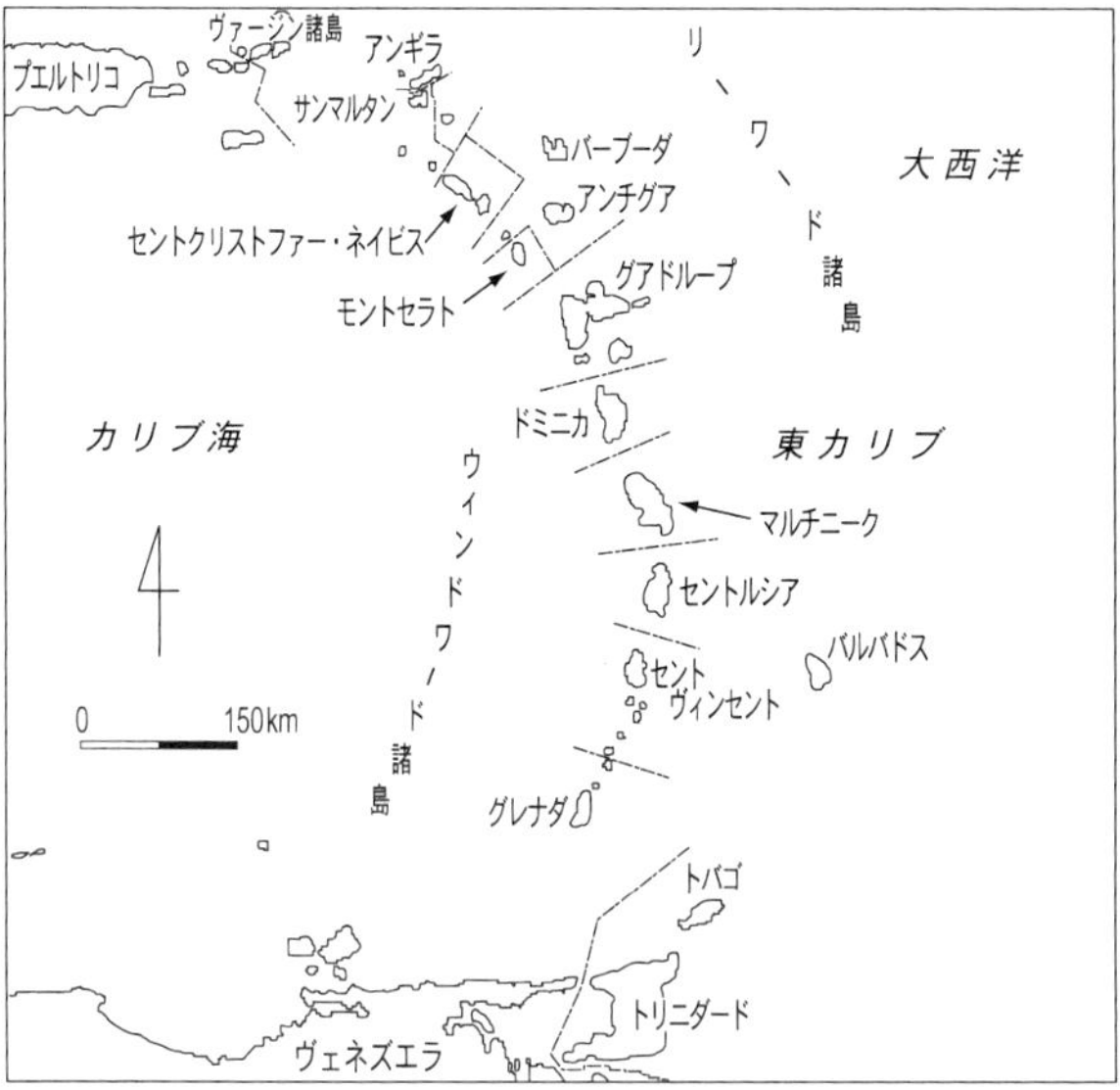

図 8　カリブ海諸国の地図

六月二五日、モントセラトのスフリエール火山は噴火する。この緑の山は長年ひっそりとたたずみ、小さな農村や、首都プリマスのパステルカラーの町並みを見下ろしてきた。しかし、静かなたたずまいとは裏腹に、地下深くではマグマの塊がゆっくりと上昇を続けていた。そして、マグマはとうとう出口をこじ開けてほとばしり出る。もともとマグマにはガスが溶けこんでいた。ところが、マグマが上昇して圧力が下がるにつれてガスは分離しはじめ、マグマのなかにいくつも気泡をつくった。ついにマグマが割れ目から吹きだすと、身軽になったガスの泡が大きく膨らんで弾ける。その勢いで、熱いマグマはいくつものかけらにちぎれて吹きとび、みるみる固まって灰や軽石となった。灰は空を埋めつくし、やがて煮えたぎる雨となって山腹に降ってきた。いぜんとして五〇〇度を超えるガスを噴きあげながら、灰は時速一六〇キロものスピードで山肌を駆けおりた。

火山と青い海のあいだにはエメラルドグリーンの畑が広がる。作業に精出す農民には考える暇もない。煮えたぎる灰は彼らを埋め、静かな農村を埋め、触れるものすべてを焼きつくした。地鳴りがやんだとき、一面の灰色から顔を出しているのは教会の尖(とが)り屋根と製糖工場の塔だけだった。火口からは小ぶりながら噴煙の柱があがっている。青空に立ちのぼる白い煙。これほどの惨事をもたらしたのが嘘のように、どこかのどかな景色に見えた。

翌年の春、モントセラト火山観測所では活動がすっかり軌道に乗っていた。観測所といっても、島の北端にある大きな家を借りているにすぎない。かつてはこの家も優雅な化粧しっくいが美しかっただろう。観測所には科学者や学生が交代でやってきては、ひと月あまりデータを集め、また帰っていく。

イギリスのヨークシャーからきたヘイリー・ダッフェルも、そうした学生のひとりだ。細身で、こげ茶色の豊かな髪をきれいなポニーテールにまとめている。にっと笑うと、自分を「ダスト（塵）・ガール」だと自己紹介した。いつものようにダッフェルは観測所に顔を出し、地震計の置かれた部屋に入って、さし迫った噴火の兆しがないかどうかを仲間に確かめる。ないとわかると、オレンジ色の厚い布でできた「ホット・スーツ」を大急ぎで身につけて、待っているトラックに乗りこんだ。ハンドルを握るのはデイヴィッド・パイル。ケンブリッジ大学の火山学の教授で、観測所の「今月の主席研究員」を務めている。ふたりはこれから「灰皿」を空けにいく。灰皿とは、降ってくる塵を集めるために要所要所に置いた容器のことである。

「机の引出しなんかも使っているんですよ」。ダッフェルはくすりと笑う。トラックが走りだすと、細かい灰色の塵が舞いあがった。ダッフェルは車の窓を閉める。トラックが向かった先は南の立入禁止区域。人気のない大邸宅やホテルが建ちならび、空家になった農場の屋敷が点々としている場所だ。ダッフェルとパイルは塗装工が使うような防塵マスクをかぶり、バリケードを抜けながら警備員に手を振る。パイルがギアをローに切りかえると、舗装されていない道から灰が飛びちった。窓を閉めていても、灰色がかった白い塵がなかに入ってくる。外を見ると、一面に灰をかぶった谷間のゴルフ場で二頭のウシの死骸が朽ちかけていた。

トラックが突然がくんと揺れる。「国に戻ったら、四輪駆動車の講習を受けないといけませんね」。パイルはすまなそうにいう。澄んだ目をしたハンサムなパイルはとても物腰が柔らかで、まさにイギリス紳士という感じである。

ダッフェルはちらりとパイルを見る。「ハンドルを握るときは親指を外に出しておくこと。そうすれば、ハンドルが急に回っても親指をなくさずにすむから。それだけ覚えておけばじゅうぶん。はい、短期集中講習終わり」

ダッフェルのひとつめの灰皿は、ドレッサーの小さな引出しだった。ホテルの近くに置かれている。「きっと許してくれますよ」。そういってダッフェルは、打ちすてられたホテルに目を走らせた。塵まみれの客室が青い海を見下ろしている。「すっかり終わったら、ちゃんと返しますし」。あたりには硫黄のにおいが立ちこめている。ダスト・ガールの肩越しに火山が大きくそびえていた。今では山全体がセメント色に変わっていて、ところどころ黒焦げになった木の幹が、剃りのこしたひげのように突きでている。火山の裂けた口からは、塵とガスの白い煙がたえまなく立ちのぼっていた。煙は灰で埋めつくされたプリマスの残骸を越えて、海まで漂っている。パイルは引出しを抱えると、なかに溜まった細かい塵を絵筆でそっと隅に集めていった。

「穴があいてるから気をつけて」とダッフェルは声をかけ、わずかな塵をビニール袋で受けとめる。結局この日、無事に塵を集めていた灰皿はこの引出しくらいのものだった。つぎに見回った灰皿はペンキの缶。掃除のついでに片付けられてしまったらしく、小枝の山の上に無造作に放りなげられていた。「まったく野蛮なんだから!」ダッフェルはぶつぶついいながら缶をもとどおりにする。次の灰皿は茶色のウシに蹴りとばされていた。ダスト・ガールはこの悪気のない放浪者を思いきりにらみながら、人差し指を突きつける。その次はポリバケツ。丘の上に逆さまに置かれていた。前の週、ここに観光客が集まって日食を見たのである。「誰かこの上に座ってたんだわ!」ダッフェルは金切り声をあげる。「日食マニアって奴は!」

最後に立ちよったのは、今回の大噴火が起きる前に観測所が本拠地にしていた場所である。やはり南国ムード満点の大邸宅だったのだが、今では火山に近すぎて危険な場所になってしまった。ダッフェルが芝生を踏みしめるたびに、かすかな灰の煙があがった。ひんやりとしたタイルの床を歩いていくと、砂塵がきしきしと音を立てる。プールの壁は緑色に汚れ、プールサイドは黒っぽい灰に覆われていた。中庭に出たダッフェルは「ダスト・トラック」の数字を確認した。ダスト・トラックは小さな箱型の装置で、デッキチェアの上で昼も夜も働いている。チューブを通して空気を吸いこみ、電子の肺に入ってくるミクロの微粒子を数えるのだ。噴火が下火になって以来、数値は下がりつづけている。

灰がもっとたくさん舞っていた頃は、人間にダスト・トラックのミニチュア版をつけて一日歩きまわらせていたという。どれだけ灰を吸いこんでいるかを調べるためである。今では灰が減ったとはいえ、庭師が芝を刈っていて白い塵の雲に消えてしまうことはよくあった。

火山「灰」とは名ばかりで、実際はガラスの粉と変わらない。そのため、数々の厄介事を引きおこしてくれる。灰がついたからといってうかつに眼鏡のレンズを拭こうものなら、細かな傷がついて絶対に消えなくなる。灰を吸いこめば鼻の粘膜が傷つき、しまいには血が出る。髪の毛はごわごわに固まってもつれてしまい、もうどうにもならない。ある地質学の学生はこうぼやいた。「モントセラトに来てからは、髪形が決まらなくて毎日憂鬱だよ」。家のなかでは、雑誌や皿や、大切なコンピュータの内側までもが細かい粉にびっしりと覆われる。灰が露に濡れるなどして水と混ざれば、灰に含まれる硫黄分が酸に変わり、家や車の塗料を溶かしてしまう。わずかながら今もモントセラトで暮らしている人々は、毎朝ホースで家の外側に水をかけて、夜のうちに降った灰を洗いながしている。

だが、何より心配なのは肺がダメージを受けないかどうかだ。火山岩にはクリストバライトと呼ばれる結晶性の鉱物が含まれている。噴火で火山岩が砕けると、その結晶も砕けて細かい粉になる。人が吸いこみやすい粉に、といいかえてもいい。では、たくさん吸いこんだらどうなるのだろう？　もしかしたら塵肺になるかもしれない。鉱山で働く人々を襲う、あの恐ろしい病気である。それでダッフェルは、モントセラトの塵のサンプルを祖国イギリスに送って分析してもらっている。今のところイギリスから悪い知らせは届いていない。塵に含まれるクリストバライトも、空気中の塵そのものも、人が次々に塵肺に倒れるほどの量ではないという。

しかし、火山の塵が働く悪さはとうていこれだけに留まらない。モントセラトのスフリエール山は火山としては小さいほうだった。一九九八年に噴火がおさまった時点でスフリエール山が吐きだした塵の量は、有蓋貨車にしてわずか一五万両分と見られている。全部つなげても、ニューヨークからデンヴァーまでの距離にしかならない。また、パワーの小さい火山の場合、塵はそれほど高く噴きあがらない。モントセラトの塵も、せいぜい隣りの島々に届いた程度だったろう。しかし、もっと大きな火山の場合、塵ははるかに高く、そしておそろしく遠くまで飛びちる。

リック・ホブリットは、米国地質調査所で火山の研究をする地質学者だ。デイヴィッド・パイルのあとを受けて、モントセラトの主席研究員としてやってきた。ホブリットのいでたちは、まさに私たちが地質学者に抱くイメージそのもの。立派な口ひげ。がっしりした革のハイキングブーツ。このままの姿で亡くなりでもしたら、医者はさぞこのブーツを脱がせるのに苦労するだろう。火山の専門家として世界を旅するホブリットは、セントヘレンズ山の噴火のときもピナトゥボ山の噴火のときも駆りだされた。

「小さい噴火の場合、灰は風下に二、三〇キロ流れる程度ですぐ落ちてしまいます」とホブリットは説明する。「大きい噴火でも、長く漂う灰はほんの一部だけです」。ただし、その「ほんの一部」は何日も、ことによると何年も空中に留まる。大まかにいって年に一度は、どこかで大規模な噴火が起きて、とてつもない高さまでガスと灰が噴きあげられている。なんと、対流圏を抜けて成層圏にまで達するという。対流圏は地表にいちばん近い大気の層で、地面からおよそ一一キロ前後の高さまで広がっている。ここではたえず空気がかき混ぜられていて慌しい。水蒸気をたくさん含むため、雲ができたり雨が降ったりするのもこの対流圏である。いっぽう、その上にある成層圏は穏やかで乾燥している。成層圏まで届いた塵は、何日も、何週間も、何年も漂いつづけてから、ようやく騒々しい対流圏へと落ちてくる。

一九八〇年、アメリカのワシントン州にあるセントヘレンズ火山——ホブリットにとっては裏庭のようなもの——が噴火したが、これは間違いなく成層圏レベルの大噴火だった。凄まじい爆発によって飛びちった塵の量はモントセラトの五〇倍。そのほとんどはすぐに落ちてきて、一〇の州を灰で汚した。しかし、蒸気とガスの巨大な柱はわずか一五分で約二四キロもの高さまでそびえ立った。もちろん、塵も道連れにして。塵は成層圏の乾いた強い風に乗って三日でアメリカ大陸を横断し、二週間で世界を一周した。

これほどの大噴火でも、フィリピンのピナトゥボ火山に比べたらかわいいものである。一九九一年六月、この怪物は五立方キロメートルもの塵を吐きだした。火口から噴きあがった噴煙の柱は、上空およそ三五キロにまで達している。成層圏のなかほどに広がる、サンドイッチのハムのようなオゾン層をも突きぬけたという。人工衛星が地球を数周するあいだ、ピナトゥボは塵を噴きあげつづけた。

飛行機事故を起こした「火山灰の雲」

大きな噴火でなくても、塵がいったん舞いあがれば飛行機にとって恐ろしい敵となる。一九九八年のモントセラト火山観測所では、地震計の置かれた部屋の壁に、地元の航空交通管制局の電話番号が貼ってあった。火山が咳きこんだらできるだけ早く連絡するためである。

スフリエール火山の煙が無邪気に白く見えたように、大きな火山灰の雲が空を漂っていても、見た目はただの白い雲である。そのことが、一九八九年のアラスカで恐ろしい事件を引きおこした。オランダ航空867便はタルキートナ山脈の上を飛んでいた。雪をかぶった険しい山並みが眼下に続く。目的地のアンカレジ国際空港まではあと一五〇キロほどである。と、前方に白い雲が現れる。だが、パイロットたちがいぶかしく思うことはなかった。この淡い雲が二四〇キロあまり離れたリダウト火山から来たなんて、誰が考えるだろう？　だから、ためらわずに高度を下げ、雲を抜けて空港を目指そうとした。

雲のなかに入ると、操縦室は暗くなった。どうもおかしい。風防ガラスごしにホタルのような火花が飛びさっていくのが見える。やがて、腐った卵のにおいとともに灰が機内に忍びこんできた。慌てた副操縦士は、きれいな空気を求めて急上昇しようとする。だが、時すでに遅し。エンジンに取りいれる空気の量が増えれば、エンジンに入りこむ灰の量も増える。思えばこの火山灰も、一〇時間前に噴きでたばかりのときには液体だった。地球上のどんなものでも、熱せられればかならず溶けるのである。灰が熱いエンジンに吸いこまれていくと、そこでふたたび溶けて内側に張りついた。灰はどんどん溜まっていき、ついにはエンジンが次々と炎を上げはじめる。計器もほとんど使いものにならない。

高度七六〇〇メートルあまりの高さから、飛行機はゆっくり山に向かって落ちていった。パイロットは何度もエンジンをかけようとするがうまくいかない。暗い客室にも硫黄のにおいが立ちこめ、乗客は静まりかえっている。あと一〇〇〇メートルほどで山頂に激突というときに二基のエンジンが生きかえり、機体はどうにか安定した。ただし、すんなりハッピーエンドとはいかない。塵に打たれたせいで、風防ガラスに無数の細かい傷がつき、前方が非常に見にくかったのだ。アンカレジに着陸するときには、必要以上に神経をすり減らさねばならなかった。あとで点検してみると、リダウト火山の塵はエンジンオイルにも、作動液にも、給水設備にも、カーペットやクッションにも入りこんでいた。さらには、数々の計器類に塵が詰まっていた。二か月後、ようやく飛行機はもとどおりになる。四基のエンジンをすべて取りかえるなど、合計八〇〇〇万ドルをつぎこむ大損害だった。

867便の事故はけっして珍しい話ではない。その二日後、同じ灰の雲は南に五〇〇〇キロ近く漂ってテキサスの上空に現れた。ボーイング727型機のエンジンは詰まり、海軍のDC9型機も塵を浴びた。世界全体で見ると、一年で平均五機のジェット機が塵の被害を受けている。火山灰による航空機事故はただでさえ恐ろしいが、事故をさらに起きやすくする要因があるという。まずひとつは、あたりが暗い場合。火山灰の雲は、昼であってもふつうの雲と見間違いやすく恐しいが、夜になるとまったく見えなくなるのでよけいに危険である。ふたつ目は、火山灰の警報を出すためのネットワークがじゅうぶん整備されていない場合。三つ目は、人里離れた地域の火山が噴火した場合である。実際、人のいる場所に塵が漂ってくるまで誰も噴火に気づかないというケースもある。たとえ警報システムができあがっていても、これでは間に合わないだろう。そしてもうひとつ。灰の動きをとらえきれない場合もあることだ。ひとたび風に乗ると、塵はときに猛スピードで流れたり小刻みに方向を変えたりする。思いがけないところまで飛んでいくため、たとえパイロットが大噴火が起きたのを知っていても、なお不意をつかれるおそれがある。ピナトゥボ火山が大量の塵を吐きだしたときもそうだった。折悪しく発生した台風で、塵は高く広くまき散らされた。その結果、三日間で二〇機の航空機が被害に会い、合わせて一億ドルの損害が生じた。

「硫黄ビーズ」のさまざまな働き

火山からは、灰のほかにもうひとつ厄介な塵が出る。こちらの塵は飛行機には手を出さないものの、地球全体を寒さで震えあがらせる。ピナトゥボ火山が噴火したあとで、地球の平均気温は目に見えて下がった。だが、その犯人はガラス質の火山灰ではない。硫黄を含む小さな粒子が地球を覆って、日光を跳ねかえしたからである。

ピナトゥボ山のあるフィリピン諸島は、モントセラト島と同じように、いわば地球の「縫い目」の上に乗っている。地球の地殻はいくつかの「プレート」に分かれていて、それぞれが動いている。「縫い目」とは、このプレートとプレートの境目をいう。太平洋全体が乗っているプレートはとりわけ活動が激しい。太平洋プレートは隣りあったプレートの下に沈みこむ性質をもち、沈みこんだプレートは溶けてマグマとなる。そのため、太平洋プレートをぐるりと取りまく「縫い目」では火山活動が活発で、「環太平洋火山帯」と呼ばれている。

一九九一年六月、マグマが巨大なガスの泡とともに地上を目指し、フィリピンに出口を見つけた。ガスがピナトゥボ火山の割れ目から漏れだすと、卵が腐ったようなおなじみのにおいが風に乗った。六月一五日、マグマの力に逆らえなくなった火山から、ついに轟音とともに熱い灰の柱が噴きあがる。このとき、約二〇〇〇万トンの二酸化硫黄のガスもまき散らされた。噴きだした二酸化硫黄の量で見れば、二〇世紀最大の規模である。このガスのおよそ半分が、まもなく小さな粒に変わることになる。

ガスは対流圏を昇っていくにつれて冷える。冷えたガスは、冷たい成層圏に入るとさまざまな反応を経て固まりはじめた。一九九一年の夏のあいだ数か月をかけて、硫黄酸化物のガスはゆっくりと小さな粒子に変わっていった。このガスは、まわりにいくらかでも水蒸気があれば水分を引きつけて液体の粒子となり、水気がなければ乾いて固体になる場合もある。だが、成層圏にはもともと水蒸気の量が少ないので、たとえ水分を引きつけても雨となって落ちるまではいかない。小さな粒子はいつまでも成層圏に居残り、高いところで風に吹かれていた。一九九二年のはじめには、この「硫黄ビーズ」（硫酸塩エアロゾル）がうすいもやとなって地球のほぼ全体を覆うようになる。

やがて粒子は大きくなり、かなりの量の日光を跳ねかえしはじめる。地球を暖めてくれる日差しを、ふだんより五パーセントも多く宇宙に弾きかえしてしまった。地球は身震いする。この年の冬は寒かった。とくにひどかったのが中東である。夏は涼しかった。とくに北米でそれが目立った。いちばん冷えた時期には、地球の平均気温が約〇・七度下がっている。

ただ世界を震えさせただけではない。小さな硫黄ビーズはさらなる奥の手を用意していた。まず、硫黄ビーズは日光を跳ねかえして地表を冷やすいっぽうで、周囲の大気を暖める性質ももつ。そのため、風の吹き方が変わってしまった。また、複雑な化学反応を促して、地球を守るオゾン層を壊すのにも手を貸した。おかげで、恐ろしい紫外線がふだんより多く地表まで届いた。せめてもの埋めあわせは、夕焼けが美しかったことだろうか。太陽の光が火山の塵に当たっていつにない跳ねかえり方をしたために、夕暮れの空が美しい赤紫に染まったのである。

粒子が次々にくっつきあっていくと重くなる。もうそれ以上成層圏でぶらぶらしてはいられない。ピナトゥボの噴火から二、三年もすると、硫黄ビーズは対流圏に落ちてきはじめた。そこでほかの雑多な塵と混じりあい、やがて雨となって地面に戻ってきた。一九九三年には地球の気温がもとどおりになる。ただし、ピナトゥボから出た硫黄ビーズの一部は、さらに四年ものあいだ成層圏を漂った。

ピナトゥボの灰と硫黄が消えても、すぐにどこかの火山が噴火して新しい二酸化硫黄の雲ができる。世界中の火山から漏れだしたり噴きだしたりする二酸化硫黄の量は、一年で平均一〇〇〇万トン近くにのぼる。ピナトゥボ火山は少し張りきりすぎたようだ。その二倍の量をたった一日で吐きだしてしまったのだから。それに比べて、モントセラトの火山はごくふつうだったといっていい。何か月もかけて噴きあげたのはわずか一〇〇万トンだった。

飛行機のエンジンを詰まらせ、地球を冷やす火山の塵。ただの厄介者だろうか？　いや、じつは地球のスムーズな営みを助ける大事な役割も果たしている。地球の空に硫黄がただの一度も漂ったことがなければ、生物は混じり気のない雨水を利用するように進化しただろう。ところが、おもしろいことに、生物の体は弱酸性の水のほうが都合がいいようにできている。空を舞う硫黄によって弱酸性の雨が降るのを、生物の体はいわば織りこみずみなのである。

海の白波の塵、ペンギンの塵

火山が大量の塵を派手に放りだすのに比べて、海が何をしているかは一見よくわからない。たしかに、海のそばにいけば磯の香りはするし、空気も塩気を含んでいる。といって、気になるほどではない。だが、それに騙されてはいけない。想像するのも難しいが、世界の海は三〇億トンもの塵を空中に吐きだしているといわれる。砂漠から飛びたつ砂塵の量より多い。

風が猛スピードで海面に打ちあたって白波が立つのを見たことがあるだろう。白波は細かい泡がたくさん集まってできている。この泡が弾けるとき、じつは塩水の小さなしずくが空中に舞いあがっている。やがて水分が蒸発して塩の結晶だけが残り、空を飛んでいく。この塩の粒子が、海から出る塵というわけだ。

南半球の海を覆う空はとりわけ塩気がきいている。ワシントン州シアトルにある海洋大気局の研究者、パトリシア・クインはこう語る。「南半球には大きな陸地があまりありません。さえぎるものがないので、風がものすごいスピードで吹くんです」

海の塩の結晶は塵としては大きいほうなので、あまり遠くまで飛ばずに海に落ちていく。だから、海辺の町の空気は塩気がきいていても、海から離れれば空気の塩分は少なくなる。たとえば、ロサンジェルスの空気は塩辛いが、塩の粒子がシカゴや、テネシー州のナッシュヴィルまで飛んでいくことはまずない。ただし、ごく細かいものなら長旅もできる。「小さい粒子なら何日も漂っています」とクインは指摘する。「対流圏の高いところまで舞いあがって、遠くまで旅をする場合もあります」。今この瞬間にも、はるか頭上に塩がひとつまみ浮かんでいるかもしれない。

この海の塩に、ほのかな硫黄の味もするとしたら？　それなら、もうひとつの海の塵が混ざったにちがいない。一九七二年までは、空を漂う硫黄ビーズがどこからくるのか、完全にはつきとめられていなかった。ときおり火山が咳きこんで、硫黄を含むガスを大量に吐きだすのはわかっていた。沼や湿地からも立ちのぼっている。ところが、そうした出どころをすべて合わせても、雨となって降ってくる硫黄の量には足りないのである。

そんな折、大気化学者のジェイムズ・ラヴロックが登場する。一九七二年、ラヴロックはある実験のためにイギリスと南極大陸を往復する船に乗っていた。途中の海でプランクトンも調べていた。あるとき、プランクトンが大量発生したあとで奇妙なことが起きるのに気づく。水が硫黄分でいっぱいだったのである。植物プランクトンは一個の細胞でできていて、太陽のエネルギーを利用して成長し、子孫を増やしている。形はじつにバラエティ豊かだ。青緑色の真珠がつながったようなものもあれば、レース模様の鎧で身を固めたものもある。ガラス質の殻で覆われたケイ藻も、植物プランクトンの仲間に入る。植物プランクトンの種類は多く、ケイ藻だけをとってみても一〇〇万種に及ぶという。こうした植物プランクトンのなかには、理由ははっきりしないものの、ＤＭＳＰ（ジメチルスルフォニオプロピオン酸）と呼ばれる物質を大量に抱えもった種類がある。ＤＭＳＰには硫黄が含まれている。

植物プランクトンはいつでも海を漂っているが、大増殖する時期は決まっている。栄養分の豊富な深海の水が、海流によって海の表面にまでもちあげられてきたときだ。大増殖が起きると、海の水は生命に満ちあふれて乳緑色や茶色に、あるいは赤に変わる。

すると、ほとんど間髪を入れずにもうひとつの大爆発が起きる。今度は動物プランクトンが植物プランクトンを餌食にして子孫を増やすのである。動物プランクトンは、植物プランクトンをむさぼりながら、その体内のＤＭＳＰをＤＭＳ（硫化ジメチル）という物質に変える働きをもつらしい。ＤＭＳは、大虐殺が続くにつれて水中に広がっていく〔訳注　ＤＭＳは磯の香りの主成分でもある〕。植物プランクトンの大増殖がピークを迎えてから一日か二日すると、水中のDMS濃度がピークに達する。植物プランクトンにとって日光は欠かせないものなので、こうしたドラマがくり広げられるのも日の当たる水面から数メートルの範囲に限られる。大増殖が一段落してDMSが残される場所も、とうぜん水面近くになる。

さてここで、白波が立つと泡が弾けるという話を思いだしてほしい。泡が弾けたら、塩だけでなくDMSのガスも空気中に飛びちることになる。DMSガスの一部は、さまざまな物質と反応して粒子をつくる。そう、出どころ不明だった硫黄ビーズは、プランクトンのDMSがもとになっていたのだ。その量は、一年におよそ五〇〇万トンといわれている。

こうしたプロセスは目に見えないため、その現場を押さえるのは至難のわざである。空気中の粒子の新たな出どころをつきとめるには、運に恵まれることも必要らしい。ハワイ大学の海洋学者、バリー・ヒューバートの場合もそうだった。優しい笑顔で穏やかに語りかけるヒューバートは、思いがけなく「ペンギン粒子」を見つけたときの話をしてくれた。彼は調査のためにいろいろなセンサーを積んだ飛行機に乗っていた。場所はタスマニアと南極大陸のあいだに広がる海の上。そのあたりの、きれいと評判の空気をサンプルとして集めようと思ったのである。ぽつんと浮かぶマクォーリー島の上を通りすぎたとき、ヒューバートのヘッドホンがにわかにバチバチと音を立てた。飛行機の奥に山と積まれた装置の陰から、仲間が声をかけてくる。「おい、町の上を通ったか？　アンモニアの数値がとんでもなく上がったぞ！」

ちょうどそのとき、空気中の微粒子を数える装置も狂ったように動きはじめた。どうやら、きわめて細かい粒子の雲のなかに入ったらしい。その細かさといったら、原子の集まりではないかと思うほどだ。

微粒子の数は増えるいっぽうである。アンモニアのガスが冷えて、粒子に変わっているようだった。でも、いったいどこからの？　ふつうアンモニアの雲のもとになるのは、人間や動物の吐く息や、排泄物や、古くなった食べ物などである。だが、マクォーリー島は人が気楽に立ちよれる場所ではない。なにしろ、タスマニアからは南に一六〇〇キロ、南極大陸からも北に一六〇〇キロは離れている。

「犯人はペンギンだったんですよ」。ヒューバートは思いだし笑いをする。「ペンギンの集団繁殖地で働いている人は、強烈なアンモニアのにおいで本当に息ができなくなることがあるそうです。でも、当時はそのことを知りませんでした。動物学者がやむなくペンギンの排泄物のなかを歩きまわるときは、かならずゴム長靴を履くそうですよ。でも、そのことも知らなかったんです」

　たまたまペンギンの糞の塵のなかを飛んだおかげで、ヒューバートのグループはガスが粒子に変わる魔法の瞬間をとらえることができた。どうやらこの世界では、どんなものでも塵になって空を飛ぶらしい。プランクトンの体液。海の塩。ペンギンの糞。変り種はこれくらいでたくさん、とお思いだろうか？　ところがどうして地球は広い。どんな場所からも、かならず何かの塵が生まれている。そのなかには、生きている塵もある。

植物も塵を吐きだす——胞子、花粉、有機化合物

　エステル・レヴェティンは、オクラホマ州にあるタルサ大学の「空中生物学者」である。彼女が研究する塵は鉱物でも化学物質でもない。いわば、植物性の塵だ。風を利用して地球を旅する小さな生命で

ある。「大きく分けるとカビと花粉です」とレヴェティンは説明する。どちらにもさまざまな種類がある。何十万、いや一〇〇万種くらいはあるかもしれない。「ほかにもバクテリアやウイルスがいますし、藻やケイ藻もつかまえています。それから、ちぎれた昆虫の体も。羽根やヒゲですね。虫の脚が一本まるごと飛んでいることもありますよ」。レヴェティンは明るくいう。「昆虫のかけらはどこにでも浮かんでいますからね」

カビは菌類の仲間で、湿った場所にはたいてい顔を出す。植物の葉の上も例外ではない。樹木は多種多様な物質を葉から分泌しているので、菌類は根に似た菌糸を葉の表面に張りめぐらせて、いそいそと分泌物を吸いとっている。子孫を増やす時期がくると、菌類はいくつも胞子をつくって風に乗せる。かりに、世界には合計一〇〇万種類の菌類がいるとしよう。するとそのうち九五万種は、風を利用して胞子を飛ばすタイプだろうとレヴェティンはいう。「自分から飛ばすのではなく、風を待つものもいます。葉や土の表面をなでる風に、胞子をさらっていってもらうのです」。いっぽう、他人任せはご免だという菌類もいて、自力で胞子を打ちだす。「そのためにはふつう湿気が必要です。だから、胞子を吐きだすのはたいてい朝の仕事です。菌類の生殖器官は水分を吸収すると膨らみます。すると圧力が生まれます。その圧力を利用して胞子を飛ばすんです。そういえば、よく雨上りの空気はきれいだ、なんていいますよね？　でも、実際は胞子がひしめいているんですよ。雨上がりには数えきれないほどの胞子が飛びかっているんです」

最近では花粉症の人がかなりの数にのぼるため、いくつもの機関が空気中の花粉の量をモニターしている。しかし、菌類の胞子にかんしては、アレルギーを検査するための試薬をつくるのが難しい。そのため、胞子はあまり注目されてこなかった。だが、胞子の恐ろしさはけっして侮れない。私たちが吸っている空気には、ときに一立方フィート（一辺が約三〇センチの立方体）あたり五〇〇〇個を超す菌類の胞子が含まれている。しかも、胞子の多くはきわめて小さい。花粉より小さいため、簡単に肺に忍びこむおそれがある。

「息をするたびに胞子のスープを吸いこんでいるようなものです。空気中にこれほど胞子が飛んでいるなんて、誰も教えてくれなかったと思いませんか？」レヴェティンは目を大きく見開く。「私の授業では徹底的に菌類を取りあげていますよ。生徒はマッシュルームと、ホコリタケと、サルノコシカケの標本をもってこないといけないんです。今ではそのほかに五種類のカビを培養させています。でも、プレートを振りまわしながらキャンパスを歩けば培養できてしまうんです。簡単でしょう？」

そうはいっても、空中生物学の主役はやはり花粉である。昆虫や鳥に花粉を運んでもらう植物は、大きい花粉をつくることが多い。相手の体に付着しやすいように、花粉にはとげやくぼみがたくさんついている。いっぽう、花粉を風に乗せる植物は、表面が滑らかで軽い花粉をつくる。花のおしべが成熟した花粉を風に差しだし、それを風がさらっていく。

たとえば、花粉症の原因になるブタクサを考えてみよう。（頼むから誰かこいつをなんとかして！）ひょろ長くて可愛さのかけらもないこの草は、どんなに荒れて痩せた土地でもすくすくと育つ。（荒れて痩せた？　人間が住みつけばたいていの土地はそうなるではないか。）アメリカでは八月がブタクサの花の季節だ。（どうせ、雑草特有の小さな緑色の花を愛でるのは、心優しき植物学者だけだろうが。）ブタクサの花からは毎朝新しい花粉が吐きだされる。この可愛げのない草一本で、一〇億個もの花粉が生まれることもある。ブタクサの花粉は並外れて小さく軽いため、うまく風に乗れば何百キロも漂う。遠くまで飛ぶのはブタクサだけではない。ヒノキの仲間であるビャクシンの花粉――くしゃみを引きおこすもうひとつの厄介者――もそうだ。レヴェティンはタルサで、ビャクシンの花粉が濃い雲となって流れてきたのを何度も見つけている。町の人々の肺を目指して、山から六〇〇キロ以上も旅をしてくるという。なにしろ、宇宙塵を集めるNASAの観測機が成層圏から花粉をもちかえるくらいである。この塵がいかに身軽かがよくわかるだろう。

しかも、空気中を漂う花粉は増えてきているらしい。人間が間違った土地の使い方をしていることも原因のひとつと見られている。とくにそうした状況が当てはまるのが、アメリカ西部だ。「西部の花粉の量は一〇〇年くらい前から増えてきたように思います」と語るのはデニス・トンプソン。米国農務省で、放牧地の動植物について研究している。一〇〇年前といえば、急激に増える人口を支えるために大量の家畜が西部の放牧地に詰めこまれるようになった時期である。ウシは目についた草は何でも食べてしまう。いや、ほとんど何でもというべきか。「放っておくと、ウシは自分の好きな草ばかりを食べつくしてしまいます」とトンプソンはいう。「すると、あまりウシの好物ではない草がそのあとに生えてくるんです」。ウシが牧草地を食いあらすと、そのあとに割りこんでくるのはたいてい一年草だ。多年草と違って、冬には根が枯れる。

「だから、たくさん種を残そうとします。そのためには、花粉をたくさんつくらなくてはなりません。セイタカアワダチソウ、ブタクサ、みんなそうです」。雑草が成長する時期に合わせて、ウシを牧草地から牧草地へと移動させれば、雑草はダメージを受けてあまり花粉をつくらなくなるのではないか。トンプソンはそう考えている。この方法を試して花粉を抑えようという牧場主は、まだ現れていないようだ。

もっとも、誰かが試したところで、地球の気温が上がれば花粉が増えるのは避けられないだろう。最近、米国農務省は、二酸化炭素（地球温暖化の原因とみなされている）の多い温室でブタクサを育てる実験をおこなった。すると、ブタクサがつくる花粉の量は増えたのである。実験を担当した研究者によれば、ブタクサが吐きだす花粉の量は過去一〇〇年間で倍になった可能性がある。このまま二酸化炭素が増えつづければ、今後一〇〇年でさらに倍になるかもしれない。

菌類の胞子や花粉は具体的に何トンくらい風に乗っているのだろう。じつは、誰もつかんでいない。しかし、植物から出るもうひとつの不思議な塵は、年間数億トンにのぼると見られている。二〇年ほど前、レーガン元大統領は植物がある種の化合物を吐きだしているのを知り、植物は空気を汚染するから危険だと発言して物議を醸した。環境保護の情熱に燃えて、樹木を攻撃する閣僚も現れた。だが、この「危険な樹木」がどうしてそんな化合物を放出しているのか、じつは科学者にもよくわかっていない。

その化合物とは、イソプレン、テルペン、アルコール、ホルムアルデヒドといった有機物である。森や芝生ではなく工場から吐きだされていたら、その多くが汚染物質とみなされるだろう。

「イソプレンはおもに落葉樹から放出されます」とワシントン州立大学の化学者、ブライアン・ラムは説明する。「吐きだされるのは日差しのある日中だけです。気温の上昇がストレスになっていて、ストレスに対する反応として放出されるのかもしれません。テルペンを出すのは針葉樹が多いですね。これも気温が関係しているんじゃないでしょうか。ヘキサノールは芝を刈ったときのあのにおいのもとですが、ダメージを受けたことに対する反応として出されるのかもしれません」

理由はどうあれ、こうした有機物のガスが世界中の植物から吐きだされているのは間違いない。小さな粒子になったり、ほかの塵に取りついたりするのは、ガスのごく一部だけである。しかし、マツ、柑橘類、ハッカなどから立ちのぼるあの独特の香りのもとは、空中で固い粒子をつくりやすい。しかも、粒子はどんどん溜まっていく。霧で有名なアメリカのグレートスモーキー山脈がスモーキー（煙っている）なのは、山火事のせいではない。汚染物質も多少は混ざりこんでいるものの、大部分は樹木から出た天然の粒子のせいである。サハラ砂漠が有蓋貨車一両分の砂塵を約四秒おきに輸出しているとしたら、世界中の植物は八〜二四秒おきに有蓋貨車一両分の粒子を吐きだしている。

やはり、レーガンのいったとおり樹木は危険なのだろうか？　いや、木々から出る塵を必要以上に恐れてもしかたがないだろう。火山の塵や、自然が生みだすさまざまな塵と同じだと考えるのがよさそうだ。つまり、人間の力では止められない。それに、植物が吐きだす複雑な塵をうまく利用している例もある。ラムをはじめとする研究者たちは、むしろ別のところに興味をもっている——同じような化学物質が、ドライクリーニング、造船、電気めっきなどを通じて大量にばらまかれているのに、世間はなぜ大騒ぎしないのだろう？

氷河のまんなかに、ケイ藻が飛ばされて住みついた

生きた（あるいは死んだ）生物が丸ごと一匹塵となって飛んでいる場合もある。ガラス質の殻をかぶ

ったケイ藻がそうだ。量自体はあまり多くない。しかし、ケイ藻が宙を舞うさまからは、じつに興味深い謎が浮かびあがる。まず、塵が遠くまで飛ぶにはある程度小さくなくてはならないが、ケイ藻のサイズはどうもその基準に当てはまらない。しかも、飛ばされるのをあてにしているとしか思えないケイ藻もいる。

マイケル・ラムは、ニューヨーク州にあるバッファロー大学の物理学の教授である。今では、南極大陸やグリーンランドのアイスコア（氷河の氷を細長い筒型にくり抜いたサンプル）からケイ藻を取りだす名人になった。厚い氷河の氷は何十万という薄い層が積みかさなってできていて、ひとつひとつが一年を表している。層のなかには、氷河に降ってきたいろいろな塵が閉じこめられている。砂塵、星くず、火山灰、花粉、昆虫の体の一部。そこにケイ藻も仲間入りしている。マイケルは小さな氷のかけらを溶かして、あとに残った塵を顕微鏡で覗いた。ケイ藻があればすぐわかるという。人の手でデザインしたかのように均斉がとれているからだ。たとえば砂塵を顕微鏡で覗いてみるといい。ただの砕けた石にしか見えない。ところがケイ藻は、丸くて薄い弁当箱に、誰かが細かい縞模様を丁寧に刻みつけたような姿をしている。（弁当箱のかけらとして見つかる場合もある。）

たいていのケイ藻は、川や池、あるいは湖や海を漂いながら短い一生を送る。ケイ藻が死ぬと、体を覆っていた小さな殻が沈む。ケイ藻の殻を探すのにいちばんいい場所は、乾期に水が減る浅い湖だとマイケルはいう。水ぎわがむきだしになって、溜まった殻が見つけやすくなるからだ。アメリカの西部やアフリカには、こうした絶好の場所がいくつもある。

そもそもマイケルがケイ藻に目を向けたのは、氷のサンプルから集めた塵やケイ藻の出どころをつきとめて、気候の研究に役立てたかったからだ。たとえば、どこかのアイスコアを調べてみて、ある一〇〇年間には北アメリカのケイ藻が多く、次の一〇〇年間はアフリカのケイ藻が多かったとしよう。とすれば、その地域でよく吹く風の向きが変わったと考えられる。こうしたデータから、地球の気候変動の仕組みが浮きぼりになるかもしれない。それなのに、マイケルのケイ藻は口が重く、どこから来たのかをいっこうに語ってくれない。ほとんどが似た者どうしで、生まれの区別がつけられないのだ。この問題については、ケイ藻をもっと専門的に研究している科学者が現在とりくんでいる。

マイケルのケイ藻にはさらに不思議なところがあった。ふつうに考えれば、髪の毛の太さの数百分の一より大きいものが遠くへ飛ばされるはずはない。ところが、アイスコアからは一〇〇ミクロンや二〇〇ミクロンのケイ藻まで見つかっている。二〇〇ミクロンといえば、じつに髪の毛二本分である。「たしかに大きいのですが、表面積が広く、軽いのです」。マイケルはエジプト育ちをしのばせるアクセントで説明する。「フリスビーに似ています。とてもよく飛ぶのです」

これほど大きいケイ藻が飛ぶからには、風も強かったのではないだろうか。並外れて強い風が吹くと、並外れて大きな塵が舞いあがるものだ。雹（ひょう）が降ったときに中身を調べてみればよくわかる。強風に巻きあげられて嵐雲に飛びこみ、氷にくるまれて落ちてきた「塵」の顔ぶれはというと……小さな昆虫に鳥。アナホリガメ（体長約二〇センチ）が少なくとも一匹。たぶん、大きなケイ藻が飛んだくらいで驚くことはないのだろう。

だが、謎はこれだけではない。四〇〇年ほど前のグリーンランドでは、ケイ藻が家族をつくって、しかも氷河の上で暮らしていたようなのである。ケイ藻が生きたまま飛ばされるのは珍しくない。氷河の端の水たまりに落ちて、そこで家族を増やすことはよくある。しかし、マイケルが見つけた一族の祖先は、広大な島のまんなかまで飛ばされてきて、水たまりに落ちたとしか思えない。しかも、落ちた衝撃で傷つくこともなく、ささやかな王国を築いたのである。

「死んでから飛ばされたケイ藻なら見ればだいたいわかります」とマイケルはいう。「たいてい砕けて破片になっていますから。ですが、このケイ藻は家族のように見えるのです。同じ種類、同じ大きさ、何もかもが同じ。大きさから考えて、生きていた長さも同じでしょう。グリーンランドまで飛ばされてきても無事だったのにちがいないのです。おわかりですか？」

もちろんわかる。氷河のまんなかでよく似たケイ藻がほんの少し見つかった。科学の世界では、それだけでは何の証拠にもならないだろう。でも、こんなふうに考えることはできる。進化を重ねて、自分の「飛ばされやすさ」を最大限に利用するようになったケイ藻もいそうだと。

雲のなかで子孫を殖やすバクテリア

生きたまま風に乗って飛びまわっているのは、もちろんケイ藻だけではないし、ケイ藻がいちばん大きいわけでもない。南極大陸のマクマード・ドライバレー〔235頁の図12参照〕は地球のどこよりも乾燥していて、どこよりも荒れはてた砂漠である。しかし、この地にも生命は息づいている。王者として君臨しているのはバクテリアを食べる線虫だが、生命に変わりはあるまい？　寒さが少し和らぐ時期になると、この貫禄じゅうぶんな——ただし小さくてよく見えない——虫は、土粒を覆う薄い水の膜のなかから自分の領土に目を光らせる。はるばるドライバレーまで、王様はどうやって旅をしてきたのだろうか。どうやら風に乗ってやってきたらしい。南極大陸では、最後の氷河期に発達した氷河によって生命が一掃されてしまったはずだ。だから、ここで見つかる小さな虫の多くは、氷河期が終わったあとによその大陸から飛ばされてきたと考えられている。どれくらいの大きさまでなら生物が風に乗れるのかは、まだ明らかになっていない。

それにひきかえ、ウイルスとバクテリアが長く飛べない体であることはかなりよくわかっている。ありがたいことに、毒性が強くて攻撃的な病原菌には、病気を遠くに運ぶまもなく死んでしまうものが多い。「簡単にやられてしまうんですよ」と話すのはミルトン・ライテンバーグ。メリーランド大学の国際安全保障研究センターに所属する軍備管理の専門家である。「紫外線や酸素に攻撃されるだけではありません。乾いて干からびてしまうんです。ものの数分で死んでしまう場合もありますし、数秒のケースもありますね。ただ、炭疽菌は別です」

炭疽菌は土のなかに住むありふれたバクテリアで、胞子をつくる。胞子は丈夫な殻に守られて旅をする。炭疽菌がふだんどおりの生活を送っているかぎり、人への感染をそれほど心配することはない。危ないとすれば、菌に感染した動物にじかに触れる仕事をする人である。ところが、炭疽菌がふだんとは違った任務に駆りだされ、武器として使われる場合がある。胞子を容器に入れて、憎い相手に投げつけるのだ。それでも、吸いこむのはせいぜい近くにいる人だけだろう。恐ろしいのは風に乗ったときである。一九七九年、ロシアの生物兵器工場から炭疽菌の胞子が漏れだす事故が起きた。工場近くの住民九六人が感染し、その三分の二が亡くなっている。工場から風下に五〇キロ近く離れた場所では、すでに胞子が散らばっていたのでヒツジとウシが感染しただけですんだ。これほどタフなバクテリアでも、何週間、何か月と日光を浴びつづければ、ただの残骸となって漂うだけになる。炭疽菌を超えるつわものもいる。空中で生活するバクテリアがいるのだ。最近オーストリアのふたりの科学者が発表したところによると、アルプスの雲から集めた水滴のなかに、生きたバクテリアがひしめいていたという。しかも、どうやら空中で子孫を増やしているらしい。おそらく水滴がバクテリアを紫外線から守っているのだろう。ふたりの科学者は大まじめでこう結論づけている。地球がこれだけ雲に覆われている以上、雲も立派な生物の「生息地」と考えたほうがいいと。

生物の塵。生物ではない塵。空気中に浮かんだこの小さな住人たちには、しだいに大きな注目が集まってきた。人間の肺への影響が疑われているのである。のちの章で詳しく見るように、喘息の患者数は世界中で急激に増えている。その原因を空中の塵に求める研究は、ますます熱を帯びている。「空中生物学という言葉すら知らない科学者がまだたくさんいるんですよ」とエステル・レヴェティンは嘆く。だが、この分野はこれから大きく羽ばたくにちがいない。レヴェティンの仲間が増える日もそう遠くはないだろう。

菌類は岩をも溶かし、塵となす

ところで、ゆくゆくは科学者になりたいと思っているあなた。空中生物学よりも競争の少ない分野で自分の名を残してみたくはないだろうか？　もってこいのテーマを紹介しよう。空中生物学者でさえ見落しているが、塵を「つくる」非常におもしろい生き物たちがいる。

そのひとつが、小さくてしわの寄った植物の仲間、地衣類だ。藻類と菌類が合体した生物で、岩石に住みつき、そこから少しずつ養分を吸いとって生きている。地衣類は細い菌糸を岩の割れ目に滑りこませると、菌糸の先から酸を分泌して鉱物を溶かす。しだいに岩はもろくなり、塵がはがれ落ちるという寸法だ。地衣類の武器は化学物質だけではない。腕力にものをいわせて岩を砕いてもみせる。岩の割れ目に入りこんだ菌糸は、乾燥した時期には縮み、湿気の多い時期には膨らむ。それがくりかえされるうち、岩の割れ目は広がっていく。砂漠の砂を砕く塩や氷の働きに似ている。

さらに地味な存在ながら、岩石を「食べる」バクテリアや菌類もいる。地衣類もこうした微生物も、いわば土をつくってくれるありがたい存在だ。手つかずの岩に取りついて、自分のために鉱物を取りいれながら少しずつ岩を砕いていく。やがて岩は土となって、ほかの生き物に利用されていくのである。

しかし、塵をつくる生物のなかでいちばんの注目株は、恐竜の子孫といわれるあの動物かもしれない。そう、鳥である。世界中の鳥が何トンの塵をつくるかを調べたら、いい博士論文が書けると思うがいかがだろうか。正確な数字はまだ誰もつかんでいない。だが、米国地質調査所（ＵＳＧＳ）の実験を台無しにする量だったことだけは間違いなさそうだ。

ＵＳＧＳでは、一九八〇年代にアメリカ西部の数十箇所で塵を集める実験を始めた。空からどれくらいの塵が降ってくるかを調べるためである。塵を集める仕掛けについては、あらゆる状況を考えて手を打ったつもりだった。柱を立てて、テフロン加工を施したリング状のケーキ型を上に置く。型は黒く塗っておいた。こうすれば、雨水がすばやく蒸発する。型の底にはビー玉を敷きつめた。こうすれば、せっかくつかまえた塵が風にさらわれずにすむ。

ところが、思いがけないことが起きた。木の生えていない地域では、彼らの仕掛けが鳥にとってまたとない止まり木に見えたらしい。まもなく研究者泣かせの事態が起きる。「胃石」だ。食べ物をすりつぶすために鳥が飲みこむ、あの小石である。鳥が胃のなかで食べ物をすりつぶすうちに、胃石そのものも少しずつ削れて腸に送られる。この「鳥から出てきた塵」のおかげで、ケーキ型のなかはめちゃくちゃになった。すり減った胃石のせいで、ふつうに予想されるより二倍も三倍も多い塵が溜まっていたのである。

「鳥のしわざはそれだけじゃないんです」とマリス・リハイスはため息をつく。USGSのデンヴァー支局に勤める塵集めのエキスパートだ。「カラスはなかなか商売上手なんですよ。私のビー玉をもっていって、別のものを置いていくんです。同じ大きさの石ころがいちばん多かったかしら。でも、ほかにもいろいろプレゼントをくれましたよ。干からびたトカゲの頭とか、カンガルーネズミのお尻とか……そうそう、ロバの糞もありましたっけ」。その後、鳥よけの手立てが取られたのはいうまでもない。

火と塵――山火事、焼畑農耕、戦争による火災

砂漠の塵、火山の塵、海から飛ばされる塩、木からしみ出る有機物、ハエの脚、ケイ藻、等々。空には自然界の塵がなんとたくさんひしめいていることか。だが、自然な塵ばかりではない。空は不自然な塵が溢れる場所でもある。

火はいつの時代も黒い塵をまき散らしてきた。霊長類が木から下りて石を打ちあわせはじめるまで、火をつける魔力をもっているのは稲妻だけだった。いや、もうひとつ。石どうしが自然にぶつかりあった場合も火が起きた。今でも南アフリカでは、よく落石の火花から野火が広がっている。しかし、私たちが石を打ちあわせるようになってからは、火をうまく使って動物や植物を自分たちの役に立ててきた。今や火から出る塵をいちばん多く生みだしているのは、間違いなく人間である。

ドロレス・ピペルノは植物考古学者である。パナマの首都、パナマシティーにあるスミソニアン熱帯研究所で、大昔の放火事件を研究している。ブロンドのショートヘアに、引きしまった口もと。ほとんど無駄話をしないピペルノは、湖の底に溜まった泥から太古の地球の環境を読みとっている。中南米に古代インディアンが住んでいた一万一〇〇〇年前の泥も調べた。だから、彼らが自然を大事にしていたなどという夢物語を少しも信じてはいない。

「彼らは高度な技術を使って狩猟採集の生活をしていました」とピペルノは語る。「火の扱い方もマスターしていました。この地方にやってきて、火をつけはじめたんです」

ピペルノはその証拠を研究室の作業台にどさりと置く。どこか不気味な黒い筒状の泥がビニールにくるまれ、テープでとめてあった。この泥のなかに、謎を解く鍵となる塵が埋まっているという。その塵は「プラントオパール」と呼ばれ、見た目はまさに植物（プラント）のオパールと呼ぶにふさわしい（図9）。意外に思うかもしれないが、植物の多くはきわめて小さい石をつくって、葉の細胞のなかや果実の皮、あるいは種子の殻に蓄えている。表面を硬くして、イモムシなどの食欲をそぐためだろう。ブラン（小麦の外皮）のシリアルを飲みこんだときにのどに当たる気がしたら、怒れるプラントオパールが自己主張をしているのだとピペルノはいう。

この小さな石にはいろいろな形がある。チョウや花に似た形。トウモロコシの粒のような形。ダンベル形。ゴルフボール形。さらには、端にひだの寄ったラザーニャふうの形まである。ほとんどは髪の毛の太さの一〇分の一程度の大きさだが、その一〇倍にもなるラザーニャ・タイプも見つかっている。葉にかじりついている昆虫にすれば、ご馳走のなかに窓ガラスが混じっていたようなものだろう。この小さな石ひとつで、いろいろなことが明らかになる。まず、石の形を見れば、どんな植物から出たものかがわかる。また、プラントオパールの内部には有機物のかけらが残っているので、そこに含まれる放射性の炭素を調べれば、どれくらい古い石かをつきとめることができる。見つかった石が黒ければ、かつて燃やされたことがあったにちがいない。

つまり、湖の底の泥からプラントオパールを取りだして調べれば、太古の昔に生きた人々が土地をどう利用していたかがわかるのである。一万一〇〇〇年ほど前までの泥からは、森に生える植物のプラントオパールが豊富に見つかった。ところが、その量はしだいに減っていく。およそ四〇〇〇年ほどで、森の木のプラントオパールはすっかり姿を消す。伐採によって森林が根絶やしにされてしまったのだ。

そのあとはどうなったのだろう？　今度は、開けた土地に生える植物のプラントオパールがたくさん顔を出してきた。イネ科の植物やスゲなどである。しかも、黒くなった石が多い。約四〇〇〇年前には、今ではトウモロコシと呼ばれるイネ科の植物が、一定の期間を置いて規則正しく石を吐きだしはじめた。トウモロコシだけでなくカボチャも現れた。どちらのプラントオパールも、時間とともにしだいに数が増えていく。石のサイズも大きくなった。野生だった植物を作物として栽培するようになって、葉や実

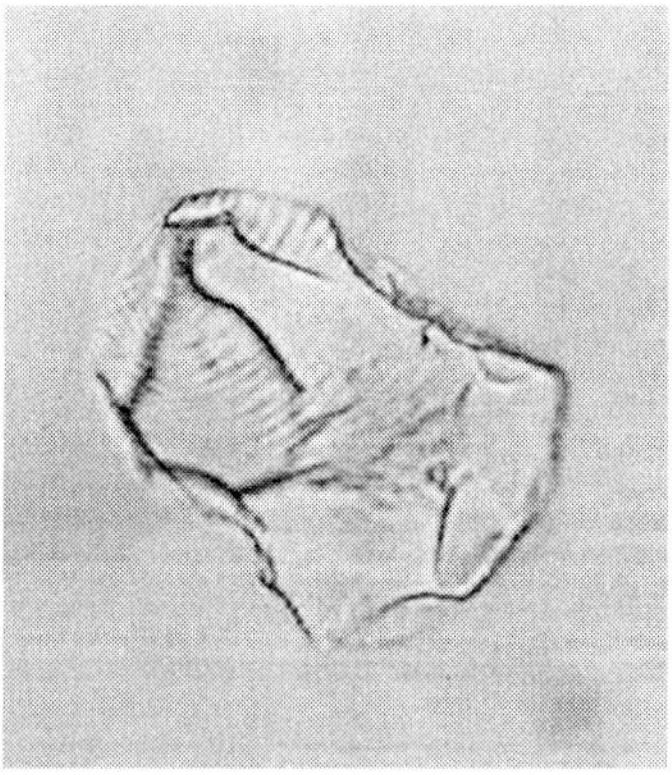

a：森林に生える植物の例（タイサンボク）

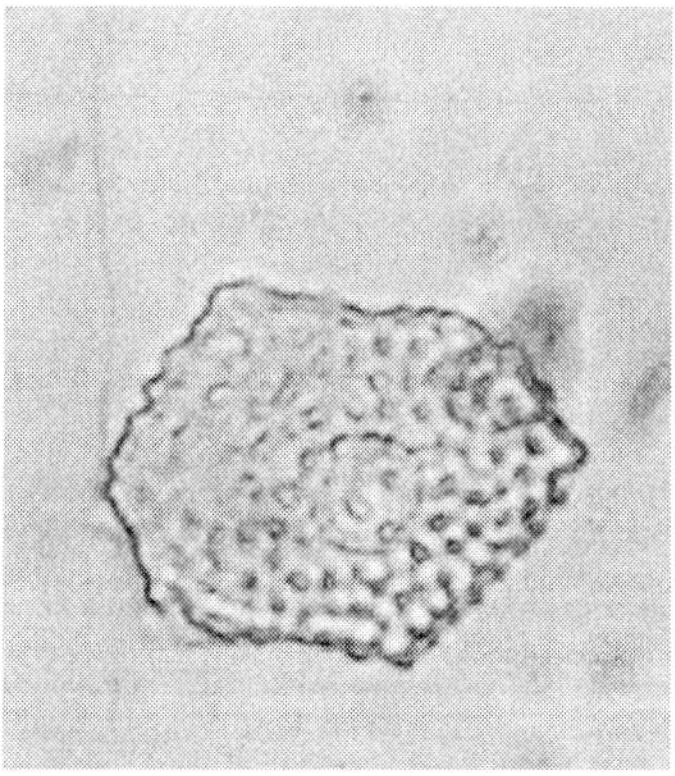

b：開けた場所に生える植物の例（カヤツリグサの一種）

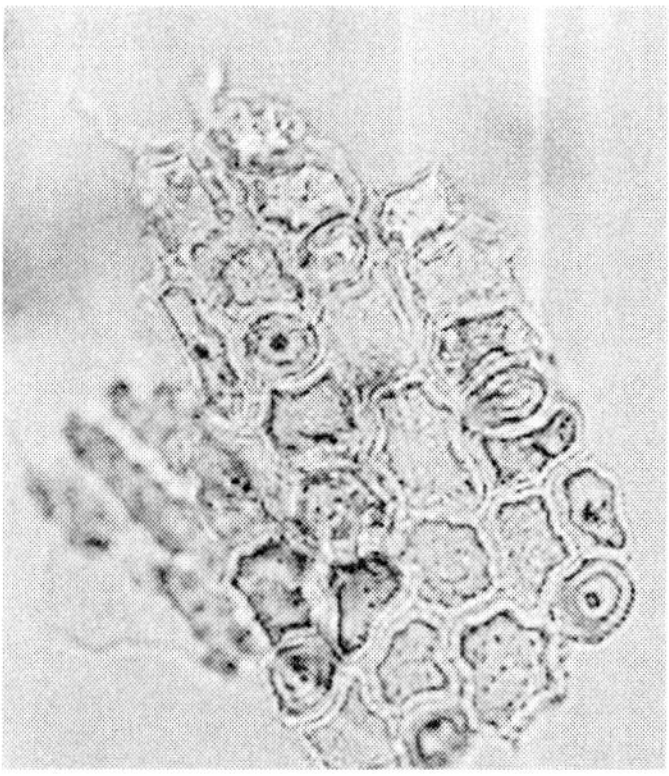

c：トウモロコシ

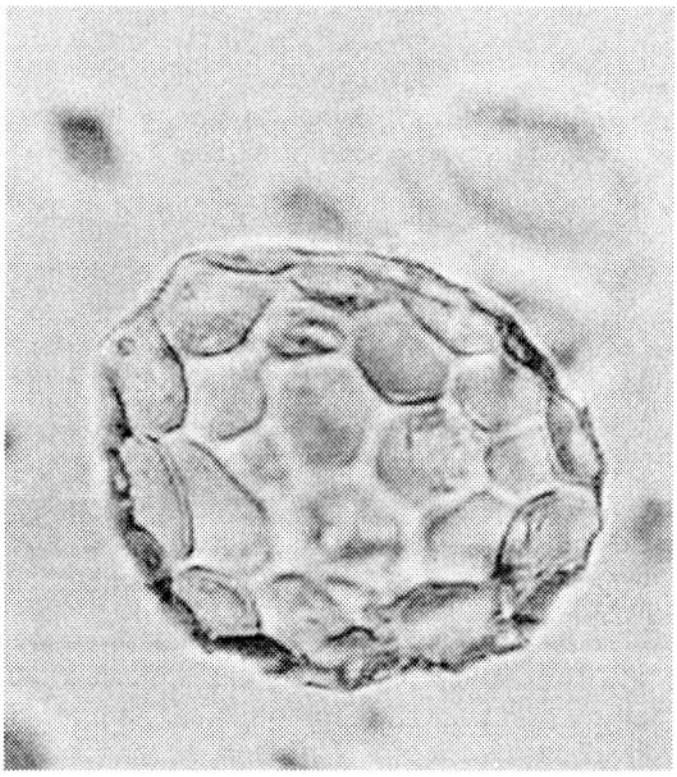

d：カボチャ

図 9　プラントオパール（Dolores Piperno, Smithonian Tropical Research Institute）

や種などが大きくなったためである。こうした石が出てくるからには、農業が広くおこなわれていたのだろうとピペルノは指摘する。土には数年おきに火が放たれた形跡がある。雑草などを取りはらうとともに、畑に栄養分を与えるためだ。

今から五〇〇〇年ほど前になると、森の植物のプラントオパールが長い沈黙を経て戻ってくる。スペイン人が中央アメリカを侵略した頃だ。ピペルノは悲しげな笑みを浮かべる。「今度はインディアンたち自身が、根絶やしにされてしまったのです」

焼畑は今でも熱帯地方の農業に欠くことができない。アフリカのサバンナから南米の森林地帯まで、農民は定期的に火を放っては農業をおこない、ウシを放牧し、新しい道や町をつくっている。

植物が燃やされると、どれくらいのガスや煤が立ちのぼるのだろうか。じつは、まだはっきりした答えが出ていない。研究は始まったばかりだ。どういう土地が燃えるかによっても塵の量は違ってくる。たとえば、乾燥したアフリカのサバンナで草原に火を放つと、草は高温で燃えるのでそれほど塵は出てこない。いっぽう、湿度が高くて木々のおい茂った森林を燃やすと、燃える温度が上がらないために煙と煤が大量に湧きあがる。しかも、煤の粒子のまわりをいろいろな種類の複雑な物質が覆うようになる。動物の糞を燃やした場合も濁った煙が出やすい。現在、アジアだけでも毎年約一億一八〇〇万トンの動物の糞が、煮炊きのため、あるいは暖をとるために燃やされている。

土地が燃えると、煙の粒子が一平方キロメートルあたりで一時間に〇・六トン近く吐きだされるというデータがある。いや、一時間に約八トンは出るだろうとの指摘もある。どちらにしても大変な量である。もうもうと湧く煙は、宇宙からでも難なく確認できるほどだ。まるで、幅の広い灰色の飛行機雲が、陸や海をまたがり何百キロもたなびいているように見える。

火をつけたがる人間の犠牲になるのは、熱帯の植物だけではない。アメリカの農民の多くはいまだに昔ながらのやり方にしがみつき、作物を植える前に前の年の刈り株を焼いている。火の歴史を研究するスティーヴン・パインは、これを「罪の意識のない悪癖」と呼んだ。健康に悪影響があるのではないかと心配する声は年々高まっている。そのおかげで、燃やすのを思いとどまる風潮がようやく広がりはじめてきたようだ。

北の果てにある森からも、膨大な量の煤が立ちのぼっている。カナダとロシアには世界の森林のほぼ五分の一が集まっている。熱帯の場合と同じで、北の森林火災もその多く——カナダの場合は約半数——は人間が原因で火が起きた。人里離れた地域の乾燥した森が火事になると、燃えているのに気づかれない場合も少なくない。

カナダでは（たぶんロシアでも同じだろう）、火事のほとんどは「樹冠火」と呼ばれるもので、枝葉の茂った部分を伝って炎が広がる。この手の火事では炎が非常に高温になるので、木のてっぺんから土まですべてを燃やしつくす。その結果、ふつうの火事より大量の煙がきわめて高いところまで吹きあがる。とくに乾燥の激しい年には、森の土が一メートル近い深さまで焼けるケースもあるという。こうなると、とりわけ濃い煙が出る。今のところ、地球の温暖化は北半球の高緯度地方がいちばん急速に進んでいるようだ。このままいくと森林地帯がますます乾燥して、さらに多くの煙が吐きだされるようになるかもしれない。

サバンナの野火や農業のための焼畑、さらには森林火災などによって、いったいどれくらいの面積が燃えているのだろうか。NASAの推定によれば、毎年テキサス州一個～一二個分〔訳注 日本の総面積の約一・八倍～二二倍〕の土地が焼け、二〇億～一一〇億トンの植物が姿を消している。空に吐きだされる煤の量ははかりしれない。煤が対流圏のかなりの高さまで飛ばされると、風に乗って遠くまで旅をする。メキシコから上がった煙が、ノースダコタ、ウィスコンシン、フロリダとめぐったこともある。カナダで火災が起きると大量の煙が南に流れ、ニューイングランド地方はおろか、さらに南のルイジアナにまで漂うことも珍しくない。

人間が大いにかかわっていても、森や草原を燃やして出る塵の成分は、ひとりでに山火事が起きた場合と変わらない。自然な煤と、自然な有機化合物だ。この世に最初の植物が姿を現したときから、落雷がつくりだしてきた塵と同じである。

ところが、戦争の炎からは、人間でなくては生みだせない不自然な煤が立ちのぼる。湾岸戦争のとき、クウェートからの撤退を始めたサダム・フセインの軍隊は六一三箇所の油井に火を放って、戦争倫理はどうあるべきかという議論を巻きおこした。炎は地下に眠る大量の石油を解きはなっただけではない。途方もない量の煤や化学物質を空に送りだした。黒い雲は黒い雨を吐きながらクウェートの空を覆い、やがてまわりの国々にまで広がる。炎が荒れくるうなか、煤の雲がかかった地域では気温が約一〇度も下がった。

激しい森林火災に、いまわしい戦争の炎。どちらも大事件であり、見る者に強烈な印象を残す。しかし、私たちが日頃何気なく使っているおとなしい火からも、塵が出ていることに変わりはない。マッチをするたびに煤が立ちのぼる。ハンバーガーを焼くたび、たき火を囲むたび、黒く細かい粉が吐きだされている。

車の排気ガスによる塵

人類の歴史はいわば塵を生みだす歴史でもある。その歴史は火とともに始まった。だが、今の人類がいかに塵をまき散らしているかを物語るシンボルは、もはや火ではない。なんといっても自動車である。車から出るいちばんわかりやすい塵、つまり排気ガスの塵は、ガソリンやディーゼル燃料を燃やすと生まれる。ガソリンのような化石燃料が完全に燃えることはまずない。複雑な化合物がたくさん含まれているため、よほどの高温でないと燃やしつくせないのである。トラックや乗用車の排気管からは、生焼けの燃料が大量に噴きだしているようなものだ。

塵をとくにたくさん吐きだすのは、ディーゼルエンジンである。大型トラック、建築用や農業用の機械、バスや列車などによく使われている。都会の空気は、生焼けのディーゼル燃料で青みを帯びることも珍しくない。大都市の建物の窓辺には、ディーゼルの煤が黒い粉となって舞いおりる。米国環境保護庁（EPA）によると、古いディーゼルトラック一台から、煤とガスが年間八トンもまき散らされる場合があるという。軽量のディーゼルエンジンでも、ふつうのガソリンエンジンの三〇倍から一〇〇倍の微粒子を生みだしている。

ガソリン車の場合もディーゼル車の場合も、車から吐きだされる微粒子はおもに炭素の塊、つまり煤でできている。だが、ディーゼルの場合、燃料を燃やす過程で生じた何百種類もの物質が煤を覆う。このディーゼル微粒子は、ガンや肺疾患、あるいは心臓病など、さまざまな病気を引きおこすことが疑われている。研究が進むにつれ、その疑いは強まるいっぽうだ。

ディーゼルに比べれば、ガソリンエンジンから出る塵の量は少ない。しかし、ガソリン車の数自体が圧倒的に多い。アメリカだけでも、ガソリン車からは年間一〇〇万トンをはるかに超える有害な物質が吐きだされている。水銀、鉛、ベンゼン、ヒ素までがまき散らされるというから驚く。こうした物質はたいてい蒸気として放出されるのだが、あとで空気中の煤や塵にくっついて固まることがある。そうなれば、さながらミクロの毒爆弾だ。

ディーゼル車でもガソリン車でも、エンジンからはかならず硫黄と窒素を含むガスが出る。すでに見たように、火山から噴きでた二酸化硫黄のガスの一部は粒子に変わる。車のエンジンから吐きだされる二酸化硫黄も同じだ。アメリカでは、乗用車やトラック、オフロード車などから、二酸化硫黄のガスが合計一〇〇万トンも排出されている。これは、世界中の火山から噴きだす量の約一割にあたる。硫黄だけではない。窒素酸化物の出どころとしても、自然界以外では自動車が群を抜いている。

排気管の煙が悪さをしているのはわかりやすい。だが、それだけだろうか？　自分の車をじっくり眺めてみてほしい。タイヤは走っているうちにすり減る。では、削れたゴムはどこにいくのだろう？　じつは、車のうしろで目に見えないゴムの雲をつくっている。ＥＰＡでは、髪の毛の太さの一〇分の一以下というきわめて小さな塵だけを規制の対象にしているが、このサイズにあてはまるタイヤゴムの塵は、アメリカで年間二万五〇〇〇トン以上。じつにタイヤ二〇〇万本が粉々になった計算になる。

車が走るのは、タイヤのゴムと道路のあいだに摩擦が働くからである。車のブレーキがかかるのは、タイヤとブレーキパッドのあいだに摩擦が働くからだ。アメリカだけを見ても、ブレーキを踏んでまき散らされるブレーキパッドの塵は一年で三万五〇〇〇トンにのぼる。ゴムの塵よりも多い。昔の車にはパッドにアスベストが使われていたが、今では多種多様な素材が使わるようになった。さまざまな金属はもちろん、セラミック、カーボン（炭素）、ケブラー〔訳注　アメリカのデュポン社が開発した軽くて丈夫な繊維〕、グラスファイバーなど、ブレーキパッドからは個性豊かな塵が出ている。

　砂利道を走る車を遠くから眺めてみれば、別の塵が大量に生まれているのがわかるだろう。アメリカ西部の田舎道では、もうもうと巻きあがる土ぼこりで車が近づいてくるのを知る。舗装されていない道は素朴でいいとの声もあるいっぽうで、大気汚染防止の専門家からはますます風当たりが強まっている。なにしろ、ここから出る塵の量はとてつもなく多い。ＥＰＡは毎年、アメリカじゅうで吐きだされている塵の量を数十種類の出どころについて調べている。たとえば、列車や飛行機、野火や薪ストーブ、炭坑やセメント工場などだ。それらをすべて合わせると、年間三三〇〇万トンの塵がアメリカの空に立ちのぼっている。少なくともその三分の一は、未舗装の道から出ているという。

　昔は、土ぼこりを抑えるために道に使用済みのエンジンオイルをまくのが当たり前だった。なにやらタンカーの原油流出事故を思わせる光景だが、今でも発展途上国ではおこなわれている。しかし、ほこり止めに油をまくとどれほど悲惨な結果を招くか、いちばん身にしみているのはミズーリ州タイムズビーチに住んでいた人たちではないだろうか。タイムズビーチは、セントルイスの南西三〇キロあまりのところにあった町だ。

　一九七〇年から七二年にかけて、ほこり止めの油散布を請けおう業者のひとつが、いつも使っていた使用済みエンジンオイルに混ぜものをした。よりによって、ダイオキシンを含んだ化学工場の産業廃棄物を混ぜたのである。その油が、タイムズビーチの未舗装の道路や駐車場にふんだんにまかれた。一〇年後にEPAが調査したところ、町の道路にも路肩にも排水溝にもダイオキシンがしみこんでいた。ダイオキシンは発ガン性がきわめて高い。住民は町ぐるみで立ちのくことになり、補償金を受けとった。家々は壊され、道路の土は掘りおこされて有害廃棄物用の焼却炉で燃やされた。今になって思えば、道が多少ほこりっぽいのもそう悪くはなかったのかもしれない。ミズーリ州は、ほこり止めに廃油をまくのをただちに禁止した。

道路の舗装を進めようとする動きはしだいに活発になっている。だが、舗装にかかる費用はばかにならない。一マイル(約一・六キロ)につき五〇万ドルもする場合がある。そのため、道路の補修を担当する自治体は舗装を渋っている。アリゾナ州のマリコパ郡もそうだ。この郡には砂ぼこりで有名なフェニックスがあり、郡全体で未舗装の公道が七〇〇〇マイル(約一一〇〇〇キロ)も残っている。この七〇〇〇マイルが明日すべて舗装されても、三〇〇〇マイル(約四八〇〇キロ)以上に及ぶ未舗装の私道からは引きつづき塵が舞いあがるだろう。それに、舗装したからといって車が土ぼこりをあげなくなるわけではない。アメリカでは、舗装道路からも年間二五〇万トンの塵が吐きだされている。

煤に硫黄ビーズ、ブレーキパッドにタイヤのかけら、そしておなじみの土ぼこり。これだけでも、乗用車やトラックはじゅうぶん非難されていい。だが、まだ続きがあるようだ。台湾の大気科学者、ジェン・ピン・チェンによると、たとえこの手の塵をいっさい生みださなくても、車はやはり塵を大幅に増やす元凶だという。車のエンジンが空気を吸いこむとき、もともと空気に含まれていた塵も一緒に吸いこんで、その性質を大きく変えてしまうのである。

エンジンのなかは高温なので、吸いこまれた塵は蒸発する。この蒸気は、排気管から外に出ると急速に冷えて、今度はきわめて小さな粒子をつくる。人間が吸いこみやすいサイズになるわけだ。芝刈り機がガラス瓶を巻きこんでしまったところを思いうかべてほしい。さほど危険ではなかった塵が、細かく砕かれることによって無数の小さな凶器に生まれかわるのである。

この新しい塵は、排気管から出るやいなやつくられる。排気管のわずか一〇センチうしろで濃度を測ったところ、空気一立方センチあたりに微粒子が一万二〇〇〇個も含まれていた。排気管から四〇センチ離れる頃には、微粒子の数は一立方センチあたり四〇万個以上にまで膨れあがった。チェンによると、空気が湿っていればこの微粒子も湿り、液体になる場合もある。空気が乾いていれば微粒子もすぐに乾く。いずれにしても、生まれかわった塵は並外れて小さく、並外れて人の肺に入りやすい。

電気自動車なら大丈夫じゃないかって？　ところが、やはり間接的に有害な塵を生みだす。電気で動くものは何でも、コンセントにプラグを差しこんだとたん、化石燃料の塵を増やすのに一役買うことになる。コーヒーメーカーのスイッチを入れれば、どこか遠くの発電所で化石燃料がロ━ストされて電気がつくられるだろう。化石燃料が燃えたら、塵が出ないわけがない。

なかでもいちばん塵を吐きだすのは石炭だ。豊かな国々は惜しげもなく石炭を燃やしている。人間の生みだす硫黄ビーズのじつに九割が、北半球の工業国の空に浮かんでいる。今や、世界を漂う硫黄ビーズの三分の二は、人間が生みだしたものになった。この塵は酸性の雨となって落ちてくる。かつては自然の営みの一部だった弱酸性の雨は、恐ろしい酸性雨に変わって世界各地に被害をもたらしている。石炭を燃やすと窒素酸化物のガスも大量に湧きだし、やはり空気中で微粒子をつくる。それだけではない。石炭の煙には水銀などの有害な金属がたくさん含まれている。放射性のラジウムやトリウムも石炭から吐きだされていて、その量は原子力発電所から出る放射性廃棄物にもひけをとらない。

石炭に限らず化石燃料を盛大に燃やせば、かならず塵がまき散らされる。たとえば飛行機。空を切りさいて進み、塵とガスの尾を引いていく。ガスはすぐに冷え固まってさらに塵をつくる。船が大海原を渡れば、煙突から塵の煙がたなびく。この塵はときに何日も空気中に留まるのだが、その理由はいまだ明らかになっていない。ロケットも負けてはいない。その高級感にふさわしく、サファイア(酸化アルミニウム)の塵を吐きだす。燃料に含まれるアルミニウムが燃えてできたものだ。

人間の活動は留まるところを知らず、次々に塵を生みだしていく。そして、人間のつくった塵は自然界の塵と手を携えて、壮大なスケールの旅に出た。

6章　塵は風に乗り国境を越えて

一九九八年四月、ワシントン大学ボセル校で環境科学の教授を務めるダン・ジャフィーは、空に目をやり、眉をひそめた。これはただごとじゃない。「よく晴れて、青空の広がる日でした」とジャフィーはふりかえる。「いや、青空の広がるはずの日だったんです」。前の日に嵐が通りすぎていたので、空気はことのほかきれいに洗われているはずだった。「ところが、空は白く濁っていて、青い色が褪せてしまっているじゃありませんか。とっさに火山の噴火かと思いました」

たまたまジャフィーは、太平洋に突きでたチーカ岬に、空気をモニターする装置を置いていた。たまたまとはいってもジャフィーには狙いがあった。はるかな昔からくりかえされてきた物語を記録したいと思ったのである――アジアからアメリカへと運ばれてくる塵の話を。ただし、今回の物語がこれほどのスケールになろうとは、ジャフィーは想像もしていなかった。

「塵の河」は目に見えない風に乗って世界中を流れている。雨や雪を降らせるという大切な役割を果たしながら。しかし、この人目につかない河の流れを追う研究者は、河に不自然な塵が流れこむようになったことに頭を痛めている。塵の河は危険を運ぶものに変わってきた。しかも河は、国境などおかまいなしにどこへでも流れていく。

空を流れる「塵の河」

岬の装置がアジアの息吹きをとらえてから一年、ジャフィーは新兵器を使いはじめていた。装置を満載した小型飛行機。太平洋の上空を飛びながら、今年も塵の河が流れてくるかどうかを確かめるためである。

「北半球でいちばん空気がきれいなのはどこだと思います?」泥だらけの白いトヨタを走らせながらジャフィーがきいてくる。これからシアトルの北にある飛行場に向かうところだ。彼はワシントンの空を指さしてこう続ける。「たぶんここですよ。空気がとくに澄んでいるときには、一立方センチあたりの塵の数が一〇〇個しかありません」。それなのに。「塵のもやがかかっているんですよ。機械の数字によると、ですが。四日前からずっとです」。ジャフィーは車を止め、子供のおもちゃで散らかったうしろの座席からバックパックを引っぱりだす。「アジアから来たにちがいありません」

飛行場の格納庫にはすでに仲間がそろっていた。パイロットのマーク・ホーシャーと、ジャフィーが受けもつ大学院生のひとり、ボブ・コッチェンルーサーである。ブロンドで血色のよいコッチェンルーサーは、かき氷器でドライアイスの塊を削るのに忙しい〔訳注 ドライアイスは、空気のサンプルを冷やして気体を捕集するために用いる〕。飛行機のなかは座席一二席が取りはずされていて、角張った装置がずらりと並んでいる。この日の仕事に備えて早くもうなりをあげているものもあった。一台の装置は、地上の塵が肺に入りこまないようにと、タンクからきれいな酸素を吸って準備している。

物静かで黒い髪をしたホーシャーは、飛行機のうしろの出入り口から乗りこみ、機械やディスプレイのあいだを横歩きで進む。天井が低いために腰をかがめたまま、安全のための装備を指さして確認した。水に落とすと膨らむタイプの救命ボートがひとつ、ビニールの袋に入っている。コッチェンルーサーも体を横にして足を引きずりながら通路を歩いてくると、装置のあいだに腰を下ろした。飛行機が苦手なジャフィーは、手を振って見送る。小型機は鈍い音をあげながら滑走路を突きすすみ、かつては澄んだ空気で知られたピュージェット湾の空へと分けいった。

間髪を入れずに、コッチェンルーサーのコンピュータ・スクリーンに変化が現れる。大気にひしめく塵をとらえたのである。塵が増えたり減ったりするたびに、画面には山と谷がギザギザと描かれていった。今コンピュータがまったく新しい言葉で書きつづっているのは、はるかな昔からくりかえされてきた壮大な物語。さまよえる岩石の物語だ。

春のアジアでは、乾いた大地を強い風が吹きあれるため、砂塵嵐は少しも珍しくない。しかし、一九九八年の四月に吹いた風はいつにも増して激しかった。四月一五日の早朝、中国の中北部からモンゴルにまたがる広大な砂漠と黄土の高原で、冷たい風が吹いた。風速は二〇メートルに達したと見られている。その三分の一くらいのスピードでも、砂塵をまき散らすにはじゅうぶんだというのに。翌一六日の正午近くには、北京の空が暗くなる。まもなく塵をたくさん含んだ大粒の雨が落ちてきて、車や通りに黄色い泥を散らした。別に、異常気象でもなければ超常現象でもない。この黄色い雨は「泥雨」とも呼ばれ、近頃の北京ではおなじみのものになっている。黄土を開墾しすぎたつけが回って内陸の砂漠化が進み、風に飛ばされる砂塵の量が増えているからだ。昔は、これほど大きな砂塵嵐がアジアを襲うのはせいぜい七、八年に一度だった。今では年中行事である。二〇〇〇年の春にも小規模ながら十数回もの嵐が起きて、北京の街を黄色い塵で汚した。

一九九八年四月の猛烈な嵐のあとで、黄色い雨となって落ちた塵は、全体から見ればごくわずかだった。では、残りの砂塵はどこへいったのだろう？ 衛星写真はしっかりととらえていた。青と白の地球をバックに、黄褐色の河が淀みなく東に流れていくのを。やがて河は太平洋を越え、カナダ西部のブリティッシュコロンビア州をおいしそうになめた。まもなく勢いが衰えて消えかけたが、はるかうしろでは早くも次の砂塵嵐が生まれつつあった。

四月一九日、またもや激しい風がゴビの東部に爪跡を残す。飛びかう砂塵で五〇メートル先も見えない。CNNニュースによると、この砂塵嵐のせいで中国では住民一二人とウシ九〇〇〇頭近くが命を落とし、モンゴルでは一〇〇〇人が住む家を失った。四月二一日には、この嵐で生まれた塵の河が早くも太平洋に舌を伸ばしていた。

こうした塵の河の物語は今、先の見えない新しい展開を見せはじめている。これまで、河に流れこむ砂塵のふるさとはだいたい決まっていた。たえず動きまわる砂丘もそのひとつである。砂丘の奥で何百万年も転がりつづけた砂粒が、ついに塵となって飛びたつ。ゴビの恐竜の墓場から舞いあがる塵もあったかもしれない。干上がった川底からも塵は立ちのぼってきた。気の遠くなるほどの年月をかけて、山から運ばれてきた岩石の粒なのだろう。

もちろん、塵の河は岩石の塵だけでできているのではない。風は、サイズさえ小さければ分けへだてをしない。砂漠を吹きぬければ、削れるものをすべて削ってかき集めていく。ラクダの骨。ウマの骨。白い化石のかけら。羊飼いの色鮮やかな絹の帽子からは、糸くずがはがれるにちがいない。野生のチャイブが枯れれば、干からびた葉のかけらが風に乗る。節くれた木の枝を燃やせば灰が舞いあがり、ラクダの毛で編んだ縄からは切れ端がちぎれ飛ぶ。山のオボー〔訳注　土地の守り神が宿るとされる大きな石積み〕に供えられたお茶の黄色い紙箱からも、少しずつ繊維がほぐれて運びさられるだろう。塵の河には、わずかながらチンギス・ハーンその人の塵も混じっているかもしれない。

　では、風が工場地帯や大都市を吹きぬけたら？　今度は中国の空を厚く覆う汚染物質をさらっていく。硫黄酸化物の塵。ディーゼルから出る排気ガスや黒煙、あるいは有害な金属の微粒子。すべてが吹きあげられ、渦巻く塵の濁流へと流れこむようになった。

大国・中国の「塵」事情

　中国だけが汚染物質をまき散らしているわけではない。アジアの虎の吐く息はおしなべてくさいことが明らかになっている。シンガポール、タイ、韓国、中国といった国々は目覚しい経済成長を遂げたが、そのあいだに大量の化石燃料を平らげてきた。あいにく、煙を濾過して汚染物質を取りのぞく設備はけっして安いものではない。そのため、夢のように美しいバンコクには微粒子のもやが垂れこめ、人々の目を刺し、のどを締めつける。香港の港にも、ガスと塵がセピア色の雲となって立ちこめている。一キロあまりしか視界がきかない日も多いので、船は霧笛を頼りに進まなくてはならない。しかし、桁外れな量の汚染物質を吐きだしているのは、やはり中国である。化石燃料を次々と腹に収めて留まるところを知らない。しかも、あれだけの莫大な人口を抱えている。今後の見通しも非常に暗いというしかない。

中国ではおもに石炭が利用されている。正確にいえば、高硫黄炭だ。高硫黄炭はとくに汚染物質を吐きだすことで悪名が高く、燃やしたあとにはかならず不気味な塵のカクテルができる――煤に放射性元素がミックスされ、有毒ガスの風味が加わり、もちろん硫黄のパンチもきいている。たとえ黄砂に襲われなくても、北京の空気はアメリカの都市よりはるかに汚れている。「北京のスモッグ」はますます頻繁に発生するようになってきた。スモッグが湧いたために、交通事故がたてつづけに起きる日もある。

石炭は中国の産業を支えているだけではない。小さな石炭ストーブは、全国の家庭で暖房や調理に重宝されてきた。だから、どんなに小さな村も石炭の塵に包まれている。家庭から出る塵がばかにならないことは、大気汚染をモニターする装置が物語っている。ほとんど毎日のように、塵の量が急に増える時間帯が一日に二回確認されるのである。一回目は朝食どき、二回目は夕食どきだ。中国も少しずつクリーンなエネルギーに切りかえようとはしている。しかし、これほどの大国にとっては超大型タンカーを方向転換させるようなものだろう。とうていすぐには実現しそうにない。

高硫黄炭だけならまだしも、中国ではディーゼル燃料も盛んに利用されている。地域によっては古くから焼畑農業がおこなわれていて、空に立ちのぼる煙をさらに増やしている。工場は水銀や鉛などの有害な塵を吐きだしているのに、汚染を抑える設備にはあまり費用をかけないのがこれまでの中国のやり方だ。

汚染雲の量は、アジア全体で毎年四パーセントずつ増えているといわれる。この分でいけば、二〇年あまりで今の倍になるだろう。それを待つまでもなく、あと一〇年もしないうちに問題が起きるとの見方もアメリカにはある。アジアの風に乗って、大量のオゾンがアメリカの西海岸に運ばれてくるのを心配しているのだ。成層圏のオゾンは地球の生命を守ってくれるが、地上のオゾンはスモッグの成分になる。

だが、中国からの迷惑な輸出品については少し脇に置いておこう。はるかに迷惑しているのは、地元中国の人々のほうである。汚れた空気をじかに思いきり吸っているのだから。現に、中国では一四人にひとりが有害な塵のせいで亡くなっている。子供の死因の第一位は肺炎だという。肺炎は、汚れた空気を吸ったために引きおこされるケースが少なくない。すべて合わせると、毎年約一〇〇万人もの人々が塵に命を奪われている。数字のうえでは、アメリカのメイン州の全住民が毎年塵の害でこの世を去っているのと変わらない。

この有害な塵は思わぬところにまで影を落としている。中国全体の作物の収穫高が減るいっぽうなのだ。NASAの援助でおこなわれた最近の研究によって、塵のもやが日差しをさえぎっていることがわかった。このもやが農業地帯の大部分を覆っているために、収穫高が五パーセント～三〇パーセントも減っていると見られている。ただし、これは中国だけの問題ではない。インドやアフリカ、アメリカの東海岸など、同じようなもやに覆われた農地は世界にいくつもある。こうした地域にとってはけっして他人事ではないだろう。

そして一九九八年、中国の産業から生まれた雑多な塵は砂塵に合流し、うねりながらアメリカ北西部を目指した。

水平線に浮かぶ「塵の帯」を見る

マーク・ホーシャーは飛行機を西に向けた。管制塔と短いやり取りをしながら、飛ぶコースを決めていく。じつは、離陸する前にひと悶着あった。

ジャフィーは飛行場でこうぼやいていた。「要するに、海の上はほとんど軍のものなんですよ。それをときどき民間人にも使わせてくれるというわけです。今日はあまり海岸線に近づくなとのお達しでしてね」。顔をしかめる。だが、やがて思いなおしたようだ。「いや、かえってそのほうがいいですね。今日は東風が吹いているから、陸に近いとアメリカの塵をつかまえてしまいそうだ。ずっと沖合いまで出れば、もっと北寄りか北西寄りの風が吹いてくるかもしれません」。つまり、アジアからの風だ。

こうしてホーシャーとコッチェンルーサーは、許可のおりた空域に向かって長旅に出ることになった。オリンピック半島の上に差しかかって、氷河に覆われた山並みを見下ろす頃には、塵は肉眼でもはっきりと見えてきた。はるか北西の彼方、水平線の上に浮かぶ黒みがかった塵の帯。水彩画の筆でひと刷きしただけのような淡いもやが、地球の丸みをなぞるようにカーブしている。塵の帯は、向かって右側ほど黒く、左側ほど黄褐色が強かった。

「自然界の塵はそれほど光を吸収しません」とコッチェンルーサーはコンピュータ前の定位置から説明する。「汚染物質は黒く見えます。黒ければ、人間が生みだした塵と考えていいでしょう。さもなければ、バイオマスの燃焼によるものですね」。平たくいえば、山火事である。

飛行機が進むあいだ、コンピュータが示すグラフの上で二本の線が踊っていた。青い線はオゾンの量、黄色い線は微粒子の量を表している。

空にはある程度の塵がいつでもどこにでも浮かんでいる。わずかながら鉛も漂っている。鉛は岩石に含まれているし、岩石はいつかは崩れて風に乗るからである。同じ理由で、微量の水銀やラドンも空を舞う。カドミウム、タリウム、インジウムは火山から漏れだしている。セレンは、波の泡が弾けるときに飛びちる。シリカやアルミニウム、カルシウムや鉄にいたっては、心配になるくらい空気中にひしめいている。これらは、鉛や水銀などに比べて岩石に含まれる量が多いためだ。だから、世界一きれいな空気といっても、一立方センチあたり一〇〇個くらいの塵なら見つかっても不思議はない。ところがこの日、シアトルの西の空では、グラフの黄色い線がそのレベルよりかなり上で跳ねていた。きれいだった空気に、人間が妙な味つけをしてしまったようだ。

指定された空域に着くまでに一時間かかった。遠く水平線の上には、あいかわらず水彩画の帯がかかっている。ホーシャーが機首を下げる。高度三〇〇メートルほどのところに浮いていた雲を抜けたとき、グラフの黄色い線が急に跳ねあがって、通常のレベルを数倍上回る微粒子の量を記録した。

「今の高さだと、海塩の粒子ではなさそうですね」。コッチェンルーサーはつぶやく。「海面の近くには冷たい空気が溜まっています。暖かい空気はその上に乗っています。このふたつは混じりあわないんです」。グラフからは塵の種類まではわからない。正体をつきとめるには、研究室に戻ってデータを分析する必要がある。

泡立つ波からわずか三〇〇メートル上で、ホーシャーは機体を安定させ、機首をアジアの方向に向けた。一回目のサンプル集めが始まった。まっすぐ水平に二〇分間飛びながら、空気のサンプルを集めていく。コッチェンルーサーがスイッチを入れた。一回目が終わったところで六〇〇メートルほど上昇し、いったんシアトルのほうに引きかえす。そしてまた水平飛行を始める。

四回目のサンプル集めに入ったときには、二〇〇〇メートル近い高さになっていた。透きとおった青空が美しい。それなのに、グラフの黄色い線はいきなり跳ねあがった。ジャフィーの予想どおり、風が北西寄りに変わっている。空気はこのうえなくきれいに見えるのに、飛行機は塵に包まれていた。この高さでの水平飛行が終わる頃、黄色い線が一瞬大きくジャンプして、塵が少ないときの三〇倍にまで達した。

コッチェンルーサーは当て推量をせずに肩をすくめてみせる。データを分析して、集めた空気の身元を割りだすまでは、モンゴルの砂塵なのか、アラスカで噴火した火山の硫黄なのか、プランクトンの大増殖のあとでガスが冷え固まったものなのかは知りようがない。コッチェンルーサーはもう何週間もこの作業を続けている。なにしろ、姿の見えない相手をかき集めようというのだ。歯がゆいけれど、ミクロの世界でくり広げられるドラマを黄色のジグザグで置きかえるのがせいいっぱいである。

じきに話題は塵からクジラへ、眼下の海をのろのろ進む小さな貨物船の話へ、さらには忘れられない空の旅の話へと移っていった。だんだんヘッドホンが頭を締めつけてくる。トイレにいきたくなってきた。コッチェンルーサーはサンドイッチの包みをあける。ホーシャーはクッキーをかじる。コンピュータはひたすら塵を数えつづける。

コッチェンルーサーはコンピュータの画面で、今日飛行機がどういう道筋で飛んだかをふりかえった。

と、ホーシャーに声をかける。「ねえ、マーク。ひとつ前の水平飛行のとき、少しふらついていたみたいなんだけど。いつもは定規で引いたみたいにまっすぐ飛ぶよね」

「風速三六メートルの風が吹いているんだ」とホーシャーはこぼす。「今回も曲がると思うよ」

かれこれ三時を回る頃になって飛行機はようやく東に針路をとり、長い家路についた。無事に着陸すると、コッチェンルーサーがため息をつく。「この救命ボート、もって帰ろうかな」。ビニール袋を突つく。「ちゃんと使えるかどうか確かめたくなったよ」

あとでジャフィーに聞いたところ、あのとき黄色い線が大きくジャンプしたのは、ごくありふれたアメリカの塵をとらえたためだったそうだ。たぶん、風が円を描くように吹いていて、北米の塵が運ばれてきたのだろう。しかし、五週間に及ぶ調査のあいだには、少なくとも週に一度はアジアの塵が確認されたという。

アジアからアメリカへ――「塵の河」をついにとらえた

一九九八年四月、アジアを旅立った塵の河は、低いところを流れながら海の上を進んだ。太平洋を横断する旅客機なら、雲より高い一万～一万三〇〇〇メートルくらいの高度を飛ぶ。いっぽう、塵の河が流れた高さはせいぜい三〇〇〇メートルあまりだった。あまり高くないため、河には地上からのさまざまな物質も合流しやすい。東に向かいながら、河のなかの塵とガスは反応しはじめ、しだいに複雑な塵を生みだしていった。

燃料を燃やしたときに出たガス、たとえば硫黄酸化物や窒素酸化物などは、すぐにそれぞれのパートナーを見つけて粒子をつくった。粒子の直径はきわめて小さく、髪の毛の太さの一万分の一しかない。水蒸気が少なくて空気が乾いていれば、この粒子は固体になる。しかし、空気はたいてい湿気を含んでいるので、液体の粒のまま漂う。

こうした汚染物質の粒子のなかには、別の種類の塵と手をつなぐものもあっただろう。二酸化窒素のガスは砂塵を好む。硫黄ビーズはすぐ煤に取りつく。水蒸気を引きよせて、小さな硫酸のしずくになることもある。

ありふれた塵とありふれた塵が結びついて、非常に複雑な塵がつくられていった。石炭を燃やして出た水銀。車から吐きだされた炭素。農地から立ちのぼった殺虫剤。汚染雲にひしめいていた種々雑多な汚染物質。すべてがパートナーを、場合によっては千ものパートナーを見つけた。煙の粒子にはさまざまな汚染物質がまとわりつく。その塊が、さらに同じ種類の塊と合体してどんどん大きくなっていった。

新しく生まれた塵はある程度までしか大きくなれない。汚染物質の粒子が、砂塵くらいの立派なサイズになる道は遠く、はるか手前でそれ以上成長できなくなってしまう。別の塵と結びつくには大きすぎるし動きも遅い。かといって、太平洋に落ちていくには小さすぎる。結局、新しい塵は続々と溜まっていく。こうして、塵の河は少しずつ姿を変えながらシアトルを目指していった。

もちろん、塵の河が太平洋を渡るのはこれがはじめてではない。アジアに砂漠ができてから、何度となくくりかえされてきたはずである。しかし、一九九八年四月の河はじつに大きく、人目をはばからなかった。それでようやく気づくことができたのである。気象学者のダグラス・ウェストファルは、これだけの塵がはるばる運ばれてきたのに舌を巻き、どうやってアメリカまでたどりついたのかを分析した。そして、カリフォルニア州モンテレーにある海軍研究所のコンピュータで、砂塵嵐が起きてからの塵の動きを再現してみた。

「たぶん僕たちはたびたび空爆されているんだと思いますよ」とウェストファルはいう。痩せていて細縁の眼鏡をかけ、どこか飄々としてとぼけた味わいがある。「でも、僕はすっかり見逃しちゃったんです。気づかなかったんですよ」とすねてみせた。「あーあ、上を向いていれば見えたのに。きっと本を読んでいたんだろうな」

ウェストファルは、塵の河がこれほどすばやく、これほど遠くまで旅をするにはどういう条件が必要かを考えた。すると、思いのほか単純なからくりが見えてきた。塵の河の南側、つまりハワイに近い側では、高気圧の影響で風が時計回りに吹く。大きな歯車が時計回りに回転していると思えばいい。いっぽう、塵の河の北側では、低気圧の影響で風が反時計回りに吹く。こちらの歯車は反対向きに回っているのである。塵の河が舌先を伸ばすとふたつの歯車にはさまれ、歯車が回るにつれて引っぱりこまれるというわけだ。ウェストファルがコンピュータで再現した塵の動きを見ると、ふたつ目の大きな塵の河が太平洋を渡ったときはとくに北側の歯車の力が強かったことがわかる。

一日目、ゴビで嵐が起きて白く輝く砂塵の雲が現れる。二日目、塵の帯が弧を描いてロシアにかかり、太平洋に舌を突きだす。三日目には、塵の河がまっすぐな流れとなってワシントン州北部を目指していた。数日後にこの河が消えかけた頃、ゴビでは第二の嵐が生まれ、ふたたび塵の河が太平洋を越えていく（図10）。今度の塵の河は、北太平洋上にさしかかると渦を巻きはじめた。その二日後、塵の渦巻きは

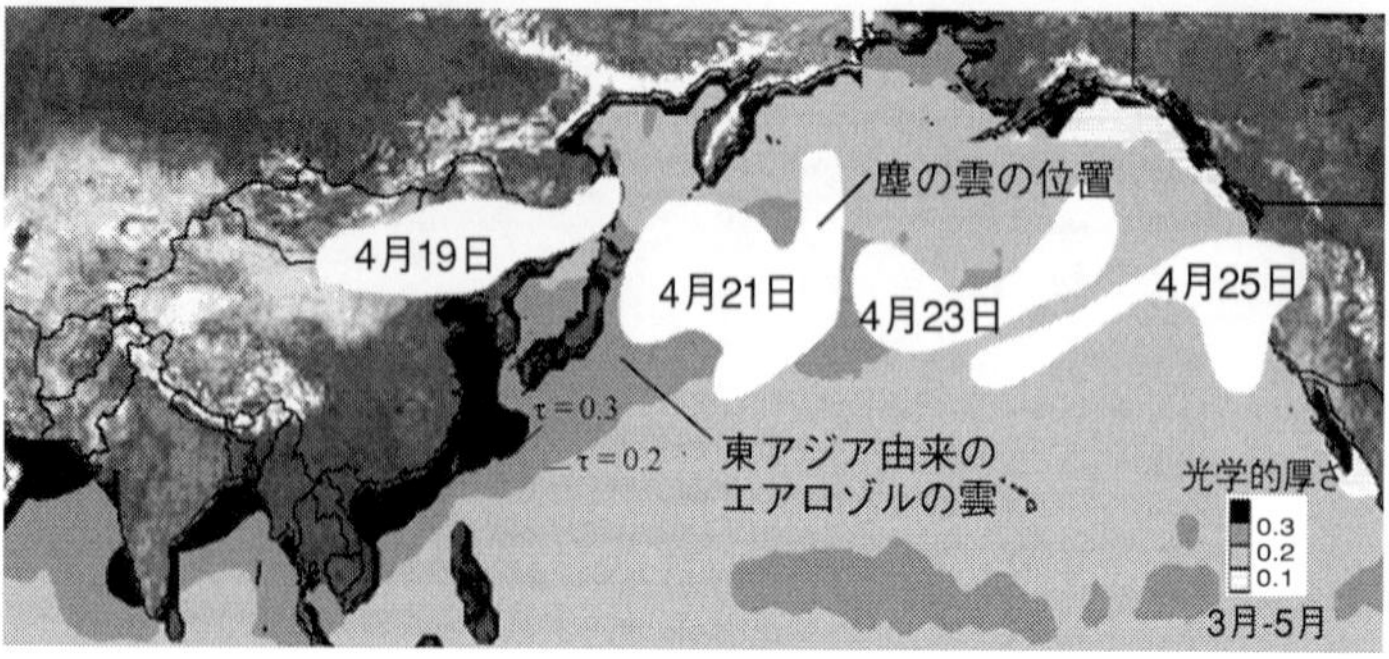

図10　1998年４月19日の砂塵嵐で発生した砂塵の移動の様子（おおよその位置）（Husar et al., "The Asian Dust Events of April 1998," J. Geoph. Research-ATM. 106（D16）: 18317-18330, AUG 27 2001）

しだいに広がって、アラスカを覆いつくしてから、南に向かってチーカ岬のはるか上を通りすぎる。その後の五日間、塵の河は少しずつ薄くなりながらも、アメリカのほぼすべての州を漂った。

太古の昔から流れる塵の河をついにとらえた！　科学者たちは大いに喜んだ。だが、まだわからない部分も残っているとウェストファルは認める。たとえば、猛スピードで吹く風に乗るには、塵が相当な高さにまで巻きあげられる必要がある。しかし、それがどういう気象現象によるものなのかははっきりしていない。もうひとつ不思議なのは、塵が北アメリカに着いたときの高さがバラバラだったことだ。

「南カリフォルニアに入ってきた塵は、対流圏のまんなかの層か、いちばん下の層を漂っていたんです」とウェストファルは説明する。「ところが、ユタに現れた塵は対流圏の上のほう。八キロもの高さでした。それだけ高ければ気温が低いですから、空気中の水蒸気が冷えて水滴になるはずです」。つまり、ふつうなら塵は雨で洗いおとされているはずだ。

「わけがわかりません。いったいぜんたい、なんであんな高いところにいられたんでしょう?」

細かいところに謎は残るものの、アジアで生まれる春の塵はたびたび太平洋を渡っているとウェストファルは考えている。ただしそれは、例の風の歯車がきちんと動いているときに限る。動いていないと、塵の河は太平洋のなかほどで力尽き、塵は海に落ちていく。針路を南に変えてハワイを目指すケースも少なくない。おかげでハワイではアジアからの塵がおなじみのものになった。塵が流れてきても、もう誰も目を上げようとはしない。

「アジア直送便」の姿が見えはじめた

ゴビで最初の嵐が起きてからわずか四日で、アジアの塵はシアトルの空を揺らめいていた。長旅を終えて落ちてきた塵も少しはあったことが確かめられている。はじめは高いところを漂っていたので、ジャフィーがチーカ岬(海抜約四五〇メートル)に仕掛けた装置にはつかまらなかった。しかし次の日、アジアの塵は混じりあいながら落ちてくると、アジアに戻るかのようにして西向きに流れた。このとき、ジャフィーの機械を通りぬけている。

やがて、第二の嵐が次々と塵を送りこんできた。塵は来る日も来る日も自由気ままに北アメリカの西海岸に顔を出す。カナダのブリティッシュコロンビアから南カリフォルニアまで、塵はどこにでも飛んでくる。太平洋の歯車は、猛スピードで塵を引きこんでいた。やがてこの塵は少しずつ下に落ちはじめる。砂塵、ガスや金属の小さな粒子、殺虫剤に煤——河にひしめいていたありとあらゆる塵が、街の雑踏へ、濃さを増す緑の谷間へ、雪の残る山並みへと舞いおりてきた。

一九九八年四月二六日、この塵が地面に近づくやいなや、西海岸中のモニターが一斉に活気づいた。第一の嵐とは比べものにならない大量の塵が押しよせてきたのである。ワシントン州とオレゴン州では空気中の塵の濃度がにわかに跳ねあがり、連邦政府が定める上限――これを超えると人間の肺にダメージが及ぶ――の三分の二にまで達した。ヴァンクーヴァーでは、空気中の塵の量がふだんの二倍になったと見られている。西海岸のどこでも状況は同じ。モニターの数値は、町なかの汚れた空気を思わせるものだった。

「あの日のシアトルは、一年のなかでもとりわけひどかったですね」とジャフィーはふりかえる。そうはいっても、はるばるアジアから来た塵だ。とうに薄まっていて、人間が気づくなどありそうもないように素人には思える。だからこそ科学者は機械を使うのではないか？　だいいち空気中の塵が目に見えるほどになったら、気の遠くなるような量を吸いこんでいることになる。しかし、ジャフィーは素人ではない。あの日、自転車に乗って仕事に向かう道すがら、ワシントン湖が霞んでいるのに気づいた。一キロ半ほど奥の向こう岸がよく見えなかったのである。

ただならぬ気配がもっとはっきり表れたのは空だった。カリフォルニア州、ワシントン州、ブリティッシュコロンビア州のいたるところで、空が不気味に白く濁ったという声が聞かれた。西海岸の空を飛ぶパイロットも同じような報告をしている。どうやらこうしてアジアからアメリカ北西部へと、塵はたびたび届けられているらしい。ジャフィーはこの塵の河にニックネームをつけた。その名も「アジア直送便」。

一九九八年に猛スピードでやってきたアジア直送便は、ジャフィーが頭を痛めていた謎を解いてくれた。じつはその前の年、彼の機械がおかしなデータを吐きだしていたのである。ジャフィーは九七年の春からチーカ岬に機械を設置して、春風とともに太平洋から流れてくる塵をモニターするようになった。装置はすぐさま汚れた空気をとらえはじめた。その出どころをたどっていくと、たいていはつかのま風向きが変わったために北アメリカの塵をとらえていただけとわかる。ところが、ときおり装置は北アメリカの塵とは思えないデータを突きつけた。モニターを始めた最初の年には、そういう日が少なくとも七日あった。汚れた空気は間違いなく西から来ている。

ジャフィーも仲間も目を疑った。太平洋からワシントン州に流れこむ空気は、北半球でいちばんきれいなはずではなかったのか？　かりに、ひと塊の空気が汚染物質を山ほど抱えてアジアを旅立ったとしよう。でも、ここまで来るには一週間以上かかるはずだ。塵は途中で海に落ちるにきまっているではないか。

それなのにチーカ岬の装置は、汚れた塵が西から来るといい張る。ジャフィーのチームは色めき立った。装置がとらえた汚染物質の塵は、今吐きだされたばかりに思えるほどである。これが本当にアジアから来ているのなら、途中でほとんど薄まらなかったにちがいない。

このときのデータが間違っていなかったことは、翌年のアジア直送便が裏づけてくれた。塵はたしかに地球を駆けまわっている。それが世界の国々にとってどういう意味をもつのか。ジャフィーはワシントン大学のオフィスで思いめぐらせる。壁にかかったカレンダーの絵は、スース博士の絵本『ローラックス（*Lorax*）』から取ったものらしい。『ローラックス』は、木を切るといかに恐ろしい結末を生むかを訴えた物語だ。ジャフィーは大学で環境科学を教えているからよく知っていた。木を切るとどうなるかは、木が倒れてもすぐには見えてこないことを。環境に加えられたダメージは、じわじわと広がっていく。

「ひとつの大陸が別の大陸に影響を与える。そういう大きなテーマとしてとらえると、アジアの塵の問題には重要な意味があるんじゃないでしょうか」とジャフィーは慎重に言葉を選びながら話す。「塵はどこかで雨となって降るわけですから」。膝の上で落ちつかなげに指を動かしながら、さらに言葉を継ぐ。「一九九七年にアジアの塵をとらえたとき、水銀が混じっていたのはまず間違いないんです。食物連鎖に入りこんでもおかしくありません」。膝の上で、指はますます落ちつかなく動いた。

ジャフィーは続ける。「でも、アジアがアメリカを汚染しているという、それだけの話ではないんです。私たちだって加害者です。アメリカが吐きだした汚染物質は、大西洋を越えてヨーロッパに運ばれています。世界には、高みの見物をしていられる場所などありません。どこかを汚せば、かならず別のどこかに広がるんです」

とはいえ、現在の塵と汚染物質の出どころとしては、やはりアジアが群を抜いている。しかも、汚染は急速に広がっている。一九九九年にシアトル沖で空気のサンプルを集めたとき、ジャフィーはオゾンのガスが流れてくるのを確認した。地表近くを漂うオゾンは、人の肺にダメージを与える有害な物質である。しかも、このときのオゾンの濃度は非常に高かった。米国環境保護庁は現在、空気中のオゾン量にかんする法規制を厳しくしようとしていて、新しい基準値の案を出している。（ただし、お役所仕事に阻まれてまだ正式には改正されていない。）シアトル沖のオゾンの量は、この新基準の数値と同じだった。それほど濃いオゾンがアジアからやってきて、アメリカ人の頭上を舞っていたのだ。おそらくは一時的な汚染で、長くは続かなかっただろう。厳密にいうと、一定濃度のオゾンが八時間続かなければ新基準を上回ることはない。しかし、このオゾンの一件は大きなヒントを与えてくれたのではないか。太古の昔から流れていた塵の河は、今たしかに様変わりしつつある。

塵が水滴と出会うとき

一九九八年四月のアジア直送便は、太平洋岸の各州に次々と乾いた塵を落とした。まもなく塵の河はかすかになったが、それでも漂いつづけた。白く濁った奇妙な空は、アイダホ州でも、ユタ州でも、さらにはテキサス州でも目撃されている。やがて塵の帯は広い範囲に散らばって、ついに肉眼では見えなくなる。姿が消えても、塵の仕事が終わったわけではない。これから雨を降らせるのだ。

五月に入り、淡い塵の帯は中西部を漂っていた。きっとアイオワ州のトウモロコシ畑でも見下ろしていただろう。畑には刈り株が残り、土は湿っている。日が高くなって暖かさが増していくと、畑から水蒸気が立ちのぼった。水蒸気は、上に一キロあがるごとに約五度ずつ冷えていく。まもなくじゅうぶんな高さまでやってきた。これで水蒸気は水滴になれる。……だがどうやって？

スティーヴ・ウォレンはワシントン大学シアトル校の大気科学者である。人当たりがよく、いつも少し困ったような顔をしている。花が咲き乱れる自宅の裏庭で、ウォレンはひとしきり計算をした。ピクニックテーブルに黄色いノートを広げ、数字をいくつも書きこんでいく。その数字は、水蒸気が雨になるためにどれだけ奮闘したかを物語っていた。

「困ったことに、水の分子どうしは非常にくっつきにくいのです」とウォレンは説明する。ふたつの水分子に手をつながせるためには、それこそ頬と頬を合わせて押しつぶすくらいでなくてはならない。だが、湿度が一〇〇パーセントになれば、放っておいても水蒸気が水滴になって雨が降るのではないか？じつは、湿度だけでは水滴はできない。空気に塵がたくさん含まれていることが必要だ。塵があれば、水蒸気はそこにくっついて水滴になれる。水蒸気が水滴に変わる（これを凝結という）ために足場にする塵を「凝結核」と呼ぶ。

「凝結核がなければ、湿度が三〇〇パーセントにならないと水滴はできません」とウォレンはいう。もしもそんな空気のなかを歩いたら、たちまちびしょ濡れになること請けあいだ。水蒸気が人間の体を凝結核にして水滴に変わるのだから。

水蒸気が空に昇っていく場合、凝結核に選ばれやすいのは小さな硫黄ビーズである。水の分子から見れば、硫黄ビーズ（硫酸塩エアロゾル）はそれほど小さくない。ウォレンのペンがゼロのたくさん並んだ数字を書いた。「硫酸塩の凝結核には、小さいものでも約一〇万個の原子が入っています」。そういってかすかに微笑む。「大きいものなら一億個は入っていますよ」

アイオワの空。トウモロコシ畑をはるか下に眺めながら、硫黄ビーズがひとつ漂っている。すると突然、下から昇ってきた水蒸気の分子にもみくちゃにされた。アジアから来たほかの硫黄ビーズも同じ目にあっている。何分かすると、すべての硫黄ビーズのまわりに数えきれないほどの水分子がまとわりついた。水滴は少しずつ大きくなっていく。そのなかで硫黄ビーズは溶けはじめた。ウォレンはさらさらと式を書いていく。水滴が成長して、髪の毛の太さの一〇分の一くらいになると、もともとの凝結核（硫黄ビーズ）より水のほうが百万倍も重くなるとウォレンはいう。水蒸気のパートナになるのは硫黄ビーズだけではない。煤にバクテリア。菌類の胞子に金属の塵。化石のかけらに海の塩。塵の河を彩ってきた華やかな顔ぶれは次々と水滴に取りかこまれた。

ほんの数分前、空に立ちのぼる水蒸気は目に見えなかった。今では、次々に水滴となって日光を跳ねかえしながら、青空に浮かぶ白い雲となった。水蒸気の分子は、塵を見つけて水滴となるたびに熱を吐きだすので、小さな雨粒ができていくあいだも熱のせいで雲はさらに高く昇っていく。雲全体が冷えてまわりの空気と同じ温度になったとき、ようやくそこで止まった。

まわりの空気が乾いていて、しかも日差しが強かったなら、アジアのエキスを含んだ水滴の命は短かっただろう。水分が蒸発して、どこかに飛びさってしまうからだ。残された硫黄化合物の分子はもう一度固まり、雲はまもなく消えていったにちがいない。こうしたはかない運命を背負った雲はほかにもある。飛行機雲がそうだ。エンジンから吐きだされる熱く湿った排気ガスが、冷たい空気に打ちあたると飛行機雲ができる。冷えた水蒸気が、排気ガスの煤や硫黄化合物にくっついて水滴になり、やがて凍るのである。氷の結晶は重くなって落ちる。落ちるあいだに水の分子はふたたび乾いた空気へと戻っていき、もともとの凝結核だけが残る。短命なのは飛行機雲だけではない。自然にできる雲のほとんどは、雨を降らせないうちに消えている。長生きをして雨を地面に落とせる雲のほうが圧倒的に少ない。

しかし、アイオワの雲は消えなかった。風に乗ってゆっくりと東に流れていく。しだいに、雲のなかの水滴どうしが合体しはじめた。水蒸気と硫黄ビーズが出会ってから一時間もすると、かなりの大きさに成長した水滴も現れた。これなら雨粒として落ちていける。こうして、アジアの小さなかけらは北アメリカの大地に降りそそいだ。

ケネディ・ジュニアの飛行機事故

では、一緒にやってきた砂塵はどうなったのだろうか。アジア直送便はあまり高くないところを飛んできたので、砂塵は雨に洗いおとされただろう。雨にはこうした「ゴミ集め」とでもいうべき働きがある。ときどき色のついた雨が降るのはこのためだ。ゴビ砂漠の風下で黄色い雨が降るのも、雨粒が落ちる途中で黄色い砂塵をたくさん道連れにするからである。砂塵の色に染まった雨はほかの地域でも見られる。ドイツでは「赤い雨」。カナダの北極地方では「茶色の雨」。北欧では「黄色い雪」。雨上りに菌類の胞子さえ飛びかわなければ、雨は本当に空気をきれいにしてくれるのである。

しかし、アジア直送便がもっと高いところを飛んできていたら、そして冷たい空気のなかで水蒸気と出会っていたら、水分を引きつけたのは硫黄ビーズではなく砂塵だっただろう。水の温度が比較的高いうちは、水に溶けやすい物質が凝結核になりやすい。いっぽう、小さな水滴がさらに高く運ばれて、まわりの空気が冷たくなると、水は何かしっかりした固いものに取りついて凍ろうとする。そこで、砂塵が凝結核に選ばれる。地面に落ちてくる雨粒の半分は最初は氷として出発しているので、なかに砂塵を抱えていると考えていい。巻雲（けんうん）と呼ばれる細い筋状の雲は、空気が冷たい高いところでできることが多く、氷の結晶がたくさん詰まっている。低いところにできる層雲でも、氷の結晶を含む場合がないわけではない。山のように盛りあがった積乱雲も、上のほうでは氷の結晶ができる。

「雲をつくっている水滴はなかなか凍ってくれません」とウォレンはいう。「無理やり凍らせるには、マイナス四〇度くらいまで冷やさなくてはならないんです」。ところが、固い微粒子を与えてくっつけるようにしてやると、零度より少し低いだけで凍ってしまう。ウォレンは黄色いノートに絵を描きはじめた。水の入ったバケツ。そして、水とバケツが接したところに氷の結晶をひとつ。「バケツの水が凍るとき、バケツに触れているところから凍りはじめてだんだん内側に向かっていくでしょう?」。つぎに描いたのは水滴の絵で、なかによく冷えた砂塵のかけらが入っている。今度は、氷の結晶が砂塵の表面で成長を始めて、外側に広がっていくのである。

アジア直送便が、水蒸気と出会う前に地面に降りていたらどうなっただろうか。たぶんそれでも水滴ができるのを促したにちがいない。地面に近いところで水滴がたくさんできると、雲ではなくて「霧」になる。しかし、実際は雲も霧も同じだ。種々雑多な塵が水にくるまれている。

では、もしもアジア直送便がおびただしい量の硫黄ビーズを運んできたとしたら……? それが町なかの低いところに垂れこめたら……? もしかすると、大惨事につながったかもしれない。かの有名な「殺人スモッグ」が発生したのは、一九五二年のロンドンである。暖かい空気の塊が降りてきて、蓋をするようにロンドンを覆った。このため、地面に接した冷たい空気が閉じこめられてしまった。当時、ロンドンで使われていたおもな燃料は高硫黄炭である。つまり、とりわけ硫黄分が多い。高硫黄炭から出た煤や硫黄酸化物は、風で吹きはらわれることもないまま空気の蓋の下に溜まっていった。湿った冷たい空気のなかで、硫黄酸化物の粒子のまわりに水蒸気が集まり、次々と水滴ができていく。濃い霧が湧いて、数十センチ先も見えなくなる。細かい酸性の水滴を吸いこんで、四〇〇〇人もの市民が命を落とした。

霧がもう少し高いところで発生しても、場合によっては命取りになる。ジョゼフ・プロスペロは、マイアミ大学で何十年も塵を研究しているベテランだ。ふだんはサハラからカリブ海への塵の流れを調べている。しかし、一九九九年、プロスペロの目を別の地域の塵に向けさせる出来事が起きた。ジョン・F・ケネディ・ジュニアが飛行機事故で亡くなったのである。事故の原因はケープコッド沖に湧いた濃いもやだとの報道を聞くにつれ、プロスペロはどうしてもひとこといいたくなった。汚染物質の流れが、現代の気象にどれだけ大きな影響を与えているかを訴えたかったのだ。

「どのニュースを聞いても話は同じです。あの晩はもやが湧いたこと、もやが湧くのは暑さと湿気のせいだということ」。七月なかばの事故のあとで、プロスペロは『マイアミ・ヘラルド』紙に語っている。「ですが、東部でもやが湧く場合、その原因はまず間違いなく非常に高濃度の汚染物質の微粒子です」

プロスペロは事故がどういう状況で起きたのかを分析した。中西部の工業地帯では毎日石炭が盛大に燃やされて、大量の硫黄酸化物がまき散らされている。事故当日の一九九九年七月一六日、硫黄ビーズが濃い塵の帯となって東へと漂いだした。このことは、大気汚染をモニターする装置からも、人工衛星のデータからも確かめられている。塵の帯はケープコッドを通って海に出た。海からの水蒸気が硫黄ビーズに取りつき、細かい水滴の詰まったもやができる。このなかへ、ケネディは飛びこんでしまったのである。そして、二度と抜けだすことはできなかった。

「もやで視界が悪くなると、美しい景観が損なわれて困る。そんなふうにしか思わない人が多いのではないでしょうか」。プロスペロは『マイアミ・ヘラルド』紙に語る。「ケネディの悲劇からは、失うものがほかにもあるのがわかるでしょう。大気汚染は人の命を奪うのです」

汚染物質の塵と自然界の塵が手を携えて、地球のあらゆるところに雨を落とす。しかも、その場所ならではの風味を添えて。煤煙に曇るアメリカ中西部の風下では、硫黄酸化物と窒素酸化物に水銀の混じった雨が降る。森林火災の風下で降る雨は、タールに似た化学物質と煤を連れてくる。農業地帯の風下で雨が降れば、土や菌類、花粉や殺虫剤がまき散らされるかもしれない。海の風下では、塩分を含んだ雨が落ちてくるだろう。アジアの砂漠と大都市の風下では、汚染物質の香りをまとった砂塵が、はるかアメリカの西海岸へ、さらには中西部へと舞いおりる。

「サハラ砂塵層」の発見

アジア直送便は今熱い注目を浴びている。はるかな昔から流れていたのに、つい最近になって見つかった塵の河。科学者たちは自信をもっていいきれるようになった。塵も汚染物質も、これほど身軽に動けるものだったのである。もっとも、塵の河はこれひとつではない。いくつもの河が世界中に塵を運んでいる。決まったコースを通るため、何十年も前から確認されている塵の河もある。もちろんこれからも新しい河が見つかるだろう。だが、気長に探している余裕はなさそうだ。塵の河には、人間のつくりだした化学物質が混ざりはじめているからである。目に見えない流れを探す研究はしだいに熱を帯びてきている。しかも、問題なのは知られざる河だけではない。世界で最もよく知られた塵の河でさえ、長年見守ってきた研究者はその変化に気づきはじめた。その河とは、アフリカから南北アメリカ大陸へと流れる「サハラ砂塵層」である。

サハラ砂塵層は、見逃したくても見逃しようのない広大な塵の流れだ。サハラの塵は、アフリカの海岸から西に数千キロ離れた海にも降ってくる。そのことは、一五〇〇年も前から船乗りたちの語り草になっていた。しかし、塵が大西洋の反対側まで届いているとわかったのは、わずか数十年前。一九六〇年代の後半になってからである。カリブ海に浮かぶバルバドス島［117頁の図8参照］で、ある研究者のチームが崖の上にやぐらを立て、てっぺんに目の細かいナイロン製のネットを張った。空から落ちてくる「宇宙の」塵をつかまえようと思ったのだ。

「著者のひとりは、そこが宇宙塵を集めるのに最適の場所であると考えた。当初は、陸の塵が大西洋を越えて［約五〇〇〇キロも］飛ばされてくるなどまずありえないと思われたからである」。一九六七年に科学雑誌に発表された論文のなかで、研究者チームはそう記している。しかし、すぐに彼らは「ネットにかかった大量の赤褐色の塵」が宇宙からのものではないと気づく。近くのサンゴ礁が削られたのかと思って塵を塩酸に溶かしてみたが、予想は裏切られた。結局、サハラから飛んできたとしか考えようがなかった。

ちなみに、このチームはほかにもいろいろな塵をつかまえている。穴のたくさんあいた大粒の炭素の塵は、原油を燃料とする船から吐きだされたものらしい。ケイ藻（そう）もたくさん網にかかった。淡水種も海水種も両方いる。菌類の菌糸も信じられないほどの数が見つかった。ただし、白、オレンジ、黄色などの色とりどりの「蠟に似た塊」については、さまざまな試薬の涙ぐましい努力にもかかわらず正体を突きとめられなかった。

サハラの塵がここまで飛ばされていたとは！　まもなくこの問題は、一部の研究者から大きな注目を集める。やがて、巨大な砂塵嵐は宇宙からも見えることが明らかになった。「アフリカの砂漠から、砂塵の雲が舌のように伸びていくんです」とジェイ・アプトはふりかえる。アプトは元宇宙飛行士で、数年前には『驚異の地球』（日経BP社）と題した本の編集に携わった。地球のさまざまな姿を宇宙からとらえた写真集である。「大西洋のなかほどまで砂塵が流れているのを見たこともありますよ。サハラの砂塵はオレンジがかった色をしていますね。モンゴルの塵はどちらかというとくすんだ黄色です」。アプトはスペースシャトルに四回乗りこんだが、大きな砂塵嵐は数えるほどしか目にしていない。だが、規模の小さい「ニュージャージー・サイズ」の砂塵嵐なら地球のいたるところで起きていたという。

地上でも、サハラからの大規模な砂塵の流れをたどる研究が始まった。丹念に足取りを追った結果、まずヨーロッパに落ちているのが確認される。さらには、マイアミとカリブ海の島々に降り、南米にも顔を出していた。一九九三年には、アメリカ各地の国立公園に設置されたモニターのネットワークを利用して、サハラの塵を追いかける研究がおこなわれた。すると、西はテキサス州まで、北はメイン州まで飛んでいるのが明らかになる（図11）。

このネットワークのなかで最初にサハラの塵に気づいたのは、東カリブ海にある米領ヴァージン諸島だった。一九九三年六月一九日のことである。計七〇箇所のモニターのうち、海で囲まれているのはヴァージン諸島だけだ。そして、この場所だけがにわかに飛びぬけた塵の量を記録した。

その後、塵の波は北に向かい、六月二三日には南フロリダに届く。六月二六日には、アラバマ、ミシシッピ、ルイジアナに押しよせる。六月三〇日にはテキサスをあらかた覆うとともに、北はイリノイにまで達した。それから一週間のあいだ、塵の波はひたひたと北東に進み、ついには東海岸全域を飲みこんだ。

塵の河がヴァージン諸島に現れてから二週間後の七月三日には、今回観測されたなかでもいちばん濃い塵の雲がノースカロライナ、テネシー、ケンタッキー、ウェストヴァージニア、ヴァージニアの空に現れた。もっと薄い塵のもや――そうはいってもかなりの塵の量だが――はいぜんとして中南部と中西部を漂っている。塵の河は弧を描くようにアメリカの空を流れたあと、北東のメイン州を最後に少しずつ大西洋へと抜けていった。そこから先にモニターはない。追跡は幕を閉じた。

だが、装置のある場所でたまたま砂塵嵐が起きたということはないのだろうか？　そうした疑いを残さないため、研究者たちは塵のサンプルを分析した。世界のおもだった砂漠の塵にはそれぞれ特有の「指紋」があって、なかに含まれる成分の特徴が違っている。カルシウムの多いものもあれば、リンが多いものもある。各地で集めた塵のサンプルの化学成分を比べたところ、結果は予想どおり。アメリカ東部を漂った塵と、ヴァージン諸島でとらえた塵は、まったく同じものだった。

アジア直送便は西海岸の人々の関心を呼びおこしたが、一九九三年のサハラの塵は東海岸の人々の注目を集めた。その年の夏、アメリカ東部にはおびただしい砂塵が漂い、砂ぼこりで有名な西部でさえ足元にも及ばないほどの量を記録している。

また、九八年のアジア直送便と同じように、九三年のサハラ砂塵層も連邦政府の定める基準値に迫る

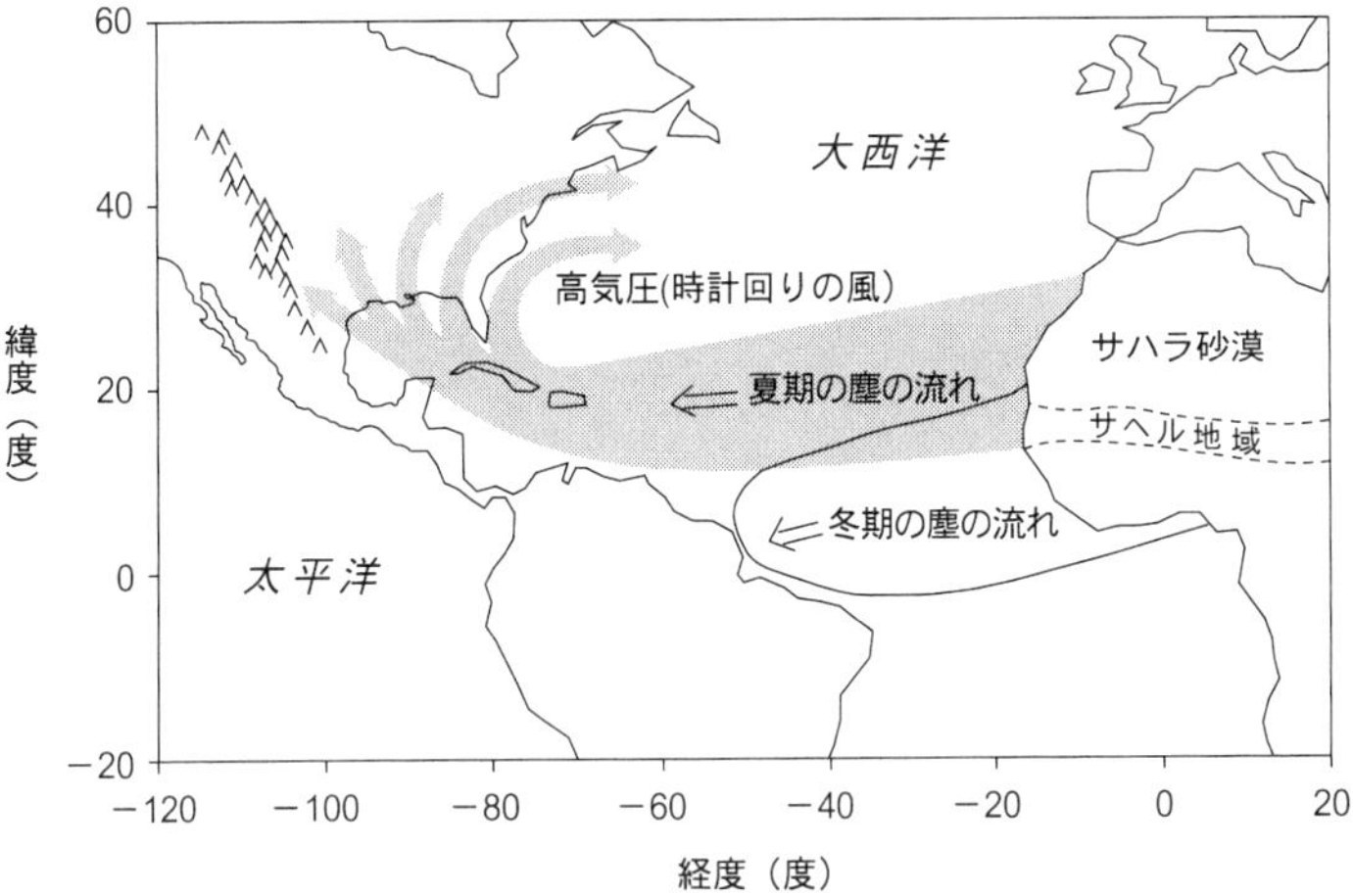

図11　サハラ砂塵層の流れ（Perry et al., Journal of Geophysical Research 102, 1997を参考に作成）

勢いで塵の濃度を押しあげた。ニューオーリンズ、ジャクソン、リトルロックといった南部の大都市は、たぶんもとから塵は多かっただろう。だが、サハラの塵が来なければ、あれほど上限に近づくことはなかったはずだ。

今では、サハラ砂塵層が毎年アメリカを訪ねてくることがわかっている。平均するとひと夏に三回、それぞれ一〇日前後で去っていく。ひと夏に数回、フロリダだけに流れてくる小さな河もある。プエルトリコではサハラの塵が襲ってくるたびに、空気の汚染に注意を促す警報が出るという。

サハラの塵は西だけに進むわけではない。冬は南寄りに針路をとって南米に流れていく（図11）。アメリカ東部に押しかけるかわりに、アマゾン盆地に降りそそぐのである。

また、大西洋側にばかり流れるわけでもない。推定によると、サハラ砂漠からは毎年一億トンもの塵が東のアラビア海に吐きだされている。さらには数百万トンが北に向かい、地中海を越えてヨーロッパに漂う。スウェーデンとフィンランドの北部では、サハラの塵が黄色い雪となって降ることがある。詳しく調べたところ、なんと約五万トンもの塵が六〇〇〇キロ以上も旅をしていくことがわかった。塵の成分はおもに石英で、錆びた鉄も混じっている。長旅のあいだには、人間がまき散らした汚染物質も集めていくだろう。そのすべてが一緒になって、北欧の大地に舞いおりている。

アメリカの乾燥地帯からも、なかなか立派な塵の河が流れでている。たとえば、モハーヴェ砂漠はカリフォルニアの沖合いにまで塵を飛ばす。また、4章でも触れたように、一九三〇年代に中南部で激しい砂塵嵐が吹きあれたときには、膨大な量の塵が大西洋にまで降りそそいでいる。一九七〇年代には、コロラド、テキサス、ニューメキシコでたてつづけに砂塵嵐が起きた。塵の河は東に向かい、ジョージアを越えて大西洋まで流れた。アメリカから東に二〇〇〇キロ近く離れたバミューダ島にも、少しは届いたかもしれない。

オーストラリアにも広大な砂漠があるが、砂漠のできた時代が非常に古いため、すでに砂塵はかなり飛ばされている。それでも毎年、遠く東の太平洋まで砂塵を送りだす。アラビア半島の砂漠も、インド洋に塵を振りまく。世界に散らばる小さな砂漠も負けてはいない。それぞれがささやかな塵のハイウェイをつくっている。

どの河も、その歴史は長い。悠久の昔に流れはじめてから、はかりしれない量の砂塵を運んできた。砂塵のほかにも、おびただしい数の動植物のかけらを風に乗せて、雨や雪を降らせる役目を休むことなく務めてきた。

しかし、塵の河は変わりつつある。まず、塵の量が増えている。一九六〇年代からサハラ砂塵層を追いつづけているマイアミ大学のジョゼフ・プロスペロは、変化がはっきりデータに現れているという。アフリカでは、干ばつが起きるたび、あるいは土地をやみくもに開発して大地が痛めつけられるたびに、むきだしになった土が風に巻きあげられてきた。二五年ほど前に凄まじい干ばつに見舞われて以来、サハラからの塵は目に見えて増え、その状態は今も続いている。

中国の砂漠もしだいに広がっている。一九五〇年代の中国北部では、遊牧民を人民公社に組みいれて定住させる政策が推しすすめられた。遊牧がおこなわれなくなると、家畜はいつも同じ土地で草を食み、同じ土地を踏みつけるようになる。その結果、牧草地全体の七五パーセントで土地が痩せ、雨風などに削られやすくなった。こうした状態になると、もとに戻すのは難しい。また、中国黄土高原では、土地を開墾しすぎたために大きな問題が起きている。最近では、土地一平方メートルにつき毎年約一〇~三〇キログラムの黄土が失われているという。黄河によって運びさられる黄土は年間一五億トン以上。風で飛ばされる量ははかりしれない。

アメリカも砂塵を増やすのに一役買っている。一九三〇年代の砂塵嵐であれだけ痛い思いをしながら、その後ももろい大地を切りひらいてきた。一九九六年にはカンザス州を暴風が吹きあれ、一エーカーあたり六五〇トンもの土を巻きあげた。一平方メートルに直すと、じつに一五〇キログラム近くになる。

塵の河は重みを増すだけでなく、複雑さも増している。産業が生みだした多種多様な塵が、支流として注ぎこむようになったからだ。有害な金属、危険な殺虫剤、毒性の強いガスなど、さまざまな汚染物質が砂塵と一緒に流れている。塵の河は、自然な塵だけを運んでいた頃から国境など気にしたことがなかった。それはこれからも変わりそうにない。

「塵予報」が現実味を帯びてきた

最近では、塵と健康の問題がクローズアップされている。研究者がとくに神経をとがらせているのが、きわめて小さいサイズの塵だ。この塵のせいで、アメリカだけでも数万人の命が奪われているという見方が広がっている。夕方六時のニュースで「塵予報」が放送されるのも、そう先のことではなさそうだ。

実際、コンピュータを利用した「塵予測モデル」はすでに開発が進んでいる。気象を予測するためのモデルに似たものだという。コロラド州ボールダーにある米国大気研究センターの物理学者、ビル・コリンズは、早くも塵予測モデルを使って成果をあげている。インド洋上の塵の雲を調べる研究チームに加わり、インドや東南アジアから漂ってくる砂塵や汚染物質の塵の雲がどこに現れるかを、モデルで正しく予測したのである。

「じつにうまくいったんです」とコリンズは目を輝かせる。「インドから流れてくる大きな塵の雲の位置を特定するうえでは、間違いなく威力を発揮しました」

コリンズはモデルの仕組みを簡単に説明してくれた。おおもとになるのは、各国がどれくらい化石燃料を燃やしているかを推定した数値だ。そこから、国ごとにどれだけの塵とガスが吐きだされているかを計算する。そのデータをもとに、塵とガスが海の上を漂いながらどう変化していくかを予測する。さらに、天気予報と組みあわせる。すると、塵の雲がどこに向かうかはもちろん、塵やガスの種類までも推測できる。ただし、健康問題に役立てられるほど細かい予測をするつくりにはなっていないので、まだ都市レベルでの塵予報は出せない。州レベルの予想も難しいという。

「細かい予測をするかどうか、考えてみたことはありますよ」とコリンズはいう。「健康問題に応用しようと思えばできないことはありません。でも、今のところは、塵が世界にどういう影響を与えるかに的を絞っています。アジアの国々は気候にとても大きなインパクトを与えていますから」

たしかにそうだ。そもそもアメリカが目のくらむような高い生活水準を手に入れたのは、これまでさんざん化石燃料を燃やして、世界最大の塵の雲を吐きだしてきたからといっていい。ところが、この「塵の王者」の地位は危うくなってきた。自分たちも同じレベルの暮らしをしようと、発展途上国は「化石燃料大国」への道をひた走っている。大気汚染についてはとかく中国に目が向けられるが、同じく巨大な人口を抱えるインドも見逃せない。インドが輸出する汚染物質の量は、ここ数十年で三倍に増えた。最近では冬になると、インドとパキスタンの一部で強い酸性の霧が発生するようになっている。

発展途上国はその名が示すとおり貧しい国々である。今彼らが使おうとしている燃料や物資は、先進国がむさぼっている量に比べたらごくわずかにすぎない。それを豊かな国々が槍玉にあげるなど、じつにいやらしい話ではないか。しかし、だからこそ科学の果たす役割が重要になる。政治的な思惑を超えて、どんな結果を招くかに焦点を当てるのだ。

「なにも、西洋人がアジアを抑えつけようとしているわけではないんです」。コリンズはすかさずいい添える。「彼らも、世界がどういう状況にあるかを知りたがっています。積極的に関心をもっているんです」

もはや世界のどんな国も、さまよう塵の問題を避けて通れそうにない。世界を流れる塵の河はこれからどう変わっていくのか。時がたつにつれて、ますます先が読めなくなることだけは間違いなさそうだ。

一九九八年の四月下旬、アジア直送便は猛スピードで塵を運んできたあと、アメリカ中部を騒がせながら、五月のはじめには消えていった。透きとおった青空が少しずつ戻ってくる。しかし、それも長くは続かなかった。セントルイスにあるワシントン大学で大気汚染影響傾向分析センターの所長を務めるルドルフ・ヒューザーは、いち早くインターネットのサイトを立ちあげ、アジア直送便についてさまざまな研究者と意見を交わしていた。五月九日、ヒューザーはこのサイトになかなかおもしろいコメントを記している。

「一九九八年五月九日。今日は北米大陸にとってまさしく塵の当たり日だった。ふたたびアジアの塵がカナダにやってきた。ヴァンクーヴァーの少し北である。後続部隊も続々と太平洋岸を目指している。ユカタン半島ではグアテマラの山火事が衰える気配を見せず、濃い煙が合衆国の南西部まで漂ってきた。さらには、カナディアンロッキーの東でも火災が起きて、カナダ東部の大半が煙に覆われてしまった。いったいどういう場所なんだ、ここは？」

7章　塵は氷河期に何をしていたのか

二万年前のアメリカ。どっしりとした氷河が今のモンタナ州北部にのしかかっていた。氷河はさらに南のイリノイにまで舌先を伸ばし、五大湖とアメリカ北東部を覆っている。地球は極寒のまっただなかにあった。分厚い氷河は雪と氷を際限なく集めながら、じりじりと南に張りだしていく。カナダは氷に埋れて姿が見えず、グリーンランドは白いこぶでしかない。

凍てつく寒さ。しかし、けっしてこの世の終わりではない。海面が下がったので、毛皮を着た人々は泥の道を通り、今のロシアから今のアラスカへと移動することもできた。氷の壁の南側では、大きな動物たちが大地を闊歩する。マンモス、マストドン、巨大なクマ、地上に住む大型のナマケモノ、サーベルタイガーなどが、今のアメリカ合衆国をうろついていた。

氷河の下からは、氷の溶けた水がほとばしり出て流れをつくる。水にはカナダや合衆国北部から削られてきた岩粉がたくさん含まれている。水は運んできた岩粉を広く浅い流路のあちらこちらに落としていき、やがて流れが網目状に走る平野が生まれた。これを、「アウトウォッシュ・プレーン」という。この平野からは、風が立つたびに塵が舞いあがって氷河の上を漂った。

二万年前には塵が濃く立ちこめていた。氷河も厚く、重い。氷河時代全体を通じて、これほど大きく発達したことはなかった。しかし、まもなく氷河は凄まじい勢いで後退していくことになる。

氷に埋めこまれた塵が地球の歴史を語る

ニューヨークのハドソン川に臨む、コロンビア大学ラモント・ドハティー地球科学研究所。ピエール・ビスケイは冷凍室に入っている。氷点下三〇度近い寒さが足元から指先に這いのぼり、ペンのインクを凍らせる。「この部屋ではもう相当な時間を過ごしてきましたよ。寒くない、寒くないって必死にいい聞かせながらね」とビスケイは笑う。彼はがっしりした体格の持ち主で、髪は茶色。白髪混じりのあごひげをたくわえ、青い目は鋭い光をたたえている。仕事にくる前にラケットボールをしてきたという。どういうわけか靴下を履いていない。

ビスケイは布袋――ズボンから片足分を切りとり、裾を縫いつけてつくってある――から大きな包丁を取りだした。吐く息が白い。きらめく氷の棒に刃を当てて切っていくと、削りくずが飛んだ。この氷には地球の気候変動の歴史が刻まれている。その歴史を語るのは、塵だ。

空高く飛んでいた塵が地面に落ちると、たいていは落ちた先で土や海底の泥と混じりあう。しかし、塵が氷河の上に舞いおりると、本にはさんだ押し花のようにそのまま残る。新たな雪が降るたびに、前に積もった雪と塵を押しかためていくからだ。

合板の作業台で、ビスケイは南極の氷を長さ六〇センチほどに切り、緑色のランプにかざす。「層になっているのがわかりますか?」明るい光を浴びて、かすかな縞模様が見える。間隔は二、三センチといったところか。ビスケイにとってこの縞は、氷という図書館にしまいこまれた情報の宝庫である。

冷凍室の壁に沿って細長いダンボール箱が並び、ビニールにくるまれた円筒形の氷がたくさん入っている。どれも、南極やグリーンランドの厚い氷河から特別なドリルを使って切りだしてきたアイスコア(氷を細長い筒型にくり抜いたサンプル)だ。ひとつひとつのアイスコアは、いずれまわりの汚れをきれいに削られ、ビスケイの暖かい研究室に運ばれて、秘密を吐きだすことになる。

ビスケイも、同じ研究をしている科学者たちも、こうした氷から数々の情報を読みとれるようになった。それでもまだ謎は多く、世界の気候が移りかわる仕組みを解きあかすには至っていない。地球の気温が少しずつ上がっている今、研究者たちはその原因を躍起になって追いかけている。有力な容疑者として浮かびあがってきたのが塵だ。氷河時代には、塵の量が一〇倍に跳ねあがる時期が何度かあった。五〇倍という数字を発表している研究者もいる。しかも、最後の氷期には、塵の量がうなぎのぼりに増えた直後に氷河が後退した。偶然の一致とは考えられない。わからないのは、塵が増えたことと氷期の終わりとが具体的にどうつながるかである。

「空気の化石」が教えてくれたこと

アイスコアからは、ひとつのはっきりしたメッセージが読みとれる。地球の気候はもともと一定していない、ということだ。氷に閉じこめられていた塵やガスを調べると、気候はいつの時代もたえず変化していたのがわかる。気温は上がる傾向にあるか下がる傾向にあるかのどちらかで、けっして横ばいにはならない。年ごとの移りかわりだけに注目していると、どちらの方向に向かっているかがわかりにくい場合もある。エルニーニョやラニーニャなどの異常気象、あるいはピナトゥボ火山の噴火のような突発的な出来事によって、大きな傾向が見えにくくなるからだ。しかし、一〇年単位、一〇〇年単位でとらえれば、地球の気温は温暖化と寒冷化をくりかえしている。

もっと大きな時間の尺度でとらえると、現代の穏やかな気候は例外の部類に入る。恐竜時代は今よりはるかに蒸し暑い時期がほとんどだった。哀れなオヴィラプトルがゴビ砂漠で命を落とした頃には、地球の平均気温は六度から八度も高かった可能性がある。

わずか二五〇万年前からは、氷期と間氷期が交互に訪れるパターンが始まった。間氷期とは、氷期と氷期のあいだに見られる一時的な暖かい時期をいう。氷河は張りだしたり縮んだりをくりかえすようになった。長いあいだ氷河に閉ざされてから、つかのまの暖かい間氷期が一万年ほど続くというのがこのところのパターンであり、私たちが生きている現代も、完新世(かんしんせい)と呼ばれる間氷期のひとつである。完新世はいつ終わってもおかしくない。ところが、気温が下がりはじめる気配はいっこうに見られない。

前回の間氷期と現代がまったく同じ状況にあるなら、完新世があと数千年続いたところで気候学者は驚かないだろう。気候の変化はそれくらい気まぐれである。ところが、状況は同じではない。決定的な違いは、人間が産業を発達させて地球の大気に大きな変化をもたらしたことだ。

アイスコアには塵だけでなく「空気の化石」、つまり大昔の空気もそのまま閉じこめられている。この空気を調べた結果、人間は産業時代を迎えてから大気中の二酸化炭素を三〇パーセント近くも増やしたことがわかった。二酸化炭素は、化石燃料（石炭や石油など）を燃やすとかならず発生する。生物を燃やした場合、あるいは生物が穏やかに腐っていった場合にもやはり二酸化炭素が出る。あいにくこの気体は、空気中の塵にくっついて一緒に落ちてきてはくれない。大気に少しずつ溜まっていって、本来なら地球から宇宙に吐きだされる熱を閉じこめてしまう。

過去一〇〇年で、地球の平均気温は約〇・六度上がった。たいしたことはないと思うだろうか？　だが、それと同じだけ気温が下がったとき、地球は「小氷期」に見舞われた。一四五〇年から一八九〇年にかけての時代である。本格的な氷期に比べたら気温の下がり方は小さかったのに、ヨーロッパでいくつもの川が凍り、氷河も前進した。雨の降るパターンにも変化が見られた。わずかな気温変化でも、その影響はけっして小さくない。

気温に余計な手出しをしているのは二酸化炭素だけではない。空気中に浮かんでいるものはすべて、地面に届く日光の量を変化させている。たとえば、空を飛んでいる花粉。多少は熱を吸収しているかもしれない。宙に浮いているクモの脚。光を跳ねかえしているかもしれない。風に乗って旅をする菌類の胞子はどうだろう。水蒸気をうまく引きよせて雲をつくるのだろうか？　砂塵が一〇トン舞いあがればどんな影響が現れる？　それが三〇トンなら？　空気にはありとあらゆる塵がひしめいているが、ひとつひとつは気温にどんな変化をもたらしているのか。それをつきとめる研究が今まさに進められている。

地球の気候がなぜ移りかわるのかをつきとめるため、コンピュータを使った数々の気候モデルがつくられている。風、日光、雲など、気温に影響を及ぼすさまざまな要素を組みこんでシミュレーションをおこなうのである。要素の種類によって、気温への働きかけ方は違う。たとえば、二酸化炭素は「プラス」の方向に働く。つまり気温を上げる。いっぽう、地面を覆う雪は日光を跳ねかえして気温を下げるので、「マイナス」の方向に働く。気候モデルの良し悪しは、どれだけ正確な情報を取りこめるかで決まるのだが、塵にかんしてはきちんとした情報がほとんどないのが実状だ。

「気候モデルをつくる研究者は、砂塵が重要な役割を果たしていると考えています」とピエール・ビスケイは説明する。「ところが、具体的にどういう影響を及ぼしているのかはほとんどわかっていませんでした」。ビスケイは眉間にしわを寄せる。「今はまだ、『プラス』なのか『マイナス』なのかもつかめていないのです」

ビスケイはシミュレーションはしない。目に見える事実をもとに研究するタイプである。自分の手でじかに塵を調べて昔の気候を明らかにするのがビスケイの仕事であり、彼が過去から読みとったデータは、ほかの研究者にも役立っている。より現実味のある未来のモデルがつくれるようになるからだ。

ビスケイは冷凍室の鍵を閉め、世界最大の泥コレクションのなかを抜けていく。ドリルは氷だけでなく、海底に溜まった泥も切りだす。創立者の並々ならぬ熱意のおかげもあって、この研究所にはじつに膨大な泥のサンプルが集められていた。洞窟を思わせる部屋全体に、かび臭い土のにおいが漂う。円筒形にくり抜かれたコアサンプルはすでに乾いて折れていて、どれも細長い箱に入って金属製の棚に乗っている。藻の死骸のせいで白っぽく見える泥が多い。サンプルをすべてつなげると、一七キロを超す長さになるそうだ。そのほとんどはまだ分析が済んでいない。いわば、誰も開いたことのない本だ。世界のおもだった海をすべて網羅するサンプルが、それぞれの物語を秘めたまま眠っている。ビスケイは建物を出て道を渡り、自分のオフィスへと向かう。歩きながら、塵の研究を始めたころは海底の泥を調べていたのだ、と話す。でも今では、氷のほうが多くを語ってくれると考えているという。

オフィスのドアが開くと、天窓からぶらさがった観葉植物の鉢が見えた。何十枚もの絵や家族の写真。丸めた地図の山。インディアン調のカバーが掛かった年代物の肘掛け椅子が何脚も。ぬいぐるみのトラが七〇年代風の眼鏡をかけている。壁の一角にはピンで留めた鳥の羽根のコレクション（車にぶつかって死んだ鳥のものだそうだ）。ビスケイはそこを通りすぎて、大きな世界地図の前に立った。

南米沖の深い海の底にも、砂塵は間違いなく落ちているとビスケイはいう。しかし、海底には川が運んでくる堆積物も溜まっていく。しかも、深海では大陸に沿って海流が流れているため、沈んでいた塵はすべてかき混ぜられてしまう。

「サハラの塵の場合、なかに含まれているストロンチウムという物質の同位体〔同じ元素だが重さが若干違う種類〕に特徴があるので、それが目印になります。ところが、海底でサハラの砂塵を探そうと思ったら、ごちゃまぜの塵のなかから見つけださなければなりません。絶対ここに落ちているのに――」といってビスケイは地図の深海底の部分を叩く。「見つけられないんです。

その点、アイスコアは違います。大陸からの塵が見つかれば、風で運ばれてきたに決まっているからです」。だからビスケイは、気候変動の原因を探るのに、氷に閉じこめられた塵に目を向けるようになった。じつは、どの氷を分析してもひとつの事実が浮かびあがる。それが何を告げているのかははっきりしないものの、きわめて重要な意味をもっていそうだ――氷期には、間氷期よりはるかに塵の量が多いのである。

オフィスの外の掲示板には、ビスケイの集めた塵のデータが貼ってあって、こんな言葉が添えられている。「塵が多いのは寒い気候の副産物にすぎないのか？　それとも、この大量の塵が実際に氷期を終わらせて、地球規模での急速な温暖化を引きおこしたのか？」

この問いへの答えはまだ氷から現れてこない。しかし、いくつかの興味深い仮説はこう指摘している。もうもうと立ちこめる塵が、氷河を溶かしたのではないかと。

何かが地球を冷やしている

二酸化炭素以外の「何か」が気温に手出しをしているのは間違いない、とディーン・ヘッグは指摘する。まっ白な髪が印象的なヘッグは、シアトルにあるワシントン大学の大気科学者だ。痩せていて、穏やかな声で話をする。ヘッグはさまざまな塵やガスが、それぞれ気温を上げているのか下げているのかを研究している。

「ひとつ大きな問題があるんです。コンピュータからは、二酸化炭素によって気温が大幅に上昇しているという結果が出ます。でも、実際の気温はそれほど大きく上がってはいません」。ヘッグはゆっくりと説明する。「ところが、モデルにエアロゾル［空気中に浮かんだ微粒子］の影響を加えると、現実に近い数字になるんです」。では、塵は全体として気温を下げる働きをしているのだろうか？

気候学では、地球の表面が何ワットの太陽エネルギーを吸収するかに注目する。地表が受けとる太陽エネルギーの量は、平均すると一平方メートルあたり二四〇ワット。これが電力なら、小さいシャンデリアが灯るほどだ。それでも私たちが焼けこげてしまわないのは、吸収したエネルギーをおもに夜のあいだに宇宙に逃がしているからである。受けとった分を戻しているのでバランスが崩れることはない。少なくとも、以前はそうだった。

ところが、人間の活動によって二酸化炭素やメタンなどのガスが必要以上に増えた結果、宇宙に出ていくはずの熱の一部が閉じこめられてしまった。そのため、地球全体の気温は徐々に上がっている。人間のせいで増えたガスだけをもとにシミュレーションしてみると、地球の気温は一〇〇年で一・一から三・三度も上がっていることになる。

しかし、ヘッグがいうように、それほどの上昇は起きていない。たしかに地表近くの気温は上がっているが、コンピュータが予測するほどの急激な増え方ではないのだ。何かが地球を冷やしているにちがいない。そこで研究者たちは、データが明らかになった塵を少しずつモデルに加えていき、いまだ見つからない「冷却剤」の正体をつきとめようとしている。

ヘッグは、冷やす力がいちばん強い塵を探している。これまでに調べたのは、硫黄ビーズ（硫酸塩エアロゾル）、木々が吐きだす有機物の粒子、砂塵、それからおなじみの水蒸気だ。

「ただの水蒸気が、じつは強い力をもっているかもしれません」とヘッグは意外なことをいう。「硫酸塩エアロゾルが重要な役割を果たしているのはわかっています。しかも、これはたくさん浮かんでいますしね。それから、大気中のエアロゾルの多くは有機物です。人間がつくったものもあれば、木が吐きだすものもあります。こうした有機物は、考えられている以上に気温を左右していると思います。

そして砂塵ですが、これが非常にややこしいんですよ。大気中に漂っている量についても、今の見積りでは少なすぎるという意見が多いですしね」

かりに煤や砂塵の粒子ひとつが、気温を上げているか下げているかが判明しても、それらが全部でどれくらい頭上を漂っているかははっきりしていない。結局、個々の塵がたくさん集まったらどうなるかは、ヘッグもほかの研究者も推測に頼るしかない。

自然界の塵が地球に与える影響

とりあえずは、自然界の塵が地球にどんな影響を及ぼしているかを、明らかになっている範囲で見ていくことにしよう。そのあとで、人間が生みだす塵について考えていきたい。

砂塵の働きとしていちばんわかりやすいのは、日光をさえぎることである。二〇〇〇年三月、途方もなく大きい砂塵の雲がサハラから旅立ち、大西洋上で渦を巻いた。人工衛星のカメラがとらえた雲の大きさにも驚いたが、何より目を引いたのはその色である。黒々とした大西洋をバックに、雲の金色が鮮やかな対比をなしている。「濃い色は光を吸収し、薄い色は跳ねかえす」という、おなじみの真理の手本を示すような光景だった。砂塵が日光を跳ねかえせば、地球は少しだけ熱を奪われることになる。では、砂塵は天然の冷却剤なのだろうか。

答えを出すのはまだ早い。たしかに、海や山や森などのように、地球の表面には色の濃い部分が多く、それに比べれば砂塵は光を反射しやすい。しかし、サハラの砂塵より色の薄いものもある。たとえば雪や雲。白く輝く砂漠もそうだ。ということは、氷や雲、あるいはどこかの砂漠など、光をとくに反射しやすいものの上に砂塵の帯が広がった場合、地球が跳ねかえす日光の量はかえって「減って」しまう。

しかも砂塵は、空を漂いながら日光を少し吸収しもする。つまり、砂塵には気温を上げる性質もある。いくつかの塵はこうしたややこしいふるまいをするために、プラスなのかマイナスなのか、はっきりした色分けができない。たくさんの要素がかかわっているのである。すべてを考えあわせても、砂塵は地面を冷やして大気を暖めているとしかいえないと、気候と塵の専門家であるイナ・テゲンは語っている。

砂塵以外の自然界の塵も、それぞれが日光と独特のかかわり方をしている。ディーン・ヘッグは大西洋上空の空気を調べて、日光をさえぎる力の強い順に粒子をランクづけした。いちばん強力だったのは、ごく小さな水滴だった。二番目は炭素を多く含む有機物の塵。火事や工場、あるいは木々から吐きだされる油性の化合物である。三番目は固体の硫黄ビーズだった。

ただしこの研究は、大西洋というごく一部の地域を調べたにすぎない。ほかにもさまざまな説がある。たとえば、陸から遠く離れた沖合いでは塩の粒子の影響が大きいという意見もあれば、北大西洋に限れば砂塵の力が強いとする仮説もある。イナ・テゲンは、コンピュータを使って塵がどんな影響を与えるかを予測している。テゲンの考えでは、世界全体で平均すれば、硫黄ビーズも、砂塵も、有機物の粒子も、日光をさえぎるパワーはほぼ同じではないかという。

自然界の塵の働きは日光をさえぎるだけではない。雲の性質を変えることで、気温に間接的な影響を及ぼしている。

前章でも見たように、水蒸気は塵にくっつかなければなかなか水滴にならない。だから、空気中の塵の量が少ないと、地球を取りまく雲の数が減る。逆に、塵が多ければ、地球が雲に覆われる面積は広くなる。

ふつう、雲は地球のほぼ半分を覆っている。白く輝く雲が上空にかかっていると、地球が日光を跳ねかえす力は二倍になり、かなりの熱が宇宙に戻っていく。つまり、雲は気温を下げる強力な「マイナスパワー」をもっている。

ところが、気候学者が髪の毛をかきむしりたくなる厄介な現実がある。雲には「プラス」の効果もあるのだ。寒い地方で冬を過ごしたことがあれば、曇りの夜がどれほどありがたいかよくご存知だろう。雲に覆われていると、地面の熱が宇宙に逃げていくスピードが遅くなるので、夜の冷えこみが和らぐのである。

雲は現れては去り、生まれては消えていく。そこにはいくつもの条件が絡みあっている。塵もそのひとつだ。塵の量が少なければ、水蒸気は宙ぶらりんのままで水滴になれない。では、塵が「多すぎる」とどうか。今度は、水蒸気が細かく分かれてしまって水滴が大きくならず、雨となって落ちてくることができない。ふつうの二倍の数の水滴が含まれていながら、水滴の大きさは通常の半分という雲ができる場合もある。

塵の量など小さな問題に思えるが、じつは大きな意味をもっている。一九九八年、NASAの観測衛星がボルネオ島の雲を観測した。すると、たびたび山火事の起きている地域の大気には煙がたくさん漂っているため、雨が降りにくくなることがわかった。同じボルネオ島の上を過ぎていく雲でも、ふつうの雲と塵の多い雲とではふるまい方がまったく違う。

ふつうの雲のなかでは、無数の小さな水滴がくっつき合って雨粒をつくり、じゅうぶんな重さになれば雨となって落ちてくる。いっぽう、雲に必要以上の塵が含まれていると、非常に細かい水滴しかできないために、なかなか大きな雨粒にならない。塵の多すぎる雲は、雨粒をつくるのに時間がかかるわけだ。それどころか、まったく雨粒ができない場合もある。実際、そのとおりの光景を衛星のカメラはとらえた。ボルネオ島でも煙のない地域を通りすぎた雲はふんだんに雨を降らせたのに、煙が立ちこめるなかを通った雲は雨を落とせなかった。

これは、煙だけでなく硫黄ビーズが多すぎる場合にも当てはまる。硫黄ビーズは水蒸気を引きよせて水滴をつくるので、雲ができるのを促す。ところが、火山の噴火によって硫黄ビーズが大量に生まれてしまうと、やはりひとつひとつの水滴が小さくなりすぎて雨は降りにくくなるようなのだ。台湾の雨を調べた研究によると、島の風上にあたる地域で火山が噴火したとき、塵のせいで台湾に降る雨の量が減ったという。

塵を含みすぎた雲は、別のかたちでも気象に影響を与えている。雲のなかの水滴が非常に細かいと、ふつうの雲より日光を跳ねかえしやすい。そのため、雲の下の気温が下がる。雲の中身の違いは、肉眼でもはっきりわかるときがある。際立ってまっ白に見える雲があったら、たぶん非常に細かい水滴が詰まっていると考えていい。しかも、塵だらけの雲は空に長いあいだ留まるため、ふつうの雲よりその影響が長引く。昼間は日光を跳ねかえしている時間が長く、夜は熱を閉じこめる時間が長くなる。

このように、自然界の塵はさまざまなやり方で地球の気温をもてあそんでいる。では、最後の氷期にはいったい何をしていたのか。それをつきとめるため、ピエール・ビスケイをはじめとする塵捜査官たちは難題にとりくんでいる。最後の氷期にどういう種類の塵がどこからどこへ流れていたのか、その動かぬ証拠を探そうというのだ。

グリーンランドの塵が語るもの

まずは、氷河に落ちた塵の出どころを見極めるのだとビスケイはいう。彼のオフィスの掲示板には、砂塵を入れた小さなビニール袋が画鋲で留めてある。ビスケイはそのひとつを突ついた。小麦粉よりも細かい塵で、ピンクがかった金色をしている。袋には「中国、ウェイチャン」と書いてあった。隣りには別の袋が留めてあって、くすんだ茶色の砂塵が入っている。こちらには「ネブラスカ州ユースティス」とある。どちらも氷から取りだしたものではない。これだけの量——親指と人差し指でつまんだくらい——を氷から集めようと思ったら、貴重なアイスコアを何メートル分も壊さなくてはならない。ビニール袋に入っているのは現代の砂塵で、地面からすくい取ってきたものだ。砂塵には特有の「指紋」がある。砂漠によって、あるいはアウトウォッシュ・プレーン（氷河から削りだされた塵の積もった平野）によって、塵に含まれる鉱物の種類が違う。ビスケイは、世界のおもだった砂塵の指紋をひとつ残らず集めようとしている。

「砂塵のサンプルを集めるのには、ずいぶん時間をかけています」とビスケイは話す。「すでに数百種類になりました。友人が『シベリアにいくんだ』なんていおうものなら、すかさず頼むんです。『じゃあ、ビニール袋を持っていってくれよ』って」

大切な氷から大切な塵を取りだしたら、この砂塵コレクションのサンプルと比べる。ビスケイのグループは、最後の氷期にグリーンランドに落ちた塵の出どころをそうやってつきとめている。

ビスケイは別の部屋へと向かう。氷に秘密を語ってもらう場所である。グリーンランドのアイスコアの古い時代の部分から、ちょうど塵を取りだしたところだという。作業台には、大きな圧力鍋に似た円筒形の容器が乗っていて、ガラスの蓋がついている。見たところ、なかは空のようだ。ビスケイは懐中電灯を手に取り、天井の明かりを消した。容器を覗きこんでみると、じつは空ではなかったとわかる。懐中電灯の光を受けて、内側に取りつけられたプラスチックの板が浮かびあがった。板には塵が付着している。涙ぐましいほどわずかな量だ。寒い日の窓ガラスに息を吹きかけるだけでも、もっと何かがガラスにつくだろう。

大昔の氷をほんの少しずつ気体に変えては、別の容器に吸いだしていく。するとこうして塵が残る。ただ氷を溶かして塵を濾しとればいいと思うかもしれないが、そうはいかない。石膏や方解石などの塵は水に溶けるので、流れでてしまうおそれがある。そのせいで塵の正体がつきとめられなくなったら、もとも子もない。ここにあるわずかな粉を取りだすだけでも、二キログラム以上の氷を使ったそうだ。塵の指紋をきちんと読みとるには、この四倍の塵が必要になる。

「氷が相手だと、そこが困ったところなんです」とビスケイは嘆く。「もともと氷に入っている塵の量が少ないんです。だから、ひとかけらだってなくすもんかと、もう死に物狂いですよ。工程をひとつクリアするたびに、塵をどこかにやらないようにと必死です。なにしろ、どんな容器に入れてもくっついてしまうんですから。テフロンにだってくっつきます。容器を空にしたら指にサランラップを巻いて、なかをもう一度そっとこするんです。そうすると、かならずもう少し塵が出てきます」

太古の塵を取りあつかうときは、特別なガラスケースのなかで作業をして、研究室を漂っているふつうの塵が混じらないようにする。ケースのなかからは、フィルターを通した清浄な風が吹きだしている。人間が穴からケースに手を入れると、その風が当たって、入りこもうとする研究室の塵を押しもどしてくれるのだ。ケース内がどれだけきれいかを見せるため、ビスケイは手持ち式の微粒子カウンターをなかに入れた。一立方フィート（一辺が約三〇センチの立方体）あたりの塵の数を数える機械である。数字はいつまでたってもゼロのままだ。つぎに部屋の空気を測った。この建物は町なかから離れたハドソン川沿いの森に建っているので、塵はかなり少ないほうだろう。それでも、ビスケイがカウンターのスイッチを入れると、数字は一気に一万を超えた。

この研究室で、ビスケイはグリーンランドの氷から砂塵を取りだしている。調べる時代は、最後の氷期がピークを迎えていた二万三〇〇〇～二万六〇〇〇年前だ。この時代の砂塵もはっきりした指紋をもっている。グラフで、塵に含まれる鉱物の種類を横軸に、それぞれの量を縦軸にとってみると、指紋の特徴をつかみやすい。たくさん含まれている鉱物は高い山で、あまり含まれていない鉱物は低い山で表される。グリーンランドの塵の場合は、グラフの左のほうに高い山がひしめいてまっ黒になっていて、右のほうにも幅広の大きな山がふたつ見えていた。

散らかったオフィスに戻ると、ビスケイは椅子に乗り、キャビネットの上から地球儀を取った。北極を上に向けてシベリアを指す。シベリアのはるか南にはアジアの大きな砂漠が広がっている。「コンピュータは、グリーンランドの塵がアジア大陸の東部、とくに北シベリアを中心とした広い範囲から飛んできたというんです」。ビスケイは顔をしかめる。「まあ、コンピュータにすればそれがいちばん順当な答えなんでしょう」。シベリアを指で突つきながら続ける。「でも、私はそうじゃないと考えています」。ただし、まだシベリアを候補からはずすことはできないという。シベリアから集めてきたばかりの塵のサンプルを分析し終えていないからだ。

コンピュータの答えはさておき、グリーンランドの塵そのものは何を語っているのだろうか。塵の指紋を見ると、スメクタイトという鉱物が際立って少ない。これに気づいたビスケイは、砂塵コレクションを片端から当たって、同じ特徴をもつものを探した。

それまで、グリーンランドの塵の出どころにサハラ砂漠をあげる研究が発表されていた。それも無理はない。世界でいちばん砂塵を吐きだしているのは、おそらくサハラなのである。フィンランドの雪がときおり黄色くなるのも、サハラの砂塵のせいだといわれている。北極圏の内側にあるスヴァールバル諸島の雪まで黄色に染まるほどだ。サハラからグリーンランドまで塵が飛ぶと考えても、それほど突飛ではないだろう。しかし、サハラの砂塵の指紋を見ると、スメクタイトのところが逆に大きな山になっている。ビスケイはサハラを候補からはずした。

別の研究では、アメリカ中西部を広く覆うレス（黄土のように砂塵が積もってできた土）が疑われていた。だが、中西部のレスはむしろスメクタイトが豊富なことで知られている。これでアメリカの塵も消えた。

アラスカのアウトウォッシュ・プレーンからきた塵ということはないだろうか？　ビスケイが調べたところ、アラスカの塵のサンプルに含まれるストロンチウム、ネオジム、鉛の同位体の特徴が、グリーンランドの塵とはまったく違っていた。それぞれの塵のもとになった岩石の古さが違うのだろう。同じことがウクライナのサンプルについてもいえた。

ビスケイはグリーンランドの塵のジグザグの指紋を印刷した紙を手に持ち、透明のシートに印刷した中国黄土高原の塵のジグザグの指紋を上から重ねた。中国黄土高原といえば、ゴビ砂漠とタクラマカン砂漠から飛んできた砂塵が厚く積もった場所である。

「ビンゴ！」ビスケイはにっこり笑う。

完全に一致するわけではない。しかし、目立つ山と谷ができている場所は同じだ。グリーンランドの塵も中国の塵も、スメクタイトのところが谷になっている。また、両方ともストロンチウム、ネオジム、鉛の同位体の特徴が似ていた。

「どうやら可能性大ですね」とビスケイ。これに間違いない、とはいわない。彼は地球儀を回して、西アジアをとんとんと叩いた。「この研究を発表した頃は、いつ誰にこういわれてもおかしくありませんでした。『君たち、えーと、タジキスタンのサンプルは調べたのかね？』そうしたら『いいえ』というしかなかった。でも、今はサンプルがあります。シベリアのサンプルも手に入りましたしね」

氷期のほうが風は強く吹いた

アイスコアの塵からは、氷期の風の吹き方もわかる。グリーンランドの雪のいちばん上の層――つまり現代の雪――を調べると、やはりアジアの指紋をもつ塵が見つかる。だが、数はあまり多くない。しかも、だいたいが小粒である。

最近はアジアで砂塵嵐が起きても、砂塵の流れが太平洋で息切れしてしまうケースが多いとビスケイはいう。グリーンランドの何千キロも手前だ。ほとんどの砂塵は海に落ちていき、きわめて細かく軽い粒子だけが北米を越えてグリーンランドまで旅を続ける。ところが、最後の氷期にあたる氷の層からは、アジアの塵が現代の三〜一〇倍も見つかる。今より大粒の塵も少なくない。

気候学者のあいだでは、氷期のほうが風が強かったという説が主流だ。風が強かったのならアジアの砂漠から巻きあげられる塵も多かっただろうし、大粒の塵が遠くまで飛んだのもじゅうぶん肯ける。氷からは、強風説を裏づける別の証拠も見つかっている。アイスコアのなかの塩の粒子の量が、砂塵が多いときには多く、少ないときには少ないのである。これも理にかなっているといっていい。風が強いときは海にたくさん白波が立ち、泡も次々に弾ける。とうぜん、塩の粒子もたくさん飛ばされるだろう。

しかし、別の考え方もある。氷期に塵が多かったのは、強風のせいではなく砂漠化が進んでいたからだというのだ。地球の気温が低いとき、海や湖から水が蒸発するスピードは遅い。雨は少なくなる。砂漠が広がり、砂塵が大量に生まれる。コンピュータを使ったある研究によると、地球全体に降る雨の量が今の半分になれば、空気中の塵の量は一〇倍に増えるという。

ビスケイの塵を見るかぎりでは、強風説に軍配があがりそうだ。グリーンランドの氷からは、氷期のピークに砂塵が三〜一〇倍も多かったことがわかる。風の強さが今と変わらないのなら、砂漠の面積が三〜一〇倍広くなければ大量の塵が飛びかう理由を説明できない。それほど砂漠が広がっていたのなら、以前とは違った種類の岩石も削られて砂になったはずだ。アジアの塵の指紋に変化が現れてもおかしくない。実際そうなのだろうか？

ビスケイの答えはノーだ。これまで三〇〇〇〇年分の氷を調べてきたが、塵の量に変化があっても指紋はほとんど変わらない。ただ、ひとつの鉱物だけは例外だった。その鉱物は、高緯度地方の岩石ほど豊富に含まれている。氷期のグリーンランドの塵からは、この鉱物が現代の黄土より目立って多く見つかった。その点を検討したビスケイはこう結論を下す。氷期にグリーンランドまで飛んできたアジアの塵の出どころは、今より少し北に位置していたのではないか。当時、砂漠は今より多少は広かったのだろう。しかし、風が強かったことのほうが大きな役割を果たしていたとビスケイは考えている。

どうやら、氷期の砂塵の動きは、少なくともふたつの点で現代と違っていたといえそうだ。ひとつは、砂塵の出どころとなる砂漠が今より広かったらしいこと。もうひとつは、その砂塵を今より強い風が遠くまで運んだことである。だが、塵が多かったことと氷河が消えうせたことは、どうつながるのだろう？

南極の氷から見つかった塵の出どころ

さらなる証拠を手に入れるため、ビスケイは南極の氷に注目した。南極の氷は、グリーンランドの氷より情報を読みとりにくい。一年間に降る雪の量が圧倒的に少ないため、層がはっきり現れないからである。南極に落ちてくる塵自体も少ない。その反面、たった一〇万年ほどしかさかのぼれないグリーンランドの氷と違って、南極の氷には五〇万年分の歴史が刻まれているといわれる。五〇万年といえば、四回の氷期とそのあいだの間氷期が丸々含まれることになる。

アイスコアを手に入れるのはけっして楽な仕事ではない。グリーンランドの場合、氷河の上の小屋で何か月もキャンプを張らなくてはならない。ドリルで氷を切りだしては慎重に引きあげ、リストをつくり、精製水で洗ってからビニールにくるむ。ビニールにくるむのは保管しておくためだ。氷はすぐには動かせないからである。

ビスケイはこう説明する。「ものすごく深いところから氷を引きあげるので、氷が受けていた大きな圧力が緩むことになります。適当なサイズに切ろうとしてすぐに刃を入れると、粉々になってしまうんです。切るどころか、ドリルの穴から引きあげるだけで壊れかねないんですから」。そのため、アイスコアは一年間氷の上に寝かせて、少しずつ低い圧力に慣らしていく。それからデンヴァーにある国立アイスコア研究所に送られ、縦方向に四分割されて研究者に配られる。

アジアの熱帯地方であっても、高い山には氷河がある。ここから氷のサンプルを集めるのはさらにスリリングだ。苦労して切りだした氷をヤクの背に乗せて運ばなくてはならないのだから。ただし、遠さでいったら南極の右に出るものはないだろう。アイスコアを切りだす場所としていちばん有名なのは、南極大陸でもオーストラリア寄りの東南極である。グリーンランドの氷と同様、南極の氷の場合もやはり氷期のピークに塵の量がほぼ一〇倍になっている。コンピュータはこの東南極の塵についても、シリコンの頭をフル回転させてその出どころを推測した。答えはオーストラリアだった。

北半球に比べて南半球には砂漠が少ない。一見、オーストラリア内陸部のむきだしの大地は、塵のふるさとにちょうどいいように思える。アフリカ南部や南米にもわずかながら砂漠があるので、これらも有力な候補といえそうだ。だが、塵を大量に吐きだすのは砂漠だけだろうか？

「アンデスはまだ若い山脈で、火山がたくさん分布しています」。ビスケイは膝の上で地球儀を横にする。黒い山並みの連なる南米の太いしっぽが、南極大陸の白い円盤に向かって垂れさがった。「でも、最後の氷期がピークを迎えた頃、このあたりはすっかり氷に覆われていたんです」。ビスケイはパタゴニアの先の細長い部分を指でなぞる。「次々に降りつもる雪が押しかためられて、氷河ができたのです。氷河は山にのしかかり、山肌から大量の岩粉を削りだしました。氷河の底を流れる水には、膨大な量の岩粉が含まれています」。ビスケイは水の流れのように両手をくねくねと動かした。広げた指が、早くこの塵の荷物を降ろしたい、といっているかのようである。「やがて流れは岩粉を落として、広大な平野をつくりました。地面が乾くと、そこから塵がたくさん風で飛ばされていったのです」

コンピュータの答えに対抗する候補はもうひとつある。ふつう氷期には、約五〇〇〇万立方キロメートルの海水が蒸発するといわれる。この水は雪となって落ちてきたあと、氷として陸地に留まるため、海に戻っていかない。最後の氷期の場合も、大量の水が氷河に閉じこめられていたので、海面は今より一二〇メートルほど低かった。

ところで、海岸の泥（だとアサリがのんき気に思っているところ）は、じつは水に浸った「塵」にすぎない。海から海水を抜いて日に当てたら、泥は乾いて粉になる。氷期には、氷河が発達して海面が下がっていたので、泥は延々何キロもむきだしになった。かなりの泥が塵となって舞いあがったことだろう。

さて、いくつかの候補があがった。氷期に吹いていた強い風は、南極に向かう途中でどこの塵をつかまえたのだろうか。正確な場所をつきとめるには、例の砂塵コレクションに当たらなくてはならない。

ビスケイのグループは、アフリカのナミブ砂漠とカラハリ砂漠の塵の指紋を調べた。ニュージーランドのカンタベリー平野とオーストラリアのグレートサンディー砂漠もチェックした。アルゼンチンの東側に広がる大陸棚の泥は、かつて海面が下がってむきだしになった場所なのでとうぜん注目した。フォークランドの泥の指紋も確認したし、チリの南端にあるティエラ・デル・フエゴの土にも当たってみた。かつて氷河に覆われていたパタゴニア地方の土を調べてみると……ついに南極の塵と指紋が一致した。こうして、大昔の塵の河がまたひとつ地図に書きたされ、塵が氷河に押しかける仕組みがまたひとつ明らかになった。

氷河期の終焉と塵

デイヴィッド・リンドは塵の邪悪な一面に気づいた。そこで、自分の考えるシナリオを発表することにした。実際に確かめられてはいない部分もかなりあるのだが、それでためらうリンドではない。黒髪で痩せていて、独特の笑い方をするリンドは、NASAの研究者である。NASAといっても地球をテーマにしている部門で、気候モデルをつくっている。リンドがコンピュータで最後の氷期の気候をシミュレーションしたところ、こういう結果が出た――氷河とアジアの砂漠から吐きだされた大量の塵が、周辺地域の気温を五度も上昇させていた可能性があると。

リンドはそのからくりを説明する。塵の帯が大気中を漂っていると、日光を吸収して暖まる。ふつう空気は、地面に接している部分が暖かく、上のほうが冷たいことによって対流が起きている。ところが、塵のせいで上の空気も暖まってしまうと対流が起きない。すると、湿った空気が地面から立ちのぼらなくなる。湿った空気が上がっていかないと雨が降らない。雨が降らなければ、地面はしだいに乾いていく。乾いた地面の温度は上がる。

これは、人間の皮膚に置きかえてみるとわかりやすい。皮膚がなぜ汗をかくかといえば、水分を蒸発させることによって体を冷やすためだ。地球の場合もやり方は変わらない。水分が蒸発するときに地面から熱を奪っている。地面が「汗」をかかなくなると温度が上昇してしまう。

「結局は、塵そのものが何かをするというより、結果として地面が暖まることが問題なんです」とリンドはまとめる。

こういう現象が起きるのは陸地だけで、しかも塵がたくさん漂っている場所に限るとリンドは指摘する。氷河はその条件に合う。氷河が地面を削って生まれた塵が、あたりに濃く立ちこめていたにちがいない。大量の塵が舞いあがって下の地面が暖まれば、近くにある氷河は溶けはじめただろう。

「氷河が溶けていくと湖ができます」とリンドは説明する。「こういう説があるんです。湖には波が立ちますから、氷河の一角が湖に落ちると、波に揺られて上下に動きます。その動きがくりかえされるうちに、氷が割れるのです」。氷を砕くこの作用によって、氷河は急ピッチで崩れていったのではないかという。

ただ、このシナリオをひねり出したのがコンピュータだというのを忘れないでほしい。実際の気候には、自然界の無数ともいえる要素が影響を及ぼしているが、そのすべてをモデルに取りこむことはできない。たとえば、舞いあがる塵が何色かといった細かい点が違うだけで、結果は変わりかねないとリンドはいう。玄武岩の塵は黒いので、花崗岩の白い塵より熱を吸収する。さきほどのシナリオはあくまで理論の域を出ていない。

とはいえ、塵にはどうしても悪役であってほしいという方。がっかりするのはまだ早い。氷河から生まれた塵が氷河に戻ってきて、「じかに」氷河をかじり取ったとしたらどうだろうか。氷の上に落ちた塵が日光を吸収して氷を暖め、ついには氷河を消してしまったかもしれないのである。

この仮説を立てたスティーヴ・ウォレンは、シアトルのワシントン大学で氷と大気の研究をしている。「二〇年前に大気科学の研究を始めた頃は、塵ほどつまらないテーマはないと思っていましたよ」。ウォレンは笑顔で打ちあける。「ところが、塵が雪にどんな影響を与えるかを調べていくうち、すっかりのめりこんでしまったんです」

積もっている雪にほんの少し塵が混じるだけで、雪が吸収する日光の量は増えるとウォレンはいう。降ってきたばかりのきれいな雪は、日光の八割を跳ねかえして二割を吸収している。いっぽう、汚れた雪が吸収する太陽エネルギーはもっと多い。吸収したエネルギーは熱に変わる。熱はけっして雪の味方ではない。

塵の種類によって雪を溶かすパワーは違う。いちばん強力なのは煤だ。煤が熱を吸収する力は、砂塵の五〇倍。火山灰のじつに二〇〇倍にもなる。だが、火山灰も侮れない。ウォレンは一枚の写真を取りだした。ワシントン州のオリンパス山にある「ブルー氷河」を写したもので、まんなかにはきれいな長方形に残った雪が見える。縦三メートル、横四メートルくらいの広さで、そこだけ盛りあがっている。一九八〇年、セントヘレンズ山が噴火して、ブルー氷河全体に火山灰がまき散らされた。これを絶好のチャンスと見た研究者のグループが、氷河の一部を三×四メートルの長方形に区切り、そこだけ火山灰をこすり取ってみた。待つことわずか二週間。火山灰が雪を溶かすパワーは小さいほうだというのに、長方形のまわりの雪は溶けて約三〇センチも低くなった。塵が万年雪を消したのである。

一一年後の一九九一年三月のはじめには、サハラの砂塵がアルプスに大量に降りそそいで、思いがけない方面での大発見を導いた。その年がいつになく暖かかったのも手伝って、夏にはかなりの雪が溶けていた。そして九月、ミイラ化した「アイスマン」の死体があらわになったのである。アイスマンは銅器時代のハイカーで、道具類と一緒に五〇〇〇年以上ものあいだ雪に埋れていた。

地球科学を研究するタマラ・レドリーは、スティーヴ・ウォレンの研究をさらに進めた。ただし、もっと恐ろしい塵を使って。「スティーヴがつきとめたことをコンピュータに入れて、核爆弾が落ちたらどうなるかをシミュレーションしてみたんです」。レドリーは黒い瞳をきらめかせ、満面に笑みをたたえて話す。「死の灰が海氷に降りそそいだらどうなると思います？　すっかり溶けてしまうんです」

そこがレドリーの研究の出発点だった。その後の一〇年間は、ひたすらモデルの精度を上げるのにとりくんだ。「膨大な時間をかけて、いろいろな要素を取りこんでいったんです。氷だけではなく雪も加えました。氷に走っている割れ目にも注目しました。大気と氷がお互いどう作用しあうかも。一定の時間に降る雪の量をもっと正確に計算できるようにしましたし、氷そのものの動きも検討しました」

やがてレドリーは大学を離れることになる。そこで、ライス大学の学生のロバート・スティーンにバトンを渡し、レドリーはアドバイスだけを続けた。スティーンは氷期に発達した厚い氷に目を向ける。氷期でいちばん気温の低かった時期をコンピュータで再現し、その頃に風で運ばれていたはずの塵をすべて氷にばらまいてみた。すると、氷は溶けはじめたのである。

レドリーはこう説明する。「氷の上に黒い小石を置いたとしましょう。小石は日光を吸収して、まわりの氷を溶かしはじめます。砂塵もそれと同じなんです。溶けた水は流れさってても、塵は氷の表面に残ります。どんどん塵が溜まっていって、急速に氷を溶かすようになるのです」

二キロ近い厚さの氷も溶けてなくなると？

「ええ、いずれは」とレドリー。「でも、塵が氷を溶かしはじめたあとは、何か別の要因も絡んでくるんじゃないでしょうか。たとえば、氷の表面が溶けて低くなれば、それまでより暖かい空気に触れるようになって、溶けるスピードが上がります。塵は引き金なのかもしれません」

レドリーはかねがねこの説を発表したいと思っていたので、スティーンがコンピュータからどんなデータを引きだしてくるかを今か今かと待ちわびていた。ついにそれを受けとったのは、ちょうど出張に出かけようとしていたとき。レドリーは移動の途中で目を通すことにする。「彼のグラフを見て、ついにやったと思いましたよ！」とレドリーはふりかえる。「なのに私ときたら飛行機でひとりきり。誰かに喜びをぶつけることもできないんですから！」

その後、スティーンは別の研究テーマに移っていき、レドリーも新しい仕事にかかりきりになった。スティーンのデータは彼の博士論文としてまとめられたものの、磨きをかけて科学雑誌に発表するには至っていない。科学の世界では、ほかの研究者に評価してもらったうえでしかるべきところに発表することが重要である。それをしないうちは、たとえ砂塵が氷を溶かすというデータがあっても、ただの噂話の域を出ない。しかし、ふたりの研究は、小さな塵が氷の山をも動かすことをほのめかしている。

塵が植物プランクトンの大増殖を促す

一件落着？　とんでもない。この章でも見たように、空気中を漂う塵は地球を暖めもすれば冷やしもする。空から降ってきた砂塵だって、そういうややこしい真似をしてもおかしくないではないか。たしかに、砂塵が氷河に舞いおりたときには、氷を暖めて溶かす可能性がある。しかし、最近おこなわれた実験によると、海に落ちたときにはめぐりめぐって地球を「冷やす」かもしれないのだ。

海の植物プランクトンにとって、欠かせない栄養分のひとつが鉄である。じゅうぶんな量の鉄が海水に溶けこんでいないと、大増殖ができない。つまり、鉄が少なければ植物プランクトンも少なくなって……さらには、ＤＭＳ（硫化ジメチル）も減ることになる。５章でも触れたように、ＤＭＳは硫黄を多く含む物質で、植物プランクトンが死ぬと空気中に放出される。ＤＭＳが減ると、空を漂う硫黄ビーズが少なくなる。硫黄ビーズは水蒸気を引きつけて水滴をつくる性質をもつため、これが少ないと雲が大きくなれず、雨となってすぐに消えてしまう。雲が減れば、地面に届く日光の量が増える。だから、植物プランクトンが少ないと地球は温暖化するといっていい。

では、鉄がじゅうぶん足りていたらどうだろう。今度は植物プランクトンが増え、ＤＭＳが増え、雲も増え、そして地面に届く日光は減る。つまり、植物プランクトンが多すぎると地球は寒冷化するわけだ。さらにおまけをひとつ。植物プランクトンは二酸化炭素を取りこんで成長する。二酸化炭素は、いわずと知れた地球温暖化の原因となるガスである。

「タンカーに半分くらい鉄を積んで私によこしてくれ。そうしたら、氷河期を引きおこしてみせる」。こう豪語したのは、海洋学者の故ジョン・マーティンである。マーティンは「鉄仮説」を唱えたことで知られている。海に大量の鉄をまけば、植物プランクトンが大増殖し、白く輝く雲ができ、その雲が日光を跳ねかえす——マーティンはそう考えた。

まるで、風が吹けば桶屋が儲かる、といった感じだが、小規模ながら実際に鉄をまく実験をしたところ、マーティンが正しいことが裏づけられた。海に鉄を溶かしこむと、たしかに植物プランクトンは大増殖する。しかし、知りたがり屋の研究者が、鉄を積んだタンカーを用意しなければ、大増殖など起きないのではないだろうか。

じつは、地球の岩石には鉄分を豊富に含むものが多いため、空高く漂う砂塵の多くは鉄で身を固めている。科学者はこれに目をつけ、空から自然に落ちてくる鉄分が植物プランクトンの大増殖を促すかどうかを調べた。

あるチームは北東太平洋に注目した。ここの海水は鉄分が少ないのに、ときおり植物プランクトンの大増殖が確認されている。その時期はおもに夏の数か月に集中していた。この地域に飛んでくる塵としてまっさきに思いうかぶのは、アジアからの砂塵だ。ただし、アジアの砂塵は春に飛ぶことが多いため、夏に大増殖を引きおこすとは考えにくい。やがて衛星の画像から、鉄の出どころがひとつ確かめられた。アラスカのコパー川渓谷である。一枚の画像には、渓谷から立ちのぼった氷河の岩粉が、タバコの煙のように北太平洋にまで白く流れているのがはっきり写っていた。

また、研究チームはもうひとつ候補があるのに気づいた。アラスカにはいくつか活火山があって、火山灰を吐きだしている。火山灰が植物プランクトンの栄養になっている直接の証拠は見つからなかったものの、かつて太平洋でプランクトンが大増殖したとき、それをピナトゥボ火山の噴火と結びつけた研究があったのをチームは思いだした。アラスカの岩粉、火山灰、そして時期によってはアジアの砂塵と、北東太平洋でプランクトンの大増殖を促す塵はいく種類もあった。

塵が多かった氷期なら、植物プランクトンは栄養をじゅうぶんにとって今より大量のDMSをつくっただろう。白く輝く雲もたくさんできたのではないだろうか。今進んでいる地球温暖化も、プランクトンが大増殖すれば自然と帳消しにできると、プランクトンびいきの研究者は訴える。しかし、気候は数々の要素が複雑に絡みあってなりたっている。プランクトンが実際にどんな影響を及ぼしているのかは、まだよくわかっていない。現に、鉄分の多い砂塵が植物プランクトンの大発生を促すのは確かめられたが、雲の大発生にもつながることを裏づける証拠はまだ見つかっていない。

さて、どれも興味を引かれる話ばかりだ。大量の塵が空を漂えば、地面を暖めてまわりの氷河を溶かす。じかに氷河に舞いおりた塵は、氷を溶かして穴をあける。逆に植物プランクトンは、気候というゲームにおける役回りは不確かながら、塵を吐きだして地球を冷やす可能性がある。

しかし、塵が氷河を消したのかそうでないのかは、証拠が少なくて判断できないと考える研究者は多い。ビスケイもそのひとりだ。

「どれも説得力に欠けるように思います」。そう語るビスケイの指は、冷凍室で冷えたためにまだ震えている。前回グリーンランドに氷を切りだしにいったときに、手が寒さに過敏になり、それが治らなくなってしまったそうだ。「これはまだ大いに議論の余地がある問題なんです」

たぶん、塵と氷をめぐるどの物語にも的を射ている部分はあるのだろう。だが、本当のところは何が起きたのか。それを明らかにするのは、早ければ早いほうがいい。気候モデルをつくっているデイヴィッド・リンドによれば、現在空気中に漂っている塵の量は、二万年前に氷河が後退する直前の塵の量と同じらしい。

氷を退散させたのが本当に塵だったのなら、その仕事の速さには目を見張るものがある。ある一〇〇年間は、分厚い氷が北の大地を覆いつくし、塵が空気中にひしめいていた。ところが次の一〇〇年間には、気温が三、四度も跳ねあがったと見られている。氷は消えていき、塵は減っていった。

人間が生みだした塵

気候にかんしては、私たちは先の見えない時代に生きている。太古の氷から読みとれるように、地球はこれまで周期的に気候の変動をくりかえしてきた。順番からいけば次は氷期である。現代の氷河はいつ南に張りだしてきてもおかしくない。ところが、気温はじわじわと上がっているようであり、氷河もいぜんとして溶けつづけている。

自然界の塵が気温を上げたり下げたりしているのは、この章で見てきたとおりだ。では、人間がつくりだした塵は何をしているのだろうか。地球の気候はただでさえ気まぐれで測りがたかったのに、人間が騒々しく登場してきてパンドラの箱を開け、なかから不思議な品々を次々に取りだした。大量の硫黄ビーズと窒素化合物の粒子。山ほどの煤。何かをつくるたび、何かを燃やすたび、ありとあらゆるものを少しずつまき散らしてきた。人間が現れて以来、空に舞いあがる砂塵の量まで増えている。

イナ・テゲンの計算によれば、現在空気中に漂っている砂塵の少なくとも半分は、人間が痛めつけた土地から出ている可能性がある。それが本当なら、人間が農業を始めたために地球の砂塵の量が二倍になったことになる。では、増えた分の砂塵は気候にどんな影響を及ぼしているのだろう。私たちを氷期に向かわせているのか。それとも、氷をすべて溶かして世界を水浸しにするのか。ビスケイが指摘したように、砂塵は気候という複雑なからくりのなかで重要な働きをしている。しかし、暖める方向に働いているのか冷やす方向に働いているのかは、いまだに答えが出ていない。

役割がつきとめられた塵もないわけではない。硫黄ビーズがどうふるまうかはある程度わかっている。日光を跳ねかえす力がかなり強いのだ。地球の表面は一平方メートルあたり平均二四〇ワットの太陽エネルギーを吸収しているという話を覚えているだろうか。スティーヴ・ウォレンの話では、大気中の硫黄ビーズが増えたために、北半球が受けとる日光は平均して一ワットあまり少なくなっている。

硫黄ビーズは工業化の産物としておもに北半球で生まれる。北半球と南半球では大気の交換がきわめてゆっくりにしか起こらないため、北半球の硫黄ビーズが南半球にまで広がることはほとんどない。広がる前に水蒸気を引きよせ、雨となって落ちてしまう。硫黄ビーズが雲をつくって雨を降らせるパワーはとにかく絶大である。すぐに雨になるので、硫黄ビーズは北半球全体にすら広がっていない。日光をさえぎる影響が現れるのは、工業地帯の風下で「硫酸塩の影」に入っている地域だけだと考えられている。参考までにいうと、コンピュータはとくに硫黄で冷やされた三つの地域を割りだした。ひとつはアメリカ東海岸の沖合いで、中西部の工業地帯が原因である。ふたつ目は中央ヨーロッパ。三つ目は中国の東部と、東海岸に沿った太平洋である。二酸化炭素と違って、硫黄ビーズは世界をむらなく覆っているわけではない。それでも、冷やす力が強いため、二酸化炭素によって温暖化する分を帳消しにできるのではないかといわれている。この一見都合のいい偶然の一致を踏まえて、一九九九年にワシントン大学の大気化学者が思いきった発言をした。ディーン・ヘッグとスティーヴ・ウォレンの同僚の、ロバート・チャールソンである。

「こんな恐ろしい結論に飛びつきたくなるかもしれない——地球温暖化に歯止めをかけるには、大気を汚染すればいいいと」。チャールソンはプレスリリースにそう書いた。なるほど、心引かれるアイデアではある。だが、それは間違いだとチャールソンは続ける。「二酸化炭素による温室効果は、二四時間、世界のいたるところで進んでいるが、エアロゾル［本書でいう硫黄ビーズ］による冷却効果は日中だけで、しかも特定の地域でしか作用しない」

ディーン・ヘッグは別の問題もあると指摘する。大気汚染につながる活動を人間が明日からいっさいやめたとすると、ほとんどの硫黄ビーズは一週間ほどで雨や雪に洗いおとされる。しかし、二酸化炭素は簡単には消えない。何十年も、もしかしたら何百年も大気中に留まって、地球を暖めつづけていく。

人間が生みだした塵のうち、性質が明らかになってきたのは硫黄ビーズだけではない。最近ある気候学者のチームが、インド洋の上空を流れるさまざまな塵を詳しく調べた。自然な塵も、人間がまき散らした塵も混じっている。すると、種々雑多な塵がすべて合わさって、インド洋の表面が受けとる太陽エネルギーを一平方メートルあたり一六ワットも少なくしていた。平均二四〇ワットのうちの一六ワットといえば、かなりの減り方である。深く考えさせられる発見もある。空を飛んでいる粒子のうち、人間が生みだしたもの——硫黄ビーズ、煤、灰、窒素化合物、有機物の粒子など——には日光を跳ねかえして気温を下げる力が自然の塵の二倍もあったのだ。

ところがこれらの塵は、冷やした分と同じくらいまわりの空気を暖めていることもわかった。とくに大きなパワーを発揮していたのは煤である。量だけで見たら全体に占める割合は少ないのに、空気を暖める作用の半分以上は煤によるものだった。また、少なくともひとつの熱帯の雲に対して、煤は破壊的な力を及ぼしていた。上空に漂う煤の黒い帯が日中に熱せられると、海からあがってくる水蒸気の流れが乱れる。その結果、この地方に見られる「貿易風積雲」は水蒸気が足りなくなって消えてしまい、日光が邪魔だてされずに降りそそぐようになる。まるで、煤の熱で雲が焼けているかのようなので、科学者はこの現象に「雲の焼失」という名前をつけた。

雲にとっては、人間が空気を汚しているせいで塵の多すぎる状態が毎日続いている。そしてついに、人間の生みだす塵が気象を変化させている証拠を衛星がとらえた。

この章の前のほうで、ボルネオ島の雲の話をしたのを覚えているだろうか。雲が山火事の煙の多い地域を通ったとき、雨は降らなかった。NASAの衛星を使ってこの研究をおこなったのは、イスラエルの科学者、ダニエル・ローゼンフェルドである。ローゼンフェルドはその後、雲が人間のつくった塵に出会ったらどうなるかに注目した。彼が考案した方法を用いれば、人間の塵で汚れた雲を衛星画像から読みとることができる。

まずローゼンフェルドが気づいたのは、マニラの汚れた空気のなかを通った雲が、煙を含んだボルネオの雲と似ていることだった。マニラの雲も、やはり雨を降らすことができないようである。そこで、世界のどこで汚染が発生しているか、またその近くでどういう雲ができているかを細かく調べてみた。すると、ローゼンフェルドは「汚染雲の流れ」を見つけた。雲が産業施設から湧きあがって、風下にたなびいている。

「汚染雲の流れ」は、船の煙や飛行機雲によく似た白く輝く雲で、汚染物質の塵に水蒸気が集まってできている。ローゼンフェルドの画像では、汚染物質の出どころを恐ろしいほど具体的にたどることができた。金属の製錬所。泥炭を燃やす発電所。セメント工場。石油精製所。トルコで、カナダで、オーストラリアで。汚染物質から生まれた巨大な雲の流れは、いたるところで見つかった。ただし、アメリカは別である。アメリカの北東部に集まる大都市からは、汚染雲の流れが見つからなかった。空気全体がひどく汚れているため、汚染雲が全部くっついてひとつの大きな塊になっているからだと、ローゼンフェルドは説明している。

とうぜんながらローゼンフェルドは疑問を抱いた。人間は昔から、この時期にはこれくらい雨が降るというのを当てにしてきている。大きな汚染雲の流れができたら、そうしたパターンに変化が現れるのではないか。各地の雨の記録を詳しく調べてみると、悪い予想は的中していた。まわりの地域と比べて、汚染雲の流れがかかった地域では雨の量が減っていたのである。

ローゼンフェルドの研究は、人間の活動が気象に影響を及ぼすことを裏づけた。じつは数年前にも、人間が天気を変えているという嬉しくないデータが報告されていた。アメリカの天気がカレンダーに合わせて変わるようになったというのである。つまりこうだ。私たちが月曜から金曜まで働き、車を運転したり物を燃やしたり何かをつくったりする。そのあいだに塵はどんどん溜まっていって、週末にピークを迎える。空には硫黄ビーズをはじめさまざまな塵がひしめいているため、土曜日に降る雨の量はほかの曜日より少し多い。塵は生産活動の少ない週末のあいだに落ちてきて減る。だから、統計のうえで月曜日に最も雨が少ないのも不思議はない。人間があくせく働いて生みだした塵は、本当に天気を左右していたのだ。

現代の塵は気候をどういう方向に動かしていくのか。その問いに答えようと、今日も研究者の悪戦苦闘は続く。つい、無邪気（無知？）でいられた時代が懐かしくもなろうというものだ。シアトルのオフィスで、スティーヴ・ウォレンはキャビネットから年代物の論文を取りだすと、意味ありげに笑って差しだす。悩みなき七〇年代に発表されたものである。ひとつのイラストが目を引いた。ジェット機がまっ黒な粉を空中にまき散らしている。論文の著者は、濃い色の塵に熱を吸収する力があるのに気づいた。そこで、炭素の粉を大量にばらまけば地球の気温が上がって、人間にとっても作物にとっても好ましい環境になると力説していた。メリットはたくさんある、と熱弁は続く。雨が増える。低気圧の発達が抑えられる。昼は涼しく、夜は暖かくなる。春は雪解けが早い——。塵を使えばいくらでも素晴らしいことができるように思えたのである。

8章　ひたひたと降る塵の雨

上にあがったものは、いつかかならず落ちてくる。その当たり前の法則に従えば、毎年何十トンと空に巻きあげられる塵も、いずれは降ってこなくてはならない。降ってきた塵は、長い時間をかけて地球の表面を少しずつ変えていくことになる。恵みの塵もあるだろう。土を豊かにし、陸や海に住む小さな生命を養う。かと思えば、病や死をもたらす塵もある。カリブのサンゴを死滅させ、生物を汚染する。私たちの体のなかにも遠慮なく入りこんで、少しずつ溜まっていく。

どんな塵であろうと、塵降るところにはダスト（塵）・キャッチャーが待ちかまえている。塵をとらえる罠を陸に仕掛け、海底に仕掛け、氷を切りだすドリルと化学薬品セットに身を固めて塵をかき集める。彼らの研究を通して、しだいに善玉の塵と悪玉の塵が明らかになってきた。

カリブの土の謎

米国地質調査所で土壌を研究しているダニエル・ムースも、ダスト・キャッチャーのひとりである。

ムースは、長らく研究者を悩ませてきた謎を考えていて、ふと答えを思いついた。その謎とは、カリブのいくつかの島では土と土台の組みあわせがおかしいことである。岩盤が灰色なのに鮮やかな赤土が乗っている。いったいなぜなのか、誰も満足のいく説明ができない。ムースの考えはこうだ。突飛に聞こえるかもしれないが、その土は空から降ってきたのではないかと。

カリブの島々はたいていサンゴ礁の化石でできている。バルバドス島〔117頁の図8参照〕――南カリブ海に浮かぶ素晴らしき緑の楽園――もそうだ。おそらく一〇〇万年ほど前、浅い海の底に最初のサンゴが住みついたと見られている。サンゴは炭酸カルシウムの家をつくりはじめる。しだいに広い範囲を覆うようになり、新しい世代が少しずつ積みかさなっていった。しかし、サンゴにとっては予想外のことがあった。この浅い海底そのものが一〇〇年に約四・五センチのペースで少しずつ隆起していたのである。やがてサンゴ礁は水面から顔を出し、白い島が誕生する。このサイクルは数十万年のあいだくりかえされていった。生まれたての島のまわりにサンゴが新しい砦を築いては、上へと押しあげられていく。白い島は大きくなった。だが、このままでは植物はほとんど生えない。

「サンゴ礁は純粋な炭酸カルシウムでできています」とムースはいう。「つまり、カルシウムと炭素と酸素です。良い土ができる組みあわせではありません」

にもかかわらず、一六二七年に、当時は無人島だったこの島に入植したイギリス人たちは、島全体が美しい森林に覆われていたと報告している。それから三〇年もすると、バルバドスにはサトウキビがおい茂っていた。今でもこの島では作物が豊かに実り、花も溢れんばかりに咲きみだれている。どれも栄養がゆき届いているようにしか見えない。

バルバドス島の土は四〇センチから一メートルくらいの厚さがあり、色は赤褐色である。その土が、淡い灰色のサンゴの上に乗っている。土のおもな成分は「アルミノケイ酸塩」という鉱物で、アルミニウムとケイ素が豊富に含まれている。いっぽう、サンゴはほとんど混じり気のない炭酸カルシウム（石灰岩）だ。ムースは澄ました顔でいう。「石灰岩からは、どうしたってアルミニウムは出てこないんですよ」

石灰岩の土台にアルミノケイ酸塩の土。なぜこんな妙な組みあわせになったのかを説明しようと、いくつも仮説が立てられた。しかし、ほとんどが「土は土台となる岩石からつくられる」という前提に基づくものばかり。とうぜん、こういう説になる。もともとのサンゴが成長するときに、たまたまアルミニウムとケイ酸を吸いこんで、それが体のなかに残っていた。サンゴは水面の上に押しだされたために、石灰岩の成分はすぐに風化してしまった。サンゴのなかに閉じこめられていた鉱物は自由になり、少しずつ溜まっていってついには土になった——。

ムースはこの説をじっくりと考えた。そして計算をしてみたところ、この方法で今残っている量の土をつくるには、たぶんサンゴを二〇メートルくらい削らなくてはならない。ところが、サンゴ礁の化石にはほとんど削られた様子がない。

多くの支持を集める説はもうひとつあった。カリブ海には、5章で見たモントセラト島のような火山島が多い。火山が噴火すれば灰が大量にまき散らされるから、それが土になってもおかしくない。その証拠に、セントヴィンセント島の火山が一九七九年に噴火したときには、灰が一五〇キロ以上離れたバルバドス島にまで飛んできた。

それでもムースは、土の出どころが別にあるとにらんでいた。以前に論文を読んで知っていたのである。一九六〇年代後半にバルバドス島で宇宙塵を集めようとしたとき、かわりにつかまったのがサハラの砂塵だったことを。

サハラが遠くまで塵を飛ばしているのは、科学者のあいだで古くから知られていた。早くも一八四五年には、博物学者チャールズ・ダーウィンがサハラの塵についての研究を発表している。サハラの塵がどこまで飛んでいるかを、さまざまな人に聞いてまとめたものだ。たとえば、アフリカの沿岸を航海していた船は、サハラの塵が濃く立ちこめて視界がまったくきかなくなり、岸に乗りあげた。大西洋のはるか沖を進む船にもサハラの塵は降りそそぎ、帆や甲板や、機械類を汚した。一隻の船は、アフリカと南米の中間あたりを航行しているときにサハラの砂塵を浴びている。さらにダーウィンは塵そのものも詳しく調べ、淡水に住むケイ藻(そう)が十数種と、やはり十数種のプラントオパールが塵に含まれていたと記している。

しかし、サハラの塵が積もって厚い土になったなどと、どうすれば証明できるだろうか。バルバドスはサハラから何千キロも離れている。そのうえ、熱帯ならではの難しい条件もあった。雨がたくさん降るため、砂塵に含まれる成分のいくつかはたちまち溶けだして岩盤に染みこむ。こうなると、手がかりとなる塵の「指紋」が変わってしまう。雨に打たれてくたびれたバルバドスの塵と、真新しいサハラの塵。まるで、老人と少年の写真を比べるようなものではないか。年をとっても変わらない何かがなければ、ふたつの顔が同じ人物のものといいきることはできない。そんな特徴が残っているだろうか。

ところが、残っていたのである。ムースはきわめて溶けにくい成分に注目した。すると、バルバドスの土のサンプルからははっきりした指紋が浮かびあがった。サハラの特徴に間違いない。また、土台のサンゴがどれくらい古いかを調べた結果、サハラの塵は少なくとも七五万年前からバルバドスに降りそそいでいたことがわかった。

バルバドスはカリブの島々のなかでもかなり南に位置している。しかし、はるか北西の、フロリダ半島の先端にあるフロリダキーズ諸島にも、昔からサハラの砂塵が飛んでいるらしいことをムースはつきとめた。続いて、カリブ海のなかほどに浮かぶジャマイカの土もチェックした。ジャマイカはレゲエとマリファナで有名だが、ボーキサイトの産地としても知られている。ボーキサイトはアルミニウムの原料になる鉱石で、アメリカで売られている飲み物のアルミ缶はほとんどがジャマイカのアルミニウムでできている。

「ボーキサイトは、アルミニウムを豊富に含む粘土です」とムースは説明する。「かなり風化していまず。アルミニウム以外の成分はほとんど雨で流れでてしまいました。アルミニウムは水に溶けにくいので、雨が激しく降っても土のなかに残ることが多いのです。ジャマイカには世界有数のボーキサイトの鉱床が数箇所あります」。だが、やはり島の土台をつくっているのは古いサンゴである。「もともとアルミニウムを含む岩石がなければ、ボーキサイトはできません。くどいようですが、サンゴは石灰岩ですからアルミニウムは入っていないんです」

だが、サハラの塵ならアルミニウムをたくさん含んでいる。「ジャマイカやハイチのボーキサイトは、バルバドスの土よりさらに古い時代に積もったサハラの塵ではないでしょうか。古い分だけ風化の影響を強く受けているのです」とムースは語る。

今度缶ジュースを飲むときは、ぜひ思いだしてほしい。その缶をつくっているアルミニウムは、数十万年前、もしかしたら数百万年前に、サハラから大西洋を越えてカリブの島にひと粒ひと粒舞いおりたものなのだと。

「すごいと思いませんか！」ムースは目を輝かせる。「本当にすごいですよ」。では、せっせと塵を飛ばしてくれるサハラの功績をたたえて、缶ジュースで乾杯！……でも、すぐに何かで蓋をしておこう。こうしているあいだも、サハラの塵はやってきているのだから。

今では、サハラの恵みがはるばる南米大陸に飛んでいるのもわかっている。土の指紋を調べる作業はまだ終わっていないものの、サハラの塵がアマゾン盆地を豊かにしていることをほとんどの研究者は疑っていない。また、ハワイの土を分析したところ、いちばん上の層をつくっている土の一割から二割はアジアからの砂塵である可能性が出てきた。こうした地域にとって、砂塵はまさに天の恵みなのだとムースは指摘する。

「熱帯雨林は降水量が非常に多いので、土の栄養分がすぐに流れでてしまいます。残った栄養分も、ほとんどは植物が体のなかに抱えこんでいます。ですから、こういう森には植物にとってのご馳走があまりないんです。では、何百万年ものあいだどうやって森を維持しているのでしょうか。南米北部の場合でいえば、土壌に含まれる栄養分の大半をサハラの塵が運んでいるのではないかと考えています」

塵が土を肥やすことに気づいたのはムースがはじめてではない。およそ八〇〇〇年前、中国で農耕をおこなっていた人々はすでにそのありがたみを知っていた。彼らの土地――砂塵が厚く積もってできた黄土――には厄介な石ころが混じっていない。難なく耕せるし、スポンジのように水を吸いこむ。作物も目を見張るほどよく育ってくれる。丘の斜面の黄土に穴を掘れば、なかに住むこともできた。今の中国では、黄土の丘を無数の段々畑がうねうねと取りまいている。

黄土のように砂塵が積もってできた土を一般に「レス」と呼ぶ。世界にはレスの見られる地域がいくつもあり、どの場所でも盛んに農耕がおこなわれてきた。砂塵が今なお降りつもって厚みを増しているレスもある。たとえば、中国の北部では、砂塵がタクラマカン砂漠やゴビ砂漠から飛んできて、一平方キロメートルあたり毎年約二〇トンの割合で降りそそいでいる。アメリカの乾燥地帯――南西部やロッキー山脈東側の大草原――も、一平方キロメートルあたり二トンから一五トン程度の砂塵を受けとっていると見られている。この二箇所だけではない。世界の大きな穀倉地帯はすべて、塵がたくさん降りつもる場所と重なっている。アメリカ中西部、パンパと呼ばれるアルゼンチンの大平原、ヨーロッパの大部分の地域、ウクライナ、中央アジア、中国の面積の五分の一以上を占める黄土高原。すべて合わせると、これらの地域で世界中の小麦の五分の一が生産されている。家畜の餌になる穀物や牧草も豊富だ。

とすると、降りそそぐ塵はバルバドスのヤシやユリだけに栄養を運んでいるのではない。私たちすべてを養っているといえる。

南極の氷の下で命を育んだもの

南極大陸のマクマード・ドライバレー（図12）ほど、生命とかけ離れて見える場所はない。ところがここでも、塵のおかげでささやかな生命が花開いている。このフリーズドライされた荒れ地にはいくつか湖があって、どれもかなり大きい。今よりも気温が高く、南極大陸の海岸線がもっと内陸に入っていた時代のなごりである。もっとも、湖が水面を渡る風を感じることはない。三〜六メートルの厚さに張った氷に閉ざされているからだ。しかし、この厚い氷のなかでは小さな世界が、地球のあらゆるものから切りはなされたままひっそりとした営みを続けていた。

「ボニー湖という湖で、氷のなかのプランクトンやガスを調べていたんです」とダスト・キャッチャーのジョン・プリスクはふりかえる。プリスクはモンタナ州立大学の生物学者だ。「アイスコアを溶かしてガスを取りだしているときでした。氷のなかに塵が溜まっている場所があって、そこだけ亜酸化窒素ガスの濃度が高かったんです。もっとよく調べてみたら、なんと微生物がいるじゃありませんか」。湖の宇宙に浮かんだ、塵の惑星に住む、小さな小さな住人である。

濃い色の塵が空から降ってきて、ボニー湖の氷に落ちる。塵は日光を吸収して暖まる。やがて、ほんの少し氷が溶けて穴ができ、塵はわずかに沈む。次の日、塵はまた日光を吸収してさらに深く穴を掘っていく。ついには厚い氷のなかほどまでもぐっていった。こうして、氷の表面から二メートルほどのところに、いくつか塵の塊が点々と散らばるまでになった。いちばん大きい塵の塊は、長さが一〇センチ前後に達している。

九月のはじめ、南極の夏が氷を暖めはじめないうちにと、プリスクのチームはボニー湖の氷に穴を掘った。穴にカメラを入れてみる。すると、塵がつくる凍った宇宙が映しだされた。塵や砂の塊が青い氷に浮かび、凍った銀色の泡がカーテンのひだのように垂れかかっている（口絵5A）。

この氷の宇宙を顕微鏡で覗くと、ひとつひとつの塵の惑星がバクテリアの出す糸のようなもので巧みにつなぎ合わされているのがわかる（口絵5B）。もっと倍率を拡大すると、住人たちが姿を現した。塵を化学物質で染色してみたところ、髪の毛の太さくらいの灰色の世界に、鮮やかな色に染まった箇所がいくつも浮かびあがった。塵の大半を覆いつくしている青い部分が、生きたバクテリアである。明るい赤紫色の筋は、葉緑素が集中した箇所を示している。さらに拡大すると、ついに個々の住人をとらえることができた。赤紫に染まった小さな丸い生命がきれいに並んでいる（口絵5C）。プリスクは全部で約二〇種類のバクテリアと、一〇種類のシアノバクテリア（藍藻類ともいう）を見つけた。

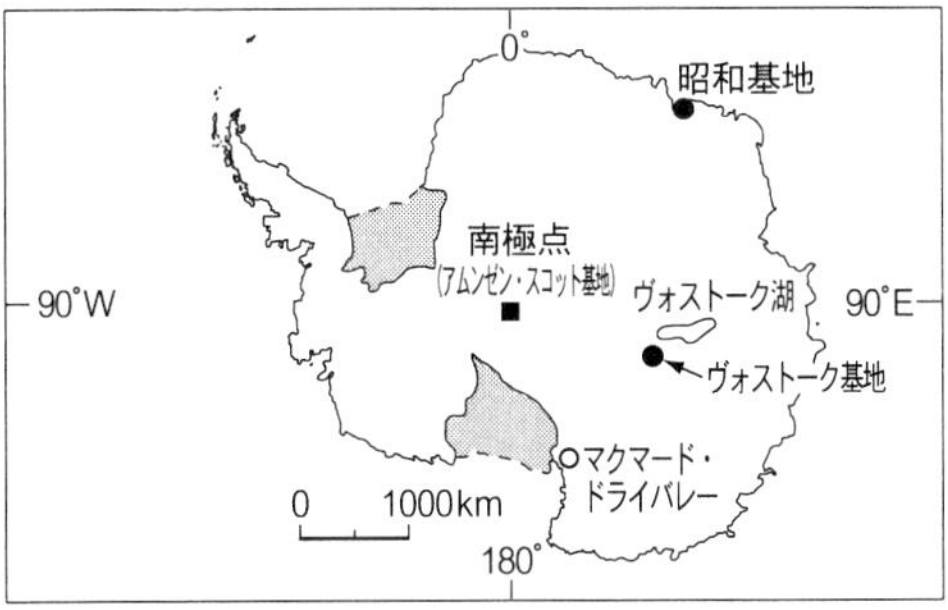

図12　南極の地図（神沼克伊著『南極へ行きませんか』出窓社、2001を参考に作成）

　南極に夏が来て日の光が強まると、ボニー湖の凍った世界は息を吹きかえした。氷のなかに二メートルも埋れていても、濃い色の塵は日光を吸収する。塵の塊は少しずつまわりの氷を暖め、氷のなかに小さな水のあぶくができていった。冬眠していたバクテリアは、水を与えられて目を覚ます。そして、塵を分解して栄養を取りいれては、子孫を増やす活動にいそしみはじめた。「まるで砂漠のオアシスです」。プリスクはしみじみと語る。「あの小さな水のあぶくが生命を支えているんですから」。南極大陸に太陽が顔を見せる四か月ほどのあいだ、氷の住人たちは力強く成長し、子孫を増やしていった。しだいに南極は太陽から遠ざかっていき、また闇に包まれる。塵の惑星はふたたび凍りついた。

　風は氷の上にバラエティ豊かな塵を落としてくれるので、どんなに好き嫌いの激しいバクテリアでも、気に入るごちそうにありつける。その証拠に、ある研究者がグリーンランドのアイスコアをいくつかに短く切って、有機物の残骸がどれくらい入っているかを調べてみた。アイスコアのひとつの部分からは、木のくずから菌類や藻類まで、単純な生物のかけらが全部で五七種類も見つかった。別の部分を見てみると、ありふれた植物ウイルスのかけらに加えて、菌類だけで二〇〇種類も確認できたという。

それにしても二メートルの氷の下とは！　よくも生きていられるものだ。しかし、上には上がいる。ボニー湖のバクテリアなど、プリスクが注目しているもうひとつのバクテリアに比べればまだまだ修行が足りない。南極大陸のオーストラリア寄りの地域には、ヴォストーク湖がある（図12）。面積は約一万四〇〇〇平方キロメートル〔訳注　琵琶湖の約二〇倍〕。液体の水面の上を、じつに四〇〇〇メートル近い厚さの氷河が覆っている。一九九〇年代に、いくつかの国の研究者が集まってヴォストーク湖の調査をおこない、慎重にアイスコアを切りだした。気候変動にかんするデータを手に入れるのがおもな目的だったのだが、アイスコアを調べる作業の一環として、バクテリアのチェックも怠らなかった。すると、氷の奥深く、水面のわずか一二〇メートル上のところで、チームは生命が爆発的に花開いているのを見つける。

「私がもっているバクテリアは七種類だけですよ」とプリスクは控え目に微笑む。同僚はもっとたくさんもちかえって、自分の研究室で育てているらしい。じつは、ヴォストーク湖の約四〇〇〇メートルの氷は、氷河の氷だけでできているのではない（図13）。水面に接している側から約二〇〇メートルは、湖の水が氷河に凍りついてできた氷だ。つまり、バクテリアが見つかった場所は、湖の水が凍りついた部分だったのである。この二〇〇メートルの部分がすべて、最初に調べたサンプルと同じ状況だとすれば、じつににぎやかな世界が広がっているにちがいない。氷を溶かせば、水一リットルにつき約一〇〇万個のバクテリア細胞がひしめいている可能性がある。海水中のバクテリアに比べればたいした数ではないが、南極という特殊な環境にあることを思えば、このバクテリアの繁殖力には目を見張るものがある。

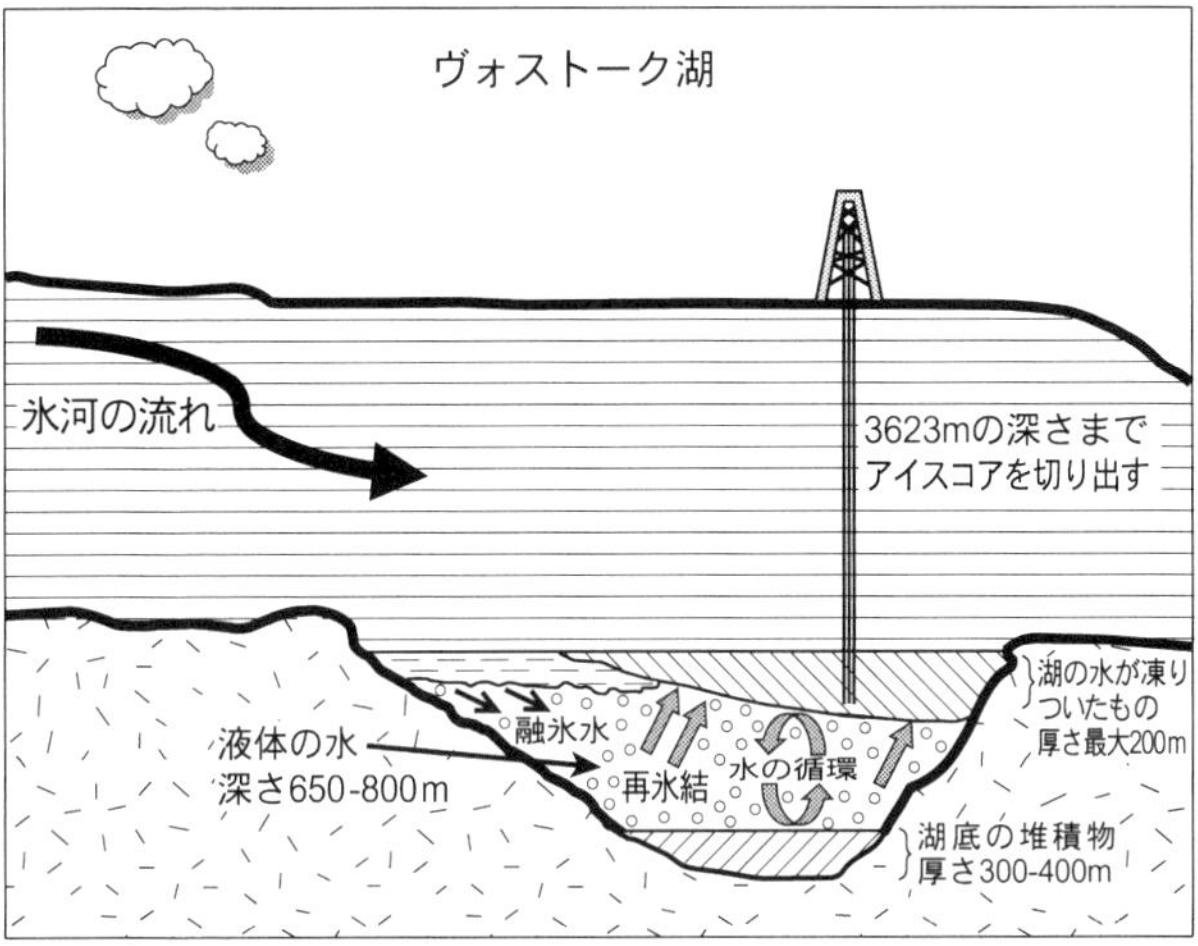

図13　ヴォストーク湖断面予想図（モンタナ州立大学Priscu Research Groupウェブサイト内のイラストを参考に作成）

なにしろヴォストーク湖は、一五〇〇万年ものあいだ氷河の下に埋れてきた。氷の圧力は一平方センチあたり約四七〇キロ。これだけをとってみても、とうてい住む気の起きる場所ではない。バクテリアたちはいったいどうやってこの場所にたどり着き、何を食べて生きているのだろうか。

「最初は雪と一緒に落ちてきたんでしょう。おそらく五〇〇万年ほど前に」とプリスクは何気なくすごいことをいう。バクテリアはそんなにも長もちする生き物なのである。バクテリアは雪と一緒に押しかためられて、氷河の一部になった。この氷河が、たまたまヴォストーク湖に向かって流れていったのではないか。それがプリスクの考えである。

「バクテリアは少しずつ湖のほうへ下っていきま

した。五〇万年後についに水面に触れて生きかえったのです。これまでにも、一〇〇万年前ものあいだ琥珀や永久凍土に閉じこめられていたバクテリアが生きかえった例があります。五〇万年後に息を吹きかえしたって、少しもおかしくありませんよ。バクテリアを保存するには凍らせるのがいちばんですからね」

目を覚ましたバクテリアは、やはり氷の表面から長旅をしてきた塵のご馳走にありついたのだろう。ヴォストーク湖の水はゆっくりと循環しているので、氷の蓋に触れた水の一部は蓋に凍りつく。だが、逆に水によって溶ける氷もあるはずだ。その結果、長いあいだ氷のなかで眠ってきたバクテリアと、餌となる塵が、たえず湖にしたたり落ちているとプリスクは考えている。

残念ながら、バクテリアたちの繁栄ぶりの秘訣を知る機会はしばらくおあずけとなった。現在、ヴォストーク湖の氷に穴をあける作業は中断している。地球の表面に住む平凡なバクテリアが湖に入りこまないようにするためである。

マリンスノー――海のオアシス

ジョン・プリスクは、氷に閉ざされた南極大陸にオアシスを見つけた。「マリンスノー」も、いわば厳しい環境に塵の恵みを運ぶ海のオアシスである。カリフォルニア大学サンタクルーズ校の海洋学者、メアリー・シルヴァーは、海底に降ってくる塵と生物の残骸を集めるダスト・キャッチャーだ。

マリンスノーはまるで海を漂う綿ゴミである。もとをたどると、「尾虫類」と呼ばれるオタマジャクシくらいの大きさの生物にいきつく。この生物は、粘液を分泌して体のまわりに透きとおった風船のような「家」をつくる。風船には網目状の仕掛けがついていて、その網で餌を濾しとって食べている。尾虫類にとって大きすぎる塵は網に引っかかり、ちょうどいい小ささの餌だけが網目を通って入ってくるというわけだ。一か月もすると、大きい塵で網目がふさがってくる。「網目がすべてふさがってしまったら、尾虫類は家を捨てます」とシルヴァーは説明する。この頃には、家がバスケットボールくらいの大きさになっていることもあるそうだ。そこには、ミジンコの糞や砂塵、動物プランクトンの死骸やケイ藻の死骸など、シルヴァーの言葉を借りるなら「おいしそうなものがいっぱい」詰まっている。

主(あるじ)のいなくなった家は、まっ黒な海を雪のようにゆっくり落ちていく。マリンスノー（「海の雪」の意）と呼ばれるのはこのためだ。マリンスノーは、沈むあいだにも泥や生物の死骸を集めていく。一個のマリンスノーが大きなクッションくらいのサイズになる場合もあるらしい。それだけ大きくなっても、人が手で払えば簡単に壊れてしまい、かけらはゆらゆらと漂いながら海に消えていく。

シルヴァーは、マリンスノーをつくっている種々雑多なもののなかでも、いちばん小さい塵に注目している。塵ひとつひとつが、小さいながらも立派な世界なのだとシルヴァーはいう。「粘液に覆われているので、塵にはたちまちいろいろなものがくっつきます。本当に綿ゴミにそっくりですよ。何でもくっついてしまうんですから」

しかも、たまたまではなくわざとそうしている生物も多い。たとえば、沈んでいく塵のかけらにはさまざまな藻類が住みついている。藻よりは少しばかり複雑な単細胞動物も寄ってくる。もっと複雑な多細胞の生物も、人生最良の時を沈む塵の上で過ごしている。

シルヴァーは海面から二〇〇〇メートルの深さに罠を仕掛けて、落ちてくるマリンスノーをつかまえている。すると、おもしろいことが見えてきた。微生物はマリンスノーをエレベーターがわりに使っているらしいのだ。しかも、自分が暮らしやすい深さまでしかいかない。海には深さに応じて違う種類の生き物が住んでいる。ひと筋の光も差さない想像を超える深い海でも元気でやっていける生物もいれば、水圧の高くない場所で日光を受けて暮らしたい生き物もいる。

「塵に住みついている生物は、深さによって顔ぶれが違います。生物は塵の上でそのまま死ぬか、適当なところで飛びおりるかのどちらかなんです」とシルヴァーはいう。「飛びおりなければ、迷子になって二度と戻れなくなるでしょうね」。あるいは、食べられてしまって二度と戻れないかだ。二〇〇〇メートルの深海でも、塵の上はけっして穏やかな世界ではない。深海のマリンスノーに付着した単細胞動物を調べると、もっと小さい単細胞動物やバクテリアを腹いっぱい詰めこんでいるのがわかる。

マリンスノーは海底に塵を運んでくれる。しかし、マリンスノーに乗りそこなった塵も、いつかはかならず沈んでいく。ただ、そのほとんどがきわめて小さい塵なので、自分の力だけでは落ちていけない。まずは雑食の生き物の胃袋に詰めこまれることになるだろう。その生物にとって栄養にならない塵、たとえば砂塵などは、体のなかを素通りしたあげく糞にくるまれて外に出る。糞の大きさはたかだか髪の毛二、三本分しかないが、沈むにはじゅうぶんなサイズだ。これが海底に雨あられと降りそそぐ。海底一平方フィート(一辺が約三〇センチの正方形)あたり、一日に数百個の糞が落ちてくるという。宇宙塵の権威、ドン・ブラウンリーが嘆いていたのはまさにこれだ。大切な宇宙塵が、海に落ちたときにたどる哀れな末路である。メアリー・シルヴァーはそれを聞いて思わず吹きだした。

「現実ってそんなものですよね」

農地や庭に塵をまく

どうやら恵みの塵が土を豊かにするのは間違いないらしい。だとしたら、自分のところは降り方が足りていないのではないか。そう考える農家が現れた。彼らは足りない分を埋めようと、自分で塵を手に入れて農地にまいている。オハイオ州のオーバーリン・カレッジで植物生理学と生化学を研究するデイヴィッド・ミラーは、この「鉱物成分の再補給」を冷静な目で研究してきた。鉱物成分の再補給とは、農地や庭に岩石の塵をまいて栄養分を補充する方法をいう。

鉱物成分の再補給はまずドイツで大流行した。今でも、盛んにおこなわれているのはおもにヨーロッパである。塵が激しく飛びかった一九七〇年代、ジョン・ハマカーなる人物が『文明の存続（*The Survival of Civilization*）』という本を書いて、鉱物成分を再補給するといかに素晴らしい効果があるかを説いた。「本人に会ったことはないんですが、相当に熱い人だったんじゃないかと勝手に想像しているんですよ」とミラーは笑って打ちあける。熱い人の例に漏れず、ハマカーは熱烈な支持者を集めた。インターネットを見てみれば、鉱物成分再補給の効き目をうたったページにいくつもぶつかる。栄養満点の巨大な野菜が実った。あるいは、木が凄まじいスピードで伸びた。どちらも土に塵をまいたおかげらしい。さらには、塵をまいた土で草を育てて家畜に食べさせたら、小羊は丸々と太り、ニワトリは黄身の色の濃い卵を産んだという話もある。これを採石業界が黙って見ているはずがない。なにしろ、石切り場からは毎年一億から二億トンもの無駄な塵が出ているのである。

「どこの採石場でも、こうした塵が山積みになっているわけです」とミラーはいう。「農務省は『ミネラルファインズ［粉鉱］』なんて呼んでますがね。まあ『ダスト［塵］』よりは響きがいいってことなんでしょうか」。米国農務省は、一九九四年に鉱物成分の再補給をテーマにした会議まで開いて、関心を呼びおこそうとしている。また、ミラーだけでなくさまざまな研究者が、塵を与えた土と与えない土で植物を育てくらべる実験をおこなってきた。

「はっきりいって、間違いなく効果はあると思います。ただ、それを証明するとなるとねぇ……そこがどうにも難しいところで」。ミラーはため息をつく。「一〇年くらい前から塵を与えている土があるんですけど、植物に含まれる鉱物の量に変化が見られないんですよ」。だが、別の研究者の実験では、栄養分のとぼしい土に塵を与えたらすぐに効き目が現れたという。たぶん、ひどい酸性の土を塵で中和するのと同じことだったのではないか、とミラーは考えている。そもそも石灰は、まさにそういう目的のために世界中の農家で使われている。極端に栄養不足の土が新鮮な塵を受けとれば、すぐに鉱物のバランスがよくなるのだろう。しかし、そのことと、植物が大きく丈夫に育つこととがどうつながるのかが、なかなかはっきり見えてこない。

最近ミラーは、塵を堆肥に加えたらどうなるかを研究している。バクテリアが堆肥中の植物を分解するスピードが上がるかもしれないとミラーはいう。また、バクテリアが塵も細かく分解して、ちょうど植物が吸収しやすい大きさにしてくれる効果も期待できる。

米国農務省も、堆肥に塵を加える実験をおこなってきた。だが、農務省で土壌の研究をしているロン・コーチャックによると、実験の結果にはばらつきがあったらしい。今のところ、ガーデニング愛好家の興味をかき立てるには至っていない。「でも、石膏ボードはですね……」とコーチャックは身を乗りだす。彼はこれまでいろいろな業界の塵で試行錯誤をくりかえしてきた。「これはなかなか使えると思いますよ。建設現場にいって、いらなくなった石膏ボードをもってくる。それを粉にしてまくんです」。このアイデアが大当たりしたという話もまだ聞かない。

しかし、どれもこれも根強い塵ファンにはどうでもいいことである。誰も、政府と科学界のお墨付きをもらった論文を待っているわけではない。特大ニンジンが育てられればそれでいい。だから、今日も誰かが庭や畑に塵をまく。凝り性の人には氷河に削られた岩粉が人気らしい。あらゆる種類の岩石が混じりあっているからだ。花崗岩の塵も、多種多様な鉱物を含むので評判がいい。種類は何でもいいから簡単に手に入れたいという方は、やはり近くの採石場にいくのがいいだろう。採石場の塵の場合は、一トンにつき数ドルの単価で買ってきて、畑一エーカーあたり数トンの割合でまくのがいいそうだ。

サハラの塵が病原体を運ぶ?

空から落ちてくる塵が恵みを運んでくるとはかぎらない。ダスト・キャッチャーがつかまえる塵のなかには、病や死をもたらすものもある。

米国地質調査所の地質学者、ジーン・シンは、一九五〇年代からフロリダキーズ諸島でサンゴ礁の写真を撮りつづけている。最近のサンゴ礁は間違いなく何かがおかしい。たしかにカイメンはちゃんといる。金や紫やオレンジの、でこぼこした壺のような姿が美しい。色鮮やかな魚の群れも、大きな蝶のようにサンゴ礁の上をひらひらと泳ぎまわる。海底では、サンゴが砕けてできた白い砂の上で、巻貝が重たげな体を引きずっている。しかし、ノウサンゴの姿はどうだろう。このサンゴの多くは病気にかかり、岩の塊のような淡い色の肌に黒い輪を浮きあがらせている。サンゴ礁に生える紫色のウミウチワもそうだ。一メートルを超える高さにまでレース編みの枝を広げているが、そこには不気味な斑点が浮きでている。

シンがサンゴ礁の異変に気づいたのは一九七〇年代の終わりだった。「一九八三年の夏になると、七〇年代から病気になりはじめた二種類の枝サンゴが、カリブのいたるところで死にはじめたんです。ついには全体の九割もが死んでしまいました」。シンはしわがれ声で話す。「それだけではありません。ウニのなかにはサンゴ礁をきれいに掃除してくれる種類があるんですが、それがわずか三、四か月で死にたえてしまったのです」。さらには、薄紫色のウミウチワに濃い紫色の潰瘍のようなものができた。潰瘍はしだいに外側に広がっていって、まんなかに死んだ組織だけが残った。

もちろんこれはカリブだけの話ではない。今では世界中のほとんどのサンゴ礁が何らかの被害を受けている。病気や白化に苦しむサンゴは、どこの海を訪ねても珍しくなくなった。とくにダメージのひどいサンゴ礁では、サンゴがつくはずの場所を藻が乗っとっている。なぜこうした事態になったのか、さまざまな仮説が立てられている。いちばん支持されているのは、海の汚染と温暖化が組みあわさったためにサンゴが弱り、逆に天敵が勢いづいたという説だ。フロリダキーズのサンゴに被害が出はじめたときも、シンをはじめ多くの研究者は人間の垂れながした汚染物質に原因があると考えた。下水、動物の排泄物、化学肥料。どれも近くの陸で生まれてから、たいてい最後は海に流れでる。こうした物質が絶好の栄養となって藻が大増殖し、サンゴの居場所を奪うとしてもおかしくはない。

たしかに、海の汚染や地球の温暖化はサンゴに不利に働いているだろう。カリブでは藻を食べてくれるウニがいなくなったために、二重の痛手となっている。しかし、シンはしだいに別の方面に目を向けはじめた。一九八〇年代にサンゴに病気が広がったあとで、シンはふたりの科学者の研究に興味を引かれる。ひとつは、マイアミ大学で塵を追いかけているジョー・プロスペロの論文である。プロスペロによれば、一九七〇年代にサハラの南のサヘル地域が干ばつに見舞われた結果、いつもより大量の塵がサハラを飛びたって大西洋を渡るようになった。カリブに降りそそぐ塵は、一九八三年には土砂降りといってもいい量になっていた。プロスペロの計算では、大西洋を越えてくるサハラの塵は年間数億トンに達する。シンがもうひとつ注目したのは、海に鉄をまくと植物プランクトン（藻類も植物プランクトンの仲間）の大増殖が起きるという報告だった。7章でも触れた、いわゆる「鉄仮説」である。「しだいにこう考えるようになりました。サンゴの病気が広がった時期と、サハラの塵が増えた時期は重なるのではないかと」とシンは語る。「事実、一九八三年も非常に塵の多い年だったんです」

はじめのうちシンは、サハラから飛んできた塵が海に鉄などの栄養分を与え、藻の大増殖を促したと考えた。今では別の説を唱えている。しかもそれは、サンゴの問題だけに留まらない大きな仮説に広がってきている。サハラの塵が、南北アメリカ大陸にさまざまな伝染性の病原菌を運んでいるというのだ。

一九九六年、サウスカロライナ大学の生物学者のチームは、病気にかかったウミウチワに菌類が付着しているのを見つけた。ＤＮＡを調べてみると、その菌類はコウジカビの一種（学名*Aspergillus* sydowii）だった。さらにチームは、ヴァージン諸島上空を飛んでいたサハラの塵をつかまえ、詳しく分析してみた。すると、まったく同じコウジカビが含まれているではないか。試しにチームが、まだ病気になっていないウミウチワをわざとサハラのカビに感染させてみたところ、例の潰瘍がみるみる広がっていった。

コウジカビの仲間は世界中の土に住みついている。非常に丈夫で、塩分や糖分をきかせてつくった保存食にもひるまない。だから、古くなったゼリーによく生えるカビ、といえば思いあたる方も多いだろう〔訳注　日本では、日本酒や、味噌・醤油などの発酵食品に広く利用されている〕。どこにでもいるからといって、まったく害がないわけではない。高齢者やＨＩＶ感染者など免疫力が弱っている人の場合、ある種のコウジカビが体内に入ると肺に感染症を起こすおそれがあり、悪くすれば命を落とす。

それにしても、コウジカビだって乾いたサヘルの大地で幸せに暮らしていたのだろう。その生活を捨てて、わざわざカリブの海のなかに引っ越してくるものだろうか。しかし、微生物学者にいわせると、この程度の環境の変化ならごくふつうに順応できるらしい。たしかに、ウミウチワに取りついていたコウジカビは、水中でもまったく元気に生きているようだ。おかげで、多少の例外を除いて多くのウミウチワが死んでしまった。シンによると、コウジカビはまだ水中で胞子を飛ばすコツをマスターしていないので、病気がウミウチワからウミウチワへとうつることはない。病気が広がるためには、新しいカビの胞子が次々に落ちてくる必要がある。

何人かの研究者がシンの説に異議を唱えた。アメリカの土が川で削られて海に運ばれても、コウジカビは難なく海に流れこむ。カリブ海に広がったのも、風で飛ばされたからではなく海流に乗ったためではないか。シンは反論する。もしそうなら、病気の広がり方が違ってくるはずだと。「病気が広がったとき……ウニが死滅した場合もそうでしたが、カリブ海のあらゆるところでほとんど同時に起きているんです」とシンは指摘する。カビが海流に乗って移動するなら、病気は少しずつ広がるはずだ。「カビの胞子が空から一斉に降ってきたと考えれば、説明がつきます」

それに、無人島のまわりでもウミウチワはカビに悩まされていた。土壌の侵食も汚染もありそうにない島なのに。「まったく何もない離れ小島のまわりにも、カビはいます」とシンはいう。「ハイチの西にあるナバッサ島は、水が非常に透きとおっていて、六〇メートル以上の深さまできれいに見えます。人っ子ひとり住んでいません。でも、ウミウチワは病気なんです」

カビだけでも厄介なのに、さらなる問題がある。サハラの塵は鉄とリンの味がするので、藻類にはこのうえないご馳走になっているようなのだ。藻類が大増殖して、巻貝や魚やウニがどんなに食べても追いつかなくなると、サンゴは藻に覆いつくされて息ができなくなる。サンゴ礁の表面を藻がひとりじめしているため、新しいサンゴが取りつくこともできない。

そしてもうひとつ。サハラの塵は人間も襲っているのではないかとシンは考えている。カリブの島々では、サハラの塵が波の上に立ちこめる時期がきて、船や車を淡いピンクに染めはじめると、鼻風邪を引いたときのような鈍い頭痛を訴える人が現れる。南フロリダでも、医師はサハラの塵に警戒の目を向けるようになってきた。喘息などの呼吸器の病気を抱える人は、サハラの塵によってとくにダメージを受けるおそれがあるからだ。シンは慎重に言葉を選びながら恐ろしい指摘をする。サハラの塵が増えはじめた時期と、喘息の患者数が急激に増えてきた時期が重なると。どちらも一九七〇年代からである。

「私はただの地質学者なんですよ。どうしたことかこんな問題に首を突っこんでしまって」。シンは困ったような顔で笑う。「でも、講演などでこういう話をすると、みなさん身を乗りだしてきます。サハラの塵は、じつは恐ろしいほどの力をもっているんです。そういえば以前、プエルトリコにいきましてね。ちょうど塵が襲ってきているときでした。じかに太陽を見ても平気なんです。すっかり霞んでしまっているので。においもしますよ。泥のにおいというか、土ぼこりのあがった道のようなにおいというか。塵が舞っているのを感じることもできます。塵がひどいと空港は閉鎖です」。シンはさらに続ける。「サハラの塵がコウジカビを運んでいるのはもうわかっていますが、それだけのはずはありません。じつをいうと、ほかに何が入っているのか、誰も培養してみたことがないんです。ぜひ知りたいですね」

　シンはサハラの塵を調べるようになってから、奇妙な話をいくつも耳にしている。たとえば、あるカリブの島では、貯水槽がすぐに塵でいっぱいになってしまうらしい。しかも、その塵には相当な量の水銀が含まれているという。ちなみにサハラの国のひとつ、アルジェリアには、水銀の鉱山がある。別の貯水槽からは、殺虫剤を含んだ塵が出てきたそうだ。アメリカではとうの昔に禁止されたものだが、別の国ではまだ使われている。一九八九年には、カリブ海のウィンドワード諸島［117頁の図8参照］が災難にあった。アフリカからの塵と一緒に、なんと二、三センチのバッタの大群が降ってきたというのだ。「こういうこぼれ話のたぐいなら山ほどありますよ」。シンはくすりと笑う。だが、しっかりしたデータがない。

　二〇〇〇年の春、シンはＮＡＳＡの支援が得られることになり、ついに欲しかったデータを手にする。二月二六日、ＮＡＳＡの観測衛星は、金色の塵の雲がアフリカを旅立つのをとらえた。それまでに類を見ない途方もない大きさだった。塵の雲は猛スピードで西に向かい、大西洋を渡っていく。ポルトガル沖のアゾレス諸島でひとりの研究者が塵のサンプルをつかまえ、分析してほしいとシンのチームに送ってきた。調べおえて一同は啞然とする。水銀と、ベリリウム7という放射性の物質が大量に見つかったのである。

「あのベリリウム7の量！　目を疑いましたね」とシンはふりかえる。「ひとつのサンプルでは、職場環境の上限に定められている数値の三倍にも達していました。水銀の濃度は二PPMだったんです。二PPMといったら、ふつうの四〇倍から五〇倍の量ですよ。カリブの人たちがこんなものを吸っていたなんて！　放射性物質が肺のなかまで入っているんです！」

ベリリウム7は大気中で自然につくられる物質である。ふつうは空中を漂っていて下には降りてこない。おそらく砂塵が空を飛んでいるうちにベリリウム7を吸収し、地上に連れてきたのだろう。水銀の出どころはわからない。この塵の雲には放射性の鉛もかなりの濃度で含まれていた。放射性の鉛は、空気中のラドンガスから生まれる天然の物質である。

NASAは、カリブ海で塵をつかまえる大規模なプロジェクトを後援することにした。NASAが知りたいのは、塵がサンゴ礁に何をしているかはもちろん、カリブの島々やアメリカ南東部に住む大勢の人々にどういう影響を与えているかである。サハラの塵と一緒に、どんな生物や化学物質がどれくらい降ってきているのか。このプロジェクトが完了すれば、それがついに明らかになる。

すでに塵にひそむ住人の調査を始めている科学者もいる。サウスカロライナ大学の海洋生物学者、ギャリエット・スミスだ。ウミウチワの病気がコウジカビのせいだとつきとめた研究者である。今度は連邦政府の資金援助を得て、サハラの塵からコウジカビ以外の殺し屋を見つけようとしている。

「菌類から先に調べるようにいわれています」とスミスは語る。白髪混じりの長髪をうしろに束ねた、優しい声の男性だ。「私たちの健康を脅かす可能性が高いですからね」。菌類が恐ろしいのは、薬ではなかなか殺せないからである。健康な体なら、ふつうは菌類を撃退できる。しかし、いったん菌類が体内に入りこんで足がかりを築いてしまうと、取りのぞくのは非常に難しい。免疫力が弱っている人は、菌類のせいで命を落とす危険性が高い。

サハラの塵は菌類でいっぱいだった。スミスが塵から胞子を取りだして、餌が乗ったプレートに落とすと、菌は一気に成長を始める。ごく大まかなDNAの特徴を調べただけでも、土に住む菌類が何種類も確認できた。肺炎に似た症状を起こすブラストミセスという菌類も見つかっている。

スミスが菌類のつぎに重点を置いているのはバクテリアである。「バクテリアにもいろいろな種類がいますよ」とスミスはいう。ただし、まだ正体をつきとめられたものはないらしい。病原体が空から降ってくるという考え方自体が比較的新しいため、この問題にとりくんでいる研究者の数は少ない。「楽しいですね、何か見つけるたびに」。スミスはかすかに笑って本音を覗かせる。「なにしろ、新しいことばかりなんです。誰も目を向けていなかったんですから」。幸か不幸か、NASAの調査がペースをあげるにつれて、目を向ける人の数は増えている。二〇〇一年の春、ジーン・シンは、自分のチームが塵のなかからバクテリアと菌類を一三九種類見つけたと発表した。そのうち一四種類は、小麦、豆、ニレの木、イネ科の植物、モモの木などを攻撃することが知られている。

空を旅する胞子のゆくえ

空から降ってくる微生物が災いをもたらす。たしかに、科学者にとっては新しくて恐ろしい問題かもしれない。しかし、農家にとっては、恐ろしいことに変わりはないがけっして新しい問題ではない。砂塵と違って、カビの塵は目的があって風に乗る。新たな獲物の上に舞いおりるという目的だ。成功率は高い。アメリカの主要な作物が受ける被害のうち、四分の三近くはカビのせいである。農家の損害は年間数十億ドルにのぼる。

「アオカビ」はそんな農家泣かせの塵のひとつだ。タバコ農家ではアオカビがつかないようにと、週に一回は農薬をまくところが多い。おかげでタバコは、地球のどんな作物より化学物質を浴びている。チャールズ・メインは、アオカビの謎を少しでも解きあかして農薬を減らすのに役立てようと考えた。そこで、アオカビの塵がいつどこに降ってくるかの予報を出すことにした。すでに第一線は退いたものの、メインは今でもノースカロライナ州立大学で植物病理学を研究している。タバコの産地として名高いノースカロライナで何年もカビの流れを追いかけてきたメインは、今では天気を読むように胞子の雨を予想できるようになった。

「気象学と生物学を合体させたわけです」とメインは話す。「最近では四八時間前に予報を出していますよ」

メインは、キューバ、中米、カナダ、アメリカの各地の研究者と連携して、カビの動きに目を光らせている。どこかでアオカビが大発生したら、天気を予測するコンピュータ・モデルを使って、カビの胞子がつぎにどこに落ちるかを予想する。ある春の日、メインはその年はじめてアオカビがアメリカに押しよせてくるのをつきとめた。アオカビはいつものようにキューバのタバコの葉を平らげると、北に向かって飛びたった。「先週の金曜日、カビは風に乗ってキューバからメキシコに向かいました」とメインは説明する。「ところが、土曜日には風向きが変わって、南フロリダに飛んできたんです」。春の風がいつもどおりのコースを通るなら、カビの胞子はフロリダから北に向かい、はるばるカナダまで旅をする。メインは先手を打つためにまず天気を予測し、その天気のもとで胞子がどういう運命をたどるかを考えている。

「アオカビの胞子は非常に寿命が短いんです。直射日光を浴びたら三〇分ともたないでしょう。胞子がキューバを飛びたったあとで、もしも嵐になれば、胞子は雨と一緒に洗いおとされます。晴れれば、フロリダに着く頃にはほとんどの胞子が死んでいます。でも、曇ったり霧が出たりすれば、胞子は生きつづけます。こうやって、予想されるカビの通り道に沿って天気がどうなるかを順に見ていくのです」

胞子にとって空の旅は厳しく、たくさんの犠牲者を出す。カビはそれを見込んで、途方もない数の胞子を吐きだしている。カビがはびこる畑では、空気一立方メートルあたり一〇億個を超える胞子が漂う場合があるという。胞子の流れは、たいてい決まったスケジュールで地球をあちらこちらに移動している。途中で死ぬ胞子は多い。的(まと)を外して、好物の植物から何キロも離れた土地に落ちる胞子も数知れない。それでも、さらに多くの胞子が絶好の場所に舞いおりて病気を広げていく。

カビのなかでも、バイキング並みに行動範囲が広いのが「サビキン」だ。サビキンは、穀物やリンゴ、コーヒーなど、ありとあらゆる植物にとりついてさび病という深刻な病気を引きおこす。しかも、大海原を楽々と越えていく。一九六六年、大西洋に面したアフリカのアンゴラで、コーヒーの木にさび病が発生した。元凶となったサビキンはわずか一週間ほどで大西洋を渡り、ブラジルのコーヒーの木を荒らした。小麦につくサビキンは、メキシコからアメリカ北部まで数百キロの旅をするくらい、わけもなくやってのける。

農家がどれだけカビ予報を待ちのぞんでいたかは、チャールズ・メインの運営するウェブサイトがはっきりと物語っている。メインはこのサイトで週に三回アオカビ予報を出しているのだが、サイトには一年で二五万件以上のアクセスがある。中米や北米のタバコ農家は、予報をチェックしてから農薬をまくようになった。

メインはアオカビ予報だけに留まることなく、新たな挑戦を始めている。今度はエステル・レヴェテイン——5章にも登場したオクラホマの空中生物学者——と組んで、花粉予報を出すという。アオカビのケースのように、この空飛ぶアレルゲン（アレルギーの原因となる物質）の通り道もうまく予想できるだろうとメインは考えている。「アレルゲンをつかまえて数をかぞえている頃には、患者はもうくしゃみをしています。私たちはもっと早い段階で余裕をもって予報を出せると思いますよ。そうすれば、あらかじめ花粉対策が取れますからね」。塵予報は現実のものとなりつつある。

空を飛ぶ有機汚染物質

塵の動きを把握するには、降ってくる前に予想するのがひとつの方法だ。しかし、「降ってきたあとで予想」しても役に立つ場合はある。落ちてきた塵を見て、どこでどんな危険な塵が立ちのぼっているかを知るのである。ラトガーズ大学の環境化学者、スティーヴン・アイゼンライクは、ニュージャージー州の各地に塵モニターを設置して、モニターのネットワークをつくっている。モニターがとらえた汚染物質を見れば、そのときの風向きがわかるとアイゼンライクはいう。シロアリ駆除剤のクロルデンが見つかったら、風は南から吹いていた。塵が少なければ北風だったにちがいない。

アイゼンライクが研究しているのは、「残留性有機汚染物質」と呼ばれる物質である。その多くはガスとして漂っている。雨と一緒に落ちてきたり、空気中の塵にくっつく場合もあるが、ふつうはガスだと考えていい。

毒性の強いＰＣＢ（ポリ塩化ビフェニル）もこうした物質の仲間だ。ＰＣＢは動物の脂肪のなかに溜まる性質があるため、その動物を食べた別の動物の体にもそっくりそのままＰＣＢが入りこむ。こうして、どんどん食物連鎖の階段を上がっていく。ニュージャージーの場合、ほとんどのＰＣＢはガスの状態でハドソン川の河口の水に溶けていくとアイゼンライクはいう。複雑な分子が、ひとつまたひとつと水のなかに滑りこんでいくのである。ところが、ＰＣＢのなかでも分子が大きいものになると、ひと塊の粒子となって空を漂うことがある。空飛ぶ粒子は何でもそうだが、ＰＣＢの粒子もいつかは地上に降りてくる。かつてＰＣＢは電気器具などにたくさん使われていた。その後、電気器具から漏れだし、数十年たった今でもそのままの姿で私たちのまわりを漂っている。ＰＣＢの粒子がひとつ地面から舞いあがっては、風に吹かれてさまよい、別のところへ落ちる。一日先か一年先かはわからないが、その粒子はまた飛びあがって新しい場所に降りていく。

「過去五五年のあいだ、私たちはＰＣＢをまき散らしてきました。それはみんなどこにいったと思います?」アイゼンライクは尋ねる。「北米やヨーロッパや北極の土のなか。植物のなか。それから、大西洋の水のなかです。問題は、土はいつまでＰＣＢを空中に吐きだしつづけるかということです」。それをいやがっているのではない。アイゼンライクは、むしろＰＣＢにどんどん飛んでほしいと思っている。ＰＣＢを小さくて安全な分子に分解するには、大気の自然な化学反応に任せるのがいちばんだと考えているからだ。しかし、飛びながら壊れてくれるのはごく一部だけである。しかも、世界中のＰＣＢのうち、空中を漂っているのは全体の数万分の一にすぎない。

産業によって生みだされ、いまだに大地と空のあいだをさまよっている化学物質はほかにもある。たとえば鉛がそうだ。アメリカでは数十年前に有鉛ガソリンの使用が禁止されたにもかかわらず、鉛は今も道端の土のなかに溜まっている。ただ溜まっているだけではない。風に誘われるまま、いつでもどこへでも気ままに漂っていく。水銀やダイオキシン、ヒ素やＤＤＴ。どれも飽きることなく空中を駆けめぐり、たえず雨となって落ちてくる。こうした毒物が土のなかでゆっくり休むのか、ふたたび宙に舞いあがるのか、はたまた脇道にそれて動物の体に入りこむのか——すべては運しだいだ。

では、こうした有害な塵は地球全体でどれくらい降っているのだろうか。アイゼンライクのもうひとつのネットワークから、全体の様子が推しはかれるかもしれない。アイゼンライクは、五大湖の周辺でも塵を監視するモニターのネットワークをつくっていて、一〇年以上前から観測を続けてきた。そこからは、恐ろしい数字が弾きだされている。一九九四年に、五大湖のひとつであるヒューロン湖〔訳注 九州と四国を合わせたくらいの面積〕に降りそそいだＰＣＢの量は、雨として降ったものと粒子として落ちたものをあわせると約一八〇キロ。ＤＤＴは約三七キロだった。水銀はもっとひどい。ガスの状態で水に溶けこんだものがほとんどで、塵として降ったのはわずかだが、両方合わせるとじつに一年で一〇〇トンの水銀がヒューロン湖の水に入りこんだ。

こうした毒性のある化学物質は、国境を越えて被害をもたらすおそれがある。そのため、各国共通の基準を定めて汚染を減らそうとする動きが盛んになってきた。自分の国の魚やクマや、カエルや人間を守りたいなら、方法はただひとつ——世界のすべての国から、有毒な塵が立ちのぼらなくなる手立てを見つけるしかない。

人間の肺に降りつもる塵

最後のダスト・キャッチャーは、陸でも海でもなく、人間の肺に降りつもる塵の正体をつきとめようとしている。そもそも私たちは、一日にどれくらい塵を吸いこんでいるのだろうか。飛びぬけて空気のきれいなところに住んでいても、なんと一五億個以上。ほとんどの人はその何倍もの塵を吸っている。

もちろん、人間の肺にとって塵はおなじみのものである。人類は地球に誕生してから、砂漠や洞穴にも、花粉の飛びかうサバンナにも、湿ってカビだらけの森にも暮らしてきた。人間が鼻やのどを進化させたのは、自然界の塵をできるだけ肺に入れないようにするためである。だから、砂塵にしても花粉にしても、のどより奥に進むことはほとんどない。人体はなかなか立派な防塵装置つきといっていい。

しかし、ここ一〇〇年のあいだに、私たちのまわりに落ちてくる塵は様変わりした。工業時代が生みだす塵は、自然の塵と比べるとはるかに小さい。鼻や気管に仕掛けたねばねばした罠をすり抜け、細かく枝分かれした肺の奥に忍びこんでそこに居座ってしまう。世界中で大勢の人々が、汚れた空気のせいで命を落としている。しかも、にわかには信じがたいほどその数は多い。中国ではじつに年間一〇〇万人。アメリカでも六万人もいる。

モートン・リップマンは研究の道に進んで以来、人に死をもたらす塵を追いつづけている。彼は茶色のズボンをぴしゃりと叩いて、わずかに舞いあがる塵に目をやった。「塵とともに四五年ですよ」とかすかなニューヨークなまりでいう。どこか世のなかに嫌気が差したといった雰囲気。それでいて机の上の壁には、自分で描いたらしき溢れんばかりのバラの絵が掛かっている。リップマンは疫学者だ。特定の集団のなかでどういう病気がどれくらい広がっているかを研究している。とくに注目しているのが、汚染物質の量が跳ねあがると、病院や霊安室が膨れあがる現象である。

塵と死亡がどうつながるのかをつきとめるため、ひとつの都市について日々の塵の量を記録するという方法がよくとられる。ある一日は一立方メートルの空気に塵が四〇マイクログラム（一マイクログラムは一〇〇万分の一グラム）。次の日は五〇マイクログラム。その次の日は三五マイクログラム。こうして記録しながら、同時にその都市の死亡率（人口一〇〇〇人あたり何人が亡くなるかの割合）も毎日記録していく。日々変化する塵の量と、日々変化する死亡率。ふたつのグラフを比べると、不思議なことに気づくはずだ。両方とも一緒に増えたり減ったりしている。

「大気汚染のせいで人が死んでいるように見えますね」とリップマンはごく当たり前のようにいう。「どうやら、塵の量を見れば死亡率がわかるようなんです」。疫学の研究からは、非常に気がかりな事実も浮かびあがる。健康にまったく害が及ばない安全な塵のレベルというものが見つけられないのだ。どんなに厳しく塵の量を規制しても、やはりその塵で命を落とす人が出るのは避けられそうにない。

どれだけ塵が増えればどれだけ死者が増えるかを、疫学者は恐ろしいほど具体的にいい当ててみせる。大まかにいって、空気一立方メートルあたりの塵の量が一〇マイクログラム増えれば（たとえば四〇から五〇に）、死亡率は〇・五ないし一パーセント高くなるという。リップマンはこう指摘する。「割合のうえではほんの少し増えるだけです。でも、都市には何百万もの人が住んでいますからね」

疫学の研究からわかるのはこれだけではない。塵が増えると、人がどういう病気で亡くなるかまで予想できるようになってきた。多いのは肺塞栓症である。呼吸器の感染症で命を落とす人も増える。不思議なのは、うっ血性心不全や不整脈、あるいは心臓の冠状静脈の病気で死ぬ人まで増えることだ。塵の量がとくに多いときには、心臓病で亡くなる人のほうが肺疾患で亡くなる人より多い場合さえある。

命にかかわらなくても、塵をたくさん吸いこめば体にさまざまな悪影響が現れる。空気中の塵の量が一〇マイクログラム増えれば、気管支炎にかかったり咳が止まらなくなったりする人が一〇〜二五パーセント増えるとする研究もある。別の研究では、一〇マイクログラムの塵の増加で、喘息の発作を起こす回数が一〜一二パーセント増えるという。また、ひとつの国のなかでも、空気の汚れた都市に住む人は、空気のきれいな都市に住む人と比べて肺活量が一五パーセント少ないとする研究もある。

塵によるダメージをいちばん受けやすいのは、六五歳以上の高齢者と子供だとリップマンは説明する。子供が吸いこむ空気の量は、体重との比率で考えると大人より多い。そのため、体重のわりにたくさんの塵を吸ってしまう。しかも、まだ体ができあがっていないので、塵に含まれる有害な化学物質を大人ほどうまく体の外に出すことができない。疫学の研究からは、汚れた空気が子供の喘息や乳幼児突然死症候群につながることが指摘されている。さらには、空気が汚れているほど、体重の少ない赤ん坊が生まれやすくなる。体重の少ない赤ん坊は、ふつうの赤ん坊よりも体にさまざまな問題が生じる危険性が高い。

「空気中の微粒子は、人の寿命に間違いなく影響を与えています」とリップマンはいう。「しかも、ＳＩＤＳ、つまり乳幼児突然死症候群とも関連しているようなのです。塵を規制するために予算をつぎこむ価値はじゅうぶんあると思いますね。たとえ、細かい点のすべてが明らかになっていなくても」

こう考えているのはリップマンだけではない。塵を研究する大勢の科学者が、塵を取りしまる法規制を厳しくすることを目指して、根拠となるデータを集めている。リップマンが所属しているのは、マンハッタンから北に一五〇キロほど離れたニューヨーク大学医学部の目立たない一部門だが、まさにそうしたデータを集めるために米国環境保護庁（ＥＰＡ）から多額の資金援助を受けている全米でも数少ない組織のひとつだ。

ＥＰＡが、健康への影響を危ぶんで空気中の塵の量に上限を設けたのは一九八七年。はじめは「ＰＭ一〇」と呼ばれる直径一〇ミクロン（髪の毛の太さの一〇分の一）以下の微粒子をターゲットにして、その量を規制していた〔訳注　ＰＭとは「粒子状物質（Particulate Matter）」のこと〕。このサイズの微粒子は肺に入りこみやすいと考えられていたからである。ところが、さまざまな研究が進むにつれて、本当に恐ろしいのはもっと小さな塵ではないかという声があがりはじめる。ハーヴァード大学は画期的な研究をおこない、全米で毎年数万人もの人々が小さいサイズの微粒子のせいで死亡していると発表した。また、小さいサイズの微粒子どころか、「ＰＭ一〇」の基準値でさえ守られていない地域がたくさんあった。一九九九年の時点でも、大都市と乾燥地帯に住む約三〇〇〇万人の人々は、いぜん「ＰＭ一〇」の基準値を超える量の塵を吸っていた。

一九九七年、ＥＰＡは直径が二・五ミクロン以下の微粒子、つまり「ＰＭ二・五」をターゲットにした新しい規則を定める。以前の基準では、空気一立方メートルあたりの塵が五〇マイクログラムまでなら許されていたが、新しい基準ではその数字を半分以下に引きさげた。

中西部の工業地帯からは猛烈な抗議が巻きおこる。そこに加わったのがトラック運送業である。なんといっても、都市の空気に漂う「ＰＭ二・五」の三〇パーセントはディーゼル車から出る微粒子だ。規制が厳しくなってはたまらない。ＥＰＡはいつのまにか裁判沙汰に巻きこまれていた。塵が死亡の原因だという確かな証拠もないのに規制するのは不当だ、と訴えられたのである。連邦裁判所は新基準の実施を差しとめた。そこでＥＰＡは、優秀なダスト・キャッチャーに依頼して、確かな証拠集めに乗りだした。

塵が人を病気にするとき

リップマンのオフィスから廊下をはさんだ向かいには、リップマンの相棒、リチャード・シュレシンジャーがいる。シュレシンジャーは背が高く、おそろしくきちんとした人物である。プレスのきいたウールのズボンに、磨きあげた黒い靴。きれいに片付いたオフィス。窓にはブラインドを下ろしてある。微笑みまでもがすばやく無駄がない。シュレシンジャーは毒性学者だ。有害な化学物質が生物にどんな影響を与えるかを調べている。

「たしかに、疫学という切り口から統計的に見れば、微粒子が人の命を奪っているといえます」。シュレシンジャーはかすかな皮肉を響かせる。「でも、なぜそういうことが起きるのでしょう？　生物学という切り口からは、納得できる説明がほとんど見つかっていません」。口ひげの向こうから軽いため息が漏れる。「体のなかで具体的に何が起きているのかが、どうにもはっきりしないんですよ」

そもそも人間の体には、塵に攻撃されたところで軽くいなせる仕組みがたくさんついている、とシュレシンジャーは説明する。第一の防衛線は、毛深くてねばねばした鼻の穴だ。吸いこまれた塵はここに引っかかり、やがて吹きとばされてティッシュペーパーのなかに消える。そうなる運命をまぬかれたとしても、「鼻甲介（びこうかい）」と呼ばれる罠が待ちかまえている。鼻甲介は複雑な形をした薄い骨でできていて、表面は鼻の穴以上にねばねばした粘膜で覆われている。空気はこの迷路を縫って進んでいけるが、大きな塵は吸いこまれた勢いで壁にぶつかってしまう。どうにかぶつからずにくぐり抜けても、喉頭に入っていく前に次なる難関に阻まれる。ここではつねに粘液が流れているため、塵は粘液に引っかかり、食道のほうへ運ばれて胃のなかに落とされるのである。

ところが、五ミクロン程度（髪の毛の太さの二〇分の一）より小さい塵は、空気に乗ったまままこうした仕掛けをすべてすり抜けてしまう。それでも心配はいらない。新たな罠が手ぐすね引いて待っている。空気は気管をまっすぐ下っていっても、小さな塵は粘液に覆われた壁につかまるにちがいない。たとえ気管を通りぬけられても、気管支が肺のなかで細かく枝分かれしていくうちに、塵はカーブを曲がりきれずにべたべたした壁にぶつかるはずだ。一日か二日もすれば、気管支のなかを流れている粘液がエスカレーターのように塵を上まで運んでいって、胃のなかへと落としてくれるだろう。これが体に備わった昔ながらの防衛システムである。

とはいえ、隙がないわけではないとシュレジンジャーは指摘する。たとえば、鼻からではなく口で息をした場合。鼻のフィルターを通らないので、塵がよけいに肺まで届く。また、塵の種類によっては粘液のエスカレーターの動きを鈍くすることがわかっている。個人差は大きいものの、ふつう粘液は一分間に二・五センチくらいの割合で上に向かって流れている。しかし、タバコの煙をはじめとするある種の塵は、このエスカレーターのスピードを遅くしてしまう。そうなると、つかまった塵が肺に悪さをする時間が長引くことになる。

人体の防衛システムにはもうひとつ弱点がある。物を燃やしたときに出る細かい塵に弱いのだ。とくに小さい塵になると、鼻の迷路を難なく通りぬけ、壁にもぶつからずまっすぐ気管を飛んでいき、肺の奥にある「肺胞」と呼ばれる小さな袋にまでたどり着く。肺胞は、酸素と二酸化炭素を交換する大切な場所である。シュレジンジャーの話では、袋のなかに入ったまま何年も出てこない塵があるという。塵はそこでいったい何をしているのか——それこそが、ＥＰＡが五〇〇〇万ドルを投じて求めている答えである。

「疫学の研究で得られたデータだけをもとにして、基準を定めることもできなくはありません。でも、それでは無駄な費用がかかるおそれがあります。汚染物質を規制する作戦としてはうまくありません」とシュレジンジャーはいう。彼の仕事は容疑者を絞りこむことだ。「ですから、どの塵が犯人なのかをつきとめよう、つきとめたらその塵を規制しよう、というのが私たちの考え方なんです。すべての塵を規制するのではなく」

今のところ、毒性学者たちの研究は順風満帆とはほど遠い。工場や自動車から吐きだされる化学物質は何千種類とある。その全部が犯人なのかもしれない。いや、ふたつだけかもしれない。もしかしたら、塵に付着したオゾンガスが原因のひとつなのかもしれない。かりにそうだとして、何の原因になるというのだろう？　付着する塵の種類によって、起きる病気が違ったらどうする？　ある塵ならば喘息の発作、もうひとつの塵なら気管支炎、さらに別の塵なら心臓病。そういうこともじゅうぶん考えられるのだから。

「心臓血管に関連する病気、つまり心臓発作や脳卒中などですが……塵を少々吸いこんだからといって、どうすれば心臓発作が起きるんでしょう？」シュレジンジャーは困った顔で首を傾げる。「塵は心臓ではなくて肺のなかに入るというのに」

研究者たちにもまったく見当がついていないわけではない。まず、塵の「風味」に注目した説がある。

金属を多く含む塵はかなり怪しい。化石燃料を燃やすと、銅、ニッケル、鉄、バナジウムなど、化学反応を起こしやすい金属が吐きだされる。これらが肺の組織と何らかの反応を起こしているとも考えられる。酸性物質の微粒子も疑わしい。硫黄酸化物や窒素酸化物が水に溶けて液体の粒子になったものは、やはりほかの物質と反応しやすい性質をもっている。

ディーゼルの煤は、かなり以前から容疑者としてリストアップされている。米国連邦政府は、ディーゼルエンジンから出る微粒子には発ガン性が「かなり疑われる」との見解を示した。カリフォルニア州で大気汚染を取りしまる機関はもっと踏みこんでいる。ロサンジェルス地区で、屋外の空気に漂う汚染物質を吸ってガンになるリスクがあるとすれば、その原因の約七割はディーゼル微粒子であるという試算を発表したのだ。また、石油精製所や自動車修理工場、あるいは自動車の排気管から吐きだされる煙も、命取りの病気につながる危険性がかなり高いと見られている。

そのいっぽうで、鍵を握るのは塵の「風味」ではなくやはり「サイズ」ではないか、と考える研究者は多い。結局は、塵が小さければ小さいほど肺の奥深くまで入りこみ、長いあいだ居座りやすい。アメリカの六つの都市について、塵の量と死亡率の関係を調べた有名な疫学の研究がある。それによると、都市ごとに塵の風味は違ったにもかかわらず、死亡率がそれによって影響された様子はほとんどない。「死のグラフ」の形にいちばん近い「塵のグラフ」は、ただ空気中のPM二・五の量を示したものだった。ごく小さな塵が多ければ多いほど死者が増えるというのが、研究から読みとれる素直な結論である。

シュレジンジャーは、自分の研究がいかに前途多難かをこんな言葉でいい表した。「ありとあらゆるサイズの、ありとあらゆる種類の化学物質。それが、ありとあらゆるガスと結びつく。しかも、人間の生みだしたものから自然界のものまで全部です」。眉を上げ、指で机をコツコツと叩く。それでも、シュレジンジャーたちの研究からは少しずつ成果があがっている。

これまで、人間を対象にした実験がいくつもおこなわれてきた。ボランティアを募って、いろいろな種類の風変わりな塵を短時間だけ吸いこんでもらうのである。たとえば、酸化鉄、酸化マンガン、ディーゼルの排気ガス、硫酸の微粒子などだ。肺を通る空気の流れをたどるため、まわりの物質とあまり反応を起こさない不活性な塵も吸ってもらった。テフロンの塵、放射性トレーサー〔訳注　体内での動きを追跡するうえで目印となる放射性物質〕を加えたアルミノケイ酸塩の塵、きわめて細かい発泡スチロールの粉などである。

しかし、犯人らしき塵をもっとはっきり指ししめしてくれるのは動物を使った実験である。動物にさまざまな微粒子を吸わせると、その風味に応じて決まった病気が引きおこされる。たとえば、非常に細かい炭素の粉を吸わせると、血液の性質に変化が見られ、脳卒中が起きやすくなる。ディーゼルの煤を与えた動物にも、やはり血液に異常が現れ、血小板と白血球の数が両方とも変化した。オイルバーナーの煙を吸わせると、不整脈が増える。金属の塵を与えたら、塵が肺の組織と反応を起こして組織が腫れた。また、町なかの汚れた空気――種々雑多な塵の集まり――を吸わせたところ、いくつもの症状が確認できた。血液の性質が変わる、あるいは心拍数に異常が見られるなどである。肺のなかで塵を防いでいる化学物質の性質にも変化が現れた。

人間の場合も動物の場合も変わらないのは、塵を運びだす粘液のエスカレーターがいろいろな塵のせいでダメージを受けることである。タバコの煙もエスカレーターを弱らせる塵のひとつだ。また、イギリスの研究から、木工職人のエスカレーターも働きが鈍っているのがわかった。おそらく、木材の削りくずを何年も吸ってきたためだろう。硫酸の粒子は、汚れた空気にたくさん含まれている物質だが、やはりエスカレーターに余計な手出しをする。はじめのうちは、硫黄が粘液を刺激するのでかえってエスカレーターは活発に働き、肺の掃除がすばやくおこなわれる。だが、それも長くは続かない。やがて硫黄は肺の防衛システムを弱らせ、自分を運びださせないようにしてしまう。

さまざまなことが明らかになるにつれ、塵がどうやって人の命を奪っているかが少しずつ垣間見えてきた。組織が炎症を起こしたり腫れたりするのは、体が攻撃されたときに見られるごくふつうの反応である。そんなふつうの症状が出ただけでも、肺が弱っているときには大きなダメージになり、働きが衰えてうまく酸素を取りいれられなくなるのかもしれない。心臓関連の病気で命を落とすのは、この酸素の問題からつながっているとも考えられる。血液中の酸素が少ないのを補おうとして、心臓はふだんより多量の血液を臓器に送ろうと頑張る。そのことが、心臓が弱っているときには大きな負担となって、みずからの命を縮めてしまうのかもしれない。

ダスト・キャッチャーたちの研究は、急を要する問題になってきている。こうしているあいだにも、塵は人間の体のなかに積もりつづけているからだ。そして、アメリカでは一年に六万回も、人の命に終止符を打っている。

私たちのまわりに毎年何トンと降ってくる塵は、善玉なのか悪玉なのか。ダスト・キャッチャーたちの研究を通じて、それが少しずつわかってきた。栄養を運んでくれる塵もあれば、死や病を連れてくる塵もある。どんな影響があるのか、まったく見当のつかない塵も数多い。

これからも研究が進むにつれて、塵に対する私たちの考え方は大きく変わっていくだろう。近い将来、アジアやアフリカから砂塵が降ってきたら逃げろというのが当たり前になるかもしれない。かつて科学者は、砂塵や土の粒子が降ってくるのを恐ろしい問題とは見ていなかった。砂塵は大粒でおとなしい塵だから、人間の体に害が及ぶはずはないと思っていた。しかし今では、サハラが吐きだす砂塵がきわめて細かいこと、しかもあまりおとなしいとはいえないヒッチハイカーをたくさん乗せていることが明らかになりつつある。

いっぽう、人間の産業によって生まれる塵の恐ろしさは以前から知られている。有害な塵が降ってくれば、人間や動植物が被害を受けるおそれがあるとわかっている。しかし、そうした塵が自分たちの町から吐きだされている場合はどうだろう。町から遠ざかっていく塵の雲は、恐ろしい害を及ぼすそぶりなどおくびにも出さずに、静かに消えていくように見えたのではないだろうか。

たとえ自分たちの塵が町を離れても、どこかから別の塵がそっと忍びこんでくる。朝から晩まで来る日も来る日も、塵はめぐりめぐっている。

9章　ご近所の厄介者

八人の女性が輪になって床に座っている。ここはトルコのとある洞窟のなか。輪の中央に置かれた低い台の上で、女性たちはパン生地を薄く伸ばしていく。大きな丸い形にしたものを、かまどのそばの老女に渡す。かまどの上には鉄の平鍋が乗っていた。老女は火を絶やさないようにと、干したブドウの葉や草を少しずつくべていく。パンはすぐに焼け、一枚また一枚と脇に積みかさねられていった。この薄いパンが、まもなく訪れる冬のあいだの保存食となる。

女性たちは手を動かしながらもおしゃべりに花を咲かせ、笑い声が絶えない。昼食には、焼きたての薄いパンでスクランブルエッグやチーズ、ハーブなどを包む。パンと一緒に、傷のついた小さなリンゴも回していく。洞窟の部屋は一方が表に向けて開いているので、秋の日差しとそよ風が心地よい。

女性たちの色褪せたサラサの服にも、頭を覆うスカーフにも、小麦粉が飛びちっていた。かまどから立ちのぼるかすかな煙は、しばらく洞窟のなかを漂ってから風に乗って出ていく。小麦粉も煙も、たくさん吸いこめば肺にダメージを与えかねない。しかし、もっと恐ろしい塵が、洞窟の厚い壁のなかにひそんでいるかもしれなかった。

トルコの洞窟の村々を襲った奇妙な癌

三〇〇〇万年前、トルコ中部の火山が噴火して、大量の灰がまき散らされた。灰は厚く降りつもり、しだいに固まって淡いピンクと黄褐色を混ぜたような岩石になった。火山灰が固まってできる岩を「凝灰岩」という。凝灰岩は非常に柔らかく、スプーンでも簡単に削れる。長い長い歳月が流れるあいだ、この灰の塊は雨風に削られて、タケノコ形の岩が立ちならぶ不思議な景色がつくられていった（口絵6）。岩は一五メートルから三〇メートルくらいの高さにそびえている。遠くから眺めると、何基ものロケットが先端を空に向けているようだ。しかし、近くから見ると、岩にはいくつか小さな窓があって、目立たない出入り口がついているのもわかる。古くなって崩れた岩からは、迷路のように入りくんだ内部が覗いている。いくつもの部屋。曲がりくねった階段。これらは自然ではなく人間の手によって削られた。何千年ものあいだ人々は岩のなかを掘りぬいて、家や、納屋や、教会として使ってきた。

女性たちがパンを焼いていた洞窟は、ギョレメという名の村にある。村人の多くは古い岩の住まいを捨て、セメントブロックの家に移っていった。だが、まだ洞窟を離れない者もいる。さきほどの洞窟は大きな岩の側面を削ってつくられていた。平たい床が広々と続き、奥には薄暗くて涼しい台所がある。台所の窓にはひだ飾りのついたカーテン。天井を這わせた電線の先に、いくつか電球が灯っている。電気コンロの上のほうに小さな棚が掘ってあり、マッチがひと箱乗っていた。地下には家畜小屋までつくられていて、ロバがいないないいている。洞窟の家としてはごくふつうのつくりだ。こうした家が、広大なカッパドキアの平原にいくつも散らばっている。

降ってきたばかりの火山灰ならともかく、ふつうは大昔の火山灰が人の命を脅かすことはない。もともと火山灰は、マグマが細かくちぎれて冷えたものである。急速に冷えるので、厄介な結晶状にはならない。しかし、それも雨が降るまでのこと。カッパドキアでは、灰が降りつもるやいなや雨が落ちてきて、灰の塊に小さな穴をあけはじめた。水はなかにしみこみながら灰の分子を溶かしていく。すると、溶けた鉱物の一部が、これまでとは違った形に固まりはじめた。わずかな水がしみ通るたびに、分子が少しずつ溶けては固まり、しだいに細長い結晶が灰の隙間を埋めていった。肉眼では見えないものの、針のような結晶は着実に溜まっていく。結晶がばらばらに散らばっている箇所もあれば、いくつか集まっているところもあった。カッパドキアの凝灰岩は、こうしてミクロの針をいくつも隠しもっていたのである。それが、長い年月のあいだに雨風に削られてむきだしになった。

調べる気になれば、誰でも灰の秘密を暴けただろう。ところが、それが実現したのはようやく一九七四年になってからだった。この年トルコの科学者が、カラインと呼ばれる小さな村の洞窟をはじめて詳しく調べた。その村で珍しいガンが続けざまに発生しているとわかったからである。その年、村では一八人が死亡していたが、うち一一人が肺の中皮腫(ちゅうひしゅ)で、三人が腹部の中皮腫で亡くなっていた。中皮腫以外の原因で亡くなった者はわずか四人しかいない。

中皮腫は非常に珍しいガンである。ふつうは、アスベスト(石綿ともいう)の粉を吸いこんだ人がかかる病気だ。だが、カラインの近くでアスベストを扱う事業がおこなわれたことは一度もない。カラインは凝灰岩の丘に囲まれた静かな谷間の村で、住民は農業を営んでいる。タケノコ型の岩が林のように立ちならび、石造りの家々がひっそりとたたずんでいる。科学者たちはこの奇妙な出来事にただならぬものを感じながら、谷間へと降りていった。のちに彼らは確信することになる。カラインといくつかの村では、岩に含まれる不思議な塵がはるかな昔から人々の命を奪ってきたにちがいないと。人間がこの柔らかい岩を利用するようになってから、何千年にもわたって。

そもそも、「カライン」とは「腹の痛み」という意味らしい。科学者たちの報告書には、この村の古い言い伝えも紹介されている。「カラインの農民は胸や腹の痛みに倒れ、肩を落として、やがて死ぬ」

調べる範囲を広げていくと、同じ病気に呪われた地域がいくつか見つかり、それらが飛び飛びに位置しているのがわかった。ある村では大勢の人が中皮腫で倒れているのに、隣の村ではひとりもいない。カラインから数キロ北にあるカーリクでは、中皮腫がまったく見られなかった。カラインの北西にある観光地のギョレメでも、中皮腫で命を落とす人はいないようである。ところが、五〇キロほど離れたトゥズキョイ（「塩の町」の意）という大きな村では、中皮腫にかかる人の割合がふつうの数千倍に達していた。

原因をつきとめるための調査が始まる。まず、中皮腫が多い村のいろいろな場所から塵のサンプルを集めた。家のなかの塵、通りの塵、壁を塗るのに使う石灰の粉、井戸水、土、凝灰岩でできた建築用ブロック。洞窟の家そのもののサンプルも削りとった。地元の医師の助けを借りて、肺疾患にかかった人の肺の組織も手に入れた。すると、ほぼすべてのサンプルから、小さな針のような形をしたエリオナイトという鉱物が見つかる。肺からも、通りからも、柔らかい岩のなかからも。カラインに建ったばかりの図書館からも見つかった。図書館の石の壁を削って調べたところ、石のほぼ半分がエリオナイトででできていて、小さな針の束が無造作に詰まっていた。

調査が一段落してみると、少なくとも六つの村が不運に見舞われているらしいとわかった。どの村も、エリオナイトの結晶を豊富に含む岩のそばにあるか、そうした岩そのものを掘ってつくられていた。村に人が住みつくようになってから、人々は恐ろしい塵を吸いつづけてきたのだろう。それぞれの村ではじめての赤ん坊が産声をあげたとき、そしてはじめてこの世界で小さく息をしたとき、早くも村特有の塵の洗礼を受けたのである。

塵の被害が確認されてから四半世紀以上が過ぎた。しかし、在米トルコ大使館によると、どの村でもまだ住民の立ちのきが終わっていないという。その間、また新たな世代が生まれてミクロの針を吸っている。こうした問題には時間がかかるのだ、と大使館員は語る。

アメリカ北中部の町を襲った肺疾患

私たちがどこに住んでいようと、玄関を開ければその土地ならではの塵が舞っている。厄介な塵がはびこる場所もある。しかもそれが、まぎれもなく自然界の塵であるケースも少なくない。たとえば、アメリカ南西部などの乾燥した地域では、ある種の菌類の胞子が飛びかっていて、これを吸いこむと渓谷熱と呼ばれる病気になる。南北アメリカ大陸では、死亡率の高いハンタウイルスも漂っている。ありふれた砂塵でさえ、肺をむしばむことがあるほどだ。しかし、塵が何千人もの命を奪う大惨事を引きおこすとしたら？　それはもはや自然の仕事ではない。産業革命のしわざである。

人間は、蒸気機関や巨大な機械が登場する前から、火を放っては煙を出し、家畜を放っては草原を砂漠に変えて塵を飛ばしてきた。大きな機械を手にしてからは、工場の立ちならぶ町や鉱石を掘る村にはそれぞれ独特の塵が漂うようになった。産業革命は、いわば人造の「花粉」をまき散らしたのである。その花粉が、近隣の住民や労働者の肺のなかで花開いたために、どれだけ新しい病気が生まれてきただろう。それぞれの病気がどういう通称で呼ばれてきたかを見てみると……

綿工場熱。フライアッシュ肺。木材パルプ製造者病。アルミニウム肺。ベークライト塵肺。洗剤製造者肺。食肉包装者喘息。空調病。もちろん、アスベストが引きおこす「石綿肺」もある。

トルコから地球をぐるりと半周した、アメリカはモンタナ州のリビー。二五〇〇人ほどの住民が暮らす、山のなかの小さな町だ。鬱蒼とした常緑樹に囲まれて空気がすがすがしい。ところがここでも、カッパドキアと同じように、肺を病んで死ぬ人が恐ろしい数にのぼっていた。カッパドキアと違うのは、リビーの塵が産業によってまき散らされたことである。

町から八キロほど離れた山には大きな傷跡がついている。バーミキュライトという石がとれるので、一九二〇年代から採掘がおこなわれてきたのだ。一九六〇年から九〇年にかけては、W・R・グレース社が山腹を爆破してバーミキュライトを掘っていた。掘ったバーミキュライトはリビーに運んで加工し、さらに別の工場に送っていた。ちなみにこの会社は、映画化もされた『シビル・アクション』（ジョナサン・ハー著、雨沢泰訳、新潮社）で悪名を轟かせた大手化学会社である（訳注　『シビル・アクション』は、ボストン郊外の水道汚染事件を取りあげたノンフィクション。W・R・グレース社は水源近くに発ガン性物質を垂れながしたとして告訴される）。バーミキュライトは熱すると大きく膨らむ性質をもつ。軽くて水をよく吸い、通気性にも優れるため、セメントや建材に混ぜたり、土がわりに庭にまいたりするほか、断熱材としても重宝されていた。

保健や環境の問題を扱う役人は、以前から何度かW・R・グレース社を訪れていた。リビーの鉱山では、バーミキュライトのまわりに大量のアスベストが堆積していたからである。掘りだされたバーミキュライトにアスベストが四〇パーセント混じっているときもあった。

アスベストは繊維状の鉱物で、古くから人間の役に立ってきた。アスベストに素晴らしい性質があることは、健康への害が明らかになる何千年も前から知られている。今から四〇〇〇年以上前のフィンランドでは、アスベストの繊維を粘土に混ぜて、焼き物をつくったり家の隙間をふさいだりしていた。二〇〇〇年ほど前、古代ローマではアスベストの繊維で織った布で死者を包み、火葬をしていた。アスベストは燃えないので、こうすれば死者の遺骨がたきぎの灰と混じらずにすむ。

これほど重宝がられていたアスベストの塵が、人の命を奪う恐ろしいものでもあると早くから気づく者もいた。古代ローマの博物学者、プリニウスである。彼は、アスベストを扱う仕事をする人たちが病気にかかりやすいことに目を留めた。彼らのために、動物の膀胱を使ってマスクのようなものまでつくってやっている。しかし、プリニウスの警告ははるか東方にまでは届かなかった。プリニウスがアスベストの危険性を訴えてからおよそ一二〇〇年後、疲れを知らぬ旅行家のマルコ・ポーロは、現在の中国西部にあたる山岳地方で不思議な岩を見たと報告している。地元の人たちはその岩を砕いて繊維を取りだすと、紡いで糸にし、風変わりな布を織っていた。布の汚れを落としたいときは、火のなかに放りこめば、まっ白になって戻ってくる。まるで火のなかでも死なない伝説の火トカゲ（サラマンダー）のようだ、ということから、ポーロや当時の人々はアスベストを「サラマンダー」あるいは「サラマンダーの皮」と呼んだ。

ついにアスベストの危険性を明らかにしたのは、第二次大戦中に造船所で働いていた人々である。戦後数十年が過ぎたとき、彼らをはじめ製造業や建設業でアスベストを扱っていた人たちが次々に命を落とした。その数は数千人に及ぶ。今でもアメリカでは、かつて仕事でアスベストの塵を吸った人々が毎年二〇〇〇から三〇〇〇人も中皮種と診断されている。「石綿肺」で命を落とす人は年間数百人にのぼる。石綿肺とは、アスベストを吸いこんだために肺がダメージを受け、組織が硬くなってうまく働かなくなる病気だ。アスベストが原因で肺ガンになるケースも珍しくない。

リビーのバーミキュライトに混じりこんでいたアスベストは、これほど恐ろしい鉱物だったのだ。役人が折りにふれてW・R・グレース社に足を運んだのも無理はない。しかし役人は、従業員がどれだけアスベストを吸っているかは心配したものの、どういうわけか町全体に危険が及んでいるとは思いいたらなかった。そもそも従業員に対してさえきちんとした保護具を与えた様子がない。リビーの住民のなかから中皮種と診断される者が現れても、役人はまだすべてを結びつけて考えることができなかった。

アスベストの塵が原因

一九九九年一一月、『シアトル・ポスト・インテリジェンサー』紙はリビーの住民にかわって町の実状を大々的に報じ、二〇〇人近い住民がアスベストによって死亡、四〇〇人近くが重症と伝えた。何より背筋を寒くさせたのは、鉱山で働いたことのない者も被害にあっているという文章だった。町じゅうがアスベストにむしばまれているのではないか？　米国環境保護庁（ＥＰＡ）は慌てて調査に乗りだした。

「そのときはじめて、バラバラだったものがつながったのです」とポール・ペロナードは語る。ペロナードは汚染除去の専門家である。新聞報道を受けて、ＥＰＡからリビーに現地調整官として派遣されてきた。アスベストの汚染がどれくらい広がっているかをつかむため、ペロナードのチームはリビーでのアスベスト関連の病気について簡単な調査をおこなった。どうやら、被害者の五人にひとりはバーミキュライト鉱山で働いたことがないらしい。では、病気になるほどの量のアスベストをどうやって吸いこんだのだろうか。

さらに調べていくと、鉱山労働者ではない被害者の多くは、家族の誰かが鉱山で働いていることがわかった。家族が服にミクロの針をつけたまま家に帰ってきて、それを吸ってしまったのだろう。本人も家族も鉱山とは関係のない者もいた。しかし、そのほとんどは、幼い頃に野球場の隣りにあるＷ・Ｒ・グレース社の加工工場で遊び、山積みにされたバーミキュライトによじのぼった覚えがあった。

ところが、アスベストに汚染されたバーミキュライトとどうしても接点の見出せない被害者が残る。やがて、新たな事実が次々と明らかになるにつれて、恐ろしい可能性が浮かびあがってきた――町全体がアスベストの塵にまみれているかもしれない。悪い予想は的中する。本格的な検査ではないものの、町のいろいろな場所からサンプルを取って調べたところ、花壇からも、庭からも、ハウスダストからも、アスベストの塵が見つかった。『ニューヨークタイムズ』紙が報じたところによると、町ではバーミキュライトの袋を持ちかえって花壇にまいたり、家の断熱材に使ったりしていた。パンの生地にバーミキュライトを混ぜて焼いている住民もいたという。ペロナードも、リビーで「ゾノブレッド」と呼ばれるパンがつくられているのを知った。「ゾノブレッド」とは、W・R・グレース社が販売するバーミキュライトの商品名「ゾノライト」をもじった名前である。

すぐさまEPAは、住民に家の改築をおこなわないよう呼びかけた。「断熱材にアスベストが混じっているのは間違いないので、むしろ壁のなかに入れたままにしておいたほうがいいと考えたわけです」とペロナードは説明する。「改築して断熱材に傷をつけたら、アスベストの繊維がまき散らされてしまって、かえって心配です。一生に一度でもアスベストをたくさん吸いこんだら、どうなると思います？　どれほどの影響が出るのか、私には見当がつきません。一生のあいだに五回吸ったら？　毎日吸っていたら？」

ペロナードがこう話すのも無理はない。命にかかわることは間違いないにしても、アスベストにはまだわからない部分が残っている。これまでEPAは、どんな種類のアスベストも同じように肺を痛めつけると考えてきた。ところが、ペロナードが「私個人の考えですが」と断って話してくれたところでは、そうともいえなくなってきたらしい。新しい研究によって、今では「クリソタイル」と呼ばれるアスベストは危険性が低いのではないかという見方が広がりつつある。クリソタイルはいちばんよくあるタイプのアスベストで、顕微鏡で見ると巻き毛のようにカールしている。リビーで見つかったのはクリソタイルではなく、「トレモライト」や「アクチノライト」と呼ばれる細くて針のようなタイプだった。これはクリソタイルの数十倍も危険と見られている。

アスベストの塵をどれだけ吸いこんだらガンになるかもはっきりしていない。米国労働安全衛生局

（OSHA）は、作業場におけるアスベストの量の基準として、空気一立方センチにつき繊維を〇・一本以下にせよと定めている。しかし、たとえ基準内に留めても、ガンにかかる労働者が一〇〇人にひとりは現れるとOSHAは考えている。

「EPAは、一般市民が一〇〇人にひとりの割合でガンにかかるような基準を認めるわけにはいきません」とペロナードはいう。「基準を今の一〇万分の一に改めるべきだという意見もあります。でも、現在の技術では、アスベストの量を今の一〇〇〇分の一までしか測定できないんです」

アスベストの針は、肺に忍びこんでもしばらく鳴りをひそめて、一〇年後、二〇年後にガンを引きおこす場合がある。W・R・グレース社は一九九〇年にリビーの鉱山を閉鎖していた。にもかかわらず、それから九年たった一九九九年の時点でも、平均して週に一二〜一四人の不運な住民が、石綿肺や肺がん、あるいは中皮種という診断を下されている。

カッパドキアの例と大きく違うのは、リビーの塵が全国に散らばったことだろう。例の新聞報道の前には、すでに鉱山の従業員約二〇〇人とその家族が、リビーを出てどこかに引っ越していたと見られている。たぶん肺のなかにアスベストの塵を抱えたまま。おまけに、W・R・グレース社は、全米約三〇〇箇所もの工場にリビーのバーミキュライトを運んでいた。EPAはそのすべてを追跡して状況を調べようとしている。今のところ、結果は思わしくない。

「ざっと見たところ、工場のある地域ではたしかにアスベスト関連の病気が多く発生しているようです」。ペロナードは顔を曇らせる。「バーミキュライトの山で遊んだという話は、やはり各地から寄せられています」

リビーの特別な塵は、今なお全国をめぐっているおそれがある。バーミキュライトの断熱材はすでに何百万軒もの家の壁に使われてきた。園芸用品店でまだリビーのバーミキュライトが売られていてもおかしくない。

実際、そのとおりのことがあった。二〇〇〇年の春、EPAはシアトル地区の家庭用品店で、園芸用に販売されていたバーミキュライトを検査した。このニュースを報じたのは、またもや『シアトル・ポスト・インテリジェンサー』である。EPAが検査したバーミキュライトは、一九九一年にW・R・グレース社のカリフォルニア工場で袋詰めされた「ゾノライト」だった。もちろん、なかにはアスベストが混じっていた。その後EPAは調べる対象を広げて、全国で園芸用に販売されているゾノライト以外のバーミキュライト製品も検査している。アスベストが混じっているものも見つかった、というのがEPAの結論だ。だが、消費者にはどれがそうなのか区別のつけようがない。

リビーからはるばる運ばれてきたW・R・グレース社のバーミキュライトを、たとえば庭いじり好きのニュージャージーの住人が庭のトマト畑にひと袋まいたとしよう。肺の病気になる確率はどれくらいあるのだろうか？　確かなことはEPAにもわからない。ただ、毎日仕事でアスベストを扱っている人と比べれば、かなり危険は少ないはずだ。

W・R・グレース社側は、製品に危険な量のアスベストが混ざっていたことを一貫して認めていない。鉱山や加工工場でも安全衛生規則を守っていたといい張っている。ただし、リビーの町に恐ろしい塵が飛びかっていることは否定していないし、住民の肺を検査する費用も負担している。それでも、W・R・グレース社を相手どった訴訟は山積みだ。

石切り工と石英の塵

産業から生まれた塵としては、リビーのアスベストは民主的なほうだった。地元の住人全員が何らかの影響を受けたからである。ふつうはこういうケースばかりではない。実際にその産業に携わっている人が集中して狙われることが多い。塵が周囲に漏れでる場合があっても、いちばん大きな影響を受けるのは、やはり誰よりたくさん吸っている労働者本人である。

数百年前のヨーロッパでは、労働者が肺に塵を詰まらせて倒れても、科学者の関心を引くことはほとんどなかった。労働者に対する世間の考え方——考えてもらえることがあればの話だが——が今とはまるで違っていた。使い捨ての存在とみなされていたのである。いっぽう現代アメリカの労働者は、塵を厳しく規制した環境で働いているので……いや、それでもやはり毎年何千人もの労働者が肺に塵を詰まらせて倒れている。

塵の恐ろしさが知られていないからではない。すでに今から三〇〇年以上前には、あるヨーロッパの医師が何人かの石切り工の死体を解剖して、肺に石の粉がぎっしり詰まっているのを発見している。その後一〇〇年のあいだ、興味を抱いた医師たちがさまざまなケースを調べていくうち、職業と肺疾患とのつながりが少しずつ浮きぼりになっていった。こうして「労働衛生」という研究分野が生まれた。

医師たちが目を留めたのは、石臼や砥石車を使って働く人が呼吸器の病気で命を落とすことだった。石切り工の肺に塵が詰まっていた件を洗いなおしたところ、不思議な事実が浮かびあがる。砂岩を切る仕事は命にかかわるが、石灰岩を切る仕事には問題がないようなのだ。一九世紀なかばには、ある医師が石工の死体を解剖し、肺から細かい砂を取りだして詳しく調べてみた。やがて、職業病を引きおこす塵のなかでもとくに恐ろしいものの正体が見えてきた。

その塵はシリカの結晶だった。石英といったほうがわかりやすいかもしれない。石英は地殻に二番目に豊富に含まれている鉱物なので、いろいろな岩石のなかに入っている。たとえば、花崗岩の主成分は石英である。砂岩はほぼ混じり気のない石英の粒子でできている。砂浜の砂もたいていは石英だ。それだけに、石を扱う仕事をする人が石英の塵を吸いこむ危険性は高い。この塵を吸ってかかる病気には、職業に応じてさまざまな呼び名がつけられてきた。研磨工病、石工病、鉱夫喘息、陶工喘息、石肺結核などである。石英を含む石がいかに幅広く利用されてきたかがうかがえるだろう。

アメリカでは現在、一〇〇万人を超える労働者が石英の塵の飛びかう職場で働いている。石英の塵によって引きおこされる病気は正式には「珪肺」と呼ばれ、毎年およそ二五〇人の労働者の命を奪っている。とくに危険なのはやはり石を扱う仕事だ。たとえば、石を細工する、鉱山で石を掘る、岩に穴をあける、サンドブラスト（砂粒を吹きつけて金属やガラスを磨くこと）をする、鋳物工場で働く、石を研磨する、などである。最近では、「微粒子シリカ」を扱う仕事をしていて肺にダメージを受けるケースも多い。微粒子シリカは細かい石英の粉で、練り歯磨きから紙のコーティングまでさまざまな用途に利用されている。今でも医師は死体を解剖して肺を調べているが、塵が詰まりすぎていてメスでは切れない場合もあるという。

肺のなかで何が起きるのか

そこまで肺に塵を詰めこむなど、素人にはとうてい真似のできない離れわざだ。人間の肺はかなりの塵を吸いこんでも、見事な仕事ぶりで外に追いだせるようにできている――ある一線を超えるまでは。

私たちの肺が一日に吸いこむ空気の量は、およそ一万三〇〇〇リットル。空気に含まれている酸素は、肺のなかの肺胞の壁を通って血液に入る。肺胞は全部で五億個もあって、表面積をすべて合計するとテニスコートくらいの広さになるといわれている。

空気を吸いこめば、とうぜん塵も一緒に入ってくる。たいして汚れていない空気であっても、一立方センチあたり塵が数千個は含まれているだろう。一分間吸いつづけていれば、気管支にだけでも塵が三〇〇〇万個くらいは張りつくかもしれない。たしかに気管支には粘液のエスカレーターが備わっていて、つねに塵を外に運びだしてくれる。だが、そうしているあいだにも新しい塵は入ってくる。もしもそのうち一〇〇〇万個が肺胞にまで忍びこんだらどうなる？　肺胞のなかにはエスカレータがついていない。肺胞に入っても、勝手に溶けて消える塵もある。ところが、岩石の粉や煤などの硬い塵は溶けてくれない。

さいわい、ひとつの肺胞のなかには「マクロファージ」と呼ばれる免疫細胞が十数個含まれていて、入ってくる塵に目を光らせている（図14）。塵が肺胞に侵入してくると、マクロファージはすぐさま塵を飲みこみ、リンパ腺に運ぶか、最寄りの粘液エスカレータに引きわたす。たいていの塵は、入ってくるなりこの用心棒に始末される。しかし、こうした防衛システムですべての塵を撃退できるわけではない。タバコの煙の粒子などが取りつくと、粘液エスカレーターの動きは鈍くなる。長いアスベストの針もマクロファージにとっては厄介で、なかなかうまく外に出せない。鉄のように毒性のない塵でも、大量に入ってくればマクロファージの掃除が追いつかず、ただひたすら溜まっていく。逆に毒性の強い塵は、用心棒のマクロファージを殺してしまうこともある。石英の塵は、この最後のケースに当てはまるようだ。

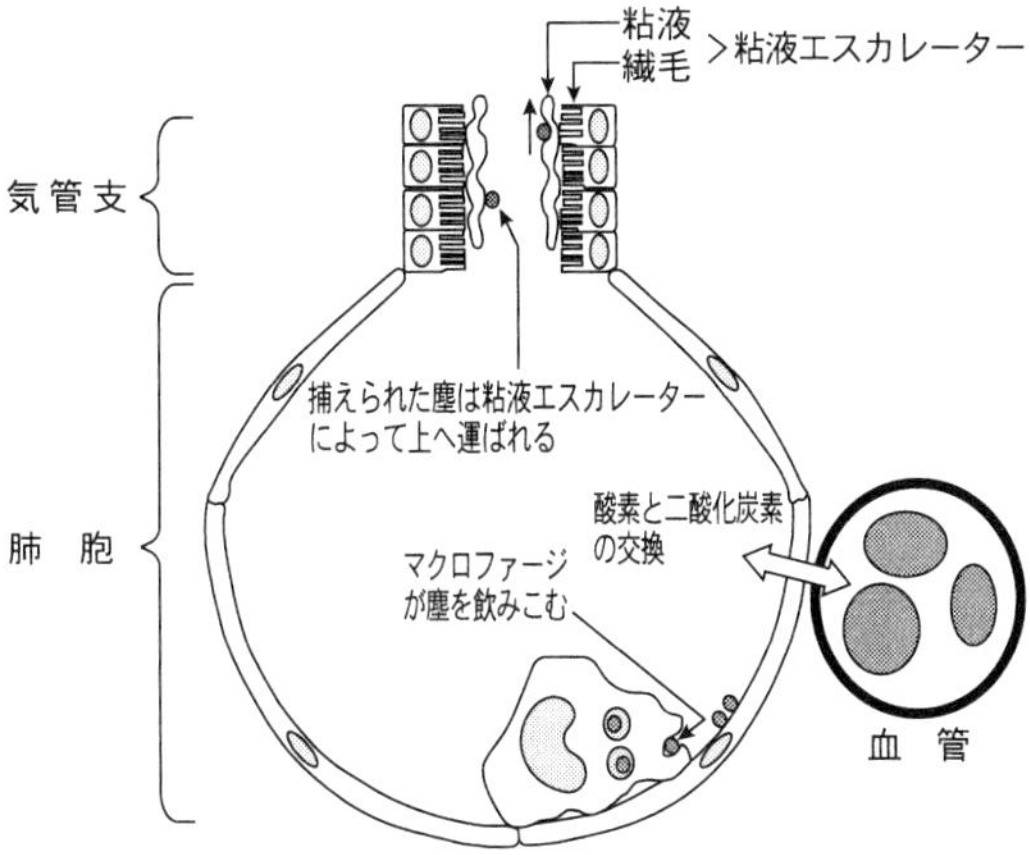

図14　肺胞とマクロファージ（The Aerosol Society Newsletter No. 33, Sept. 1998を参考に作成）

　石英の塵がひと粒、肺の奥深くに入りこんだ。仕事熱心なマクロファージは、いつものようにすかさず飲みこむ。ところが、この塵にはどこか妙なところがあって、マクロファージの胃袋にこたえる。やがて胃袋が破裂した。用心棒は死に、塵はふたたび自由になる。別の用心棒が近寄ってくるが、同じようにして殺されてしまう。

　マクロファージは次々に死んでいく。すると、線維をつくる細胞が刺激されていつも以上に活発に働きはじめ、包帯のようなものを織りあげてマクロファージの死骸と石英の塵にかぶせる。これで戦いはとりあえず一段落する。しかし、戦いがくりかえされていくと、塵と用心棒と包帯が溜まって塊ができ、直径五ミリほどにまで大きくなる。塊がひとつできるたびに、肺が取りいれられる空気の量は減っていく。石英の塵との戦いを二〇年、三〇年と続けていれば、「古典的な珪肺」の症状が現れることも珍しくない。レントゲン写真で見ると、暗い肺をバックにぼんやりした白い星が散りばめられたようになっている。こうした状態になると肺の機能は衰えるが、すぐに命にかかわるわけではない。

恐ろしいのは、珪肺が進んで「肺線維症」になった場合だ。肺のなかの線維が増えすぎて、酸素が肺胞の壁を通りぬけにくくなり、血液にじゅうぶん入っていかなくなる。この段階まで症状が進んだら、残された日々を酸素ボンベとともに生きるしかない。やがてその日々も、呼吸不全か心不全のうちに幕を閉じる。

大量の石英の塵を吸いつづけていると、病気が進行するスピードは速まる。「加速型の珪肺」になったら、五年から一五年で息切れが見られるようになる。尋常でない量を吸ってしまうと（適切な保護具をいっさいつけずに、サンドブラストをしたり、岩に穴をあけたり、微粒子シリカを扱ったりした場合）、わずか二、三年で「急性の珪肺」になるおそれがあるという。肺は線維にむしばまれ、傷ついた肺胞には厄介な液体が溜まる。せめてもの救いは、苦しみが早く終わることだろうか。

ところが、石英の塵はとことんたちが悪く、これでもまだ満足しないらしい。石英のせいで、珪肺だけでなくさまざまな病気が起きるという見方が広がってきている。たとえば、タバコの煙と石英が組みあわさると、肺ガンになる危険性が高い。組みあわさらなくても肺ガンを引きおこすおそれがあるといわれている。タバコが肺ガンの原因になるのはよく知られているが、石英だけでも肺ガンを引きおこす力があるというのだ。

しかも、肺ガンは氷山の一角にすぎないのではないか。そう考えているのが、首都ワシントンのジョージワシントン大学で疫学を研究するデイヴィッド・ゴールドスミスである。二〇世紀のはじめから、石英がかかわっていると見られるさまざまな症例が、わずかながらくりかえし報告されてきた。胃ガン、リンパガン、皮膚ガン、腎臓病、肺結核などである。さらには、慢性関節リウマチ、強皮症〔訳注　末端から始まってしだいに全身の皮膚が硬くなる病気〕、シェーグレン症候群〔訳注　涙腺や唾液腺の分泌が減少し、結膜炎や唾液腺の腫れ、関節炎などをきたす全身疾患〕、狼瘡（ろうそう）〔訳注　おもに顔の皮膚を冒す結核性の皮膚病〕といった多種多様な免疫系の異常まで報告されている。これだけの容疑についてすべて有罪と決まったら、石英は稀に見る凶悪犯といっていい。具体的にどういう手口でこうした犯罪をやってのけるのかは、まだ推測の域を出ないとゴールドスミスは語る。いずれにせよ、石英（シリカ）の塵の多い環境で働く人々は、これだけの病気にかかるおそれがあるわけだ。にもかかわらず、この問題はまだ科学者の大きな関心を集めるには至っていない。

「シリカの研究なんて、一九八〇年代までは公衆衛生のなかでいちばんぱっとしないテーマだとみなされていましたからね」。ゴールドスミスは微笑む。それでも彼は粘り強くこの問題を追いかけてきた。

「今ではいろいろなことが明らかになっています。でも、まだわからない部分もたくさんあるんです」

今どき珪肺で亡くなる人がいるとは、何か信じられない思いがする。しかも、きちんとした手立てを講じればじゅうぶん防げる病気なのに、アメリカが先頭に立って撲滅を目指しているとはいいがたい。

たとえば、ヨーロッパの国々では、サンドブラストに石英の砂を使うことを五〇年ほど前から厳しく制限してきた。一九七四年にはアメリカ政府もあとに続こうとしたが、塗装やサンドブラストなどの業界からの横槍で実現しなかった。一九九六年には、当時の労働長官だったロバート・ライシュが石英の塵に宣戦布告をする。ライシュは「シリカはただの塵じゃない」をスローガンにキャンペーンを展開し、作業場にたえず水をまくこと、サンドブラストには石英以外の砂を使うこと、そして定期的にレントゲン検査を受けることを労働者に強く訴えた。あいにく、この運動が大きく広がることはなかった。しかし、発展途上国で石英を扱う労働者は、この程度の援軍すら得られずにいる。

「南米、中国、ロシア」。ゴールドスミスはいかにも歯がゆいといった様子で並べたてる。「こういった国の労働者は、いまだに膨大な量の塵を浴びています。一九九五年のデータですが、中国では珪肺にかかった人の寿命が平均より二二年も短かったんですよ。大変な問題だと思いませんか？」

炭鉱夫たちを襲った病

世間一般には、アスベストや石英の塵より炭塵（石炭の粉）のほうが悪者として名が通っている。炭鉱夫のかかる「炭肺」という病気がよく知られているためだ。

炭塵は石英と違って用心棒のマクロファージを殺すわけではない。炭塵が肺の奥に入りこんでも、マクロファージはしっかり塵を包みこんで、ゴミ捨て場まで運んでくれる。しかし、炭塵があとからあとから入ってくると、片付けが間に合わない。やがて黒い塵の塊ができる。肺の組織に黒い豆のようなものが食いこんでいるのを思いうかべるといい。

炭肺にかかったばかりの頃は、この黒い豆が肺全体にまばらに散らばっている。痰（たん）も黒く染まってくるのだが、まだ命にかかわる心配はない。ただし、いったんここまで病気が進むと、いずれは三人にひとりが命を落とすことになる。

その後も炭塵を吸いつづけていると、肺の組織が弱ってくる。肺気腫と呼ばれる状態になれば、肺の組織の弾力性が失われ、息が吐きだしにくくなる。珪肺と同じように肺線維症が現れて、肺が硬くなっていく場合もある。吸いこんだ酸素がなかなか血液に取りこまれないので、患者の顔色は悪い。肺がさらに線維にむしばまれると、息をするのも重労働になっていく。珪肺の場合と同じで、息切れがひどくなったら最期のときまで酸素ボンベが手放せなくなるだろう。

アメリカの炭鉱で働く人々のうち、今も一年に約一五〇〇人が炭肺で命を落としている。炭肺で重い障害を負う患者は数千人にのぼるという。こうした人々に援助の手を差しのべるために、基金も設立されている。炭鉱経営者が納める税金から毎年一五億ドルを割いて、二〇万人の人々に支給する制度だ。二〇万人のなかには、被害を受けた炭鉱夫はもちろん、炭肺で亡くなった人の遺族も含まれている。

アメリカ政府が炭塵の規制に乗りだしたのは、ようやく一九六〇年代に入ってからである。現在、連邦政府が炭塵の基準値を定めているにもかかわらず、炭肺による死者がゼロになる気配はいっこうに見られない。ひとつには、法律で義務づけられている坑内の炭塵の検査を、ごまかす風潮がまかり通ってきた背景がある。坑内の空気のサンプルを提出する際、わざと炭塵の少ない場所からサンプルを集めていたのである。米国労働省は一九九〇年代のはじめに、検査をごまかしていた鉱山会社を数百社も摘発した。それでも、一九九八年にケンタッキー州ルイヴィルの『クーリアジャーナル』紙が報じたところによると、ごまかしはその後も広くおこなわれていた。二〇〇〇年末からは検査を企業任せにするのはやめて、連邦政府が実施している。しかし、それで問題が解決するわけではない。すべての鉱山が現在の基準を守るようになっても、炭塵を吸って病気になる人はあとを絶たないだろう。炭鉱夫の健康を調査している連邦政府機関は、そもそも基準の数値が甘すぎると指摘している。

炭鉱にひそむ病気は炭肺だけではない。鉱夫は珪肺になるリスクとも背中合わせである。炭鉱に限らず、金鉱でもほかの鉱山でも同じだが、目当てのお宝を手に入れるためにはたいてい砂岩などの岩を掘りぬいていかなくてはならない。いやでも石英の粉をたくさん吸いこむことになる。では、ワイオミング州にあるような広々とした露天掘りの炭鉱ならどうだろう。地下を掘るよりも塵が少ないのではないか? ところがそうではない。最近おこなわれた政府の調査によると、ペンシルヴェニア州の露天掘り炭鉱で働く鉱夫のうち、進んでレントゲン検査を受けた人の七パーセント近くに珪肺が確認された。

しかも、露天掘りの炭鉱の場合、労働者に塵を吸わせるだけではない。隣人との分かちあい精神を発揮して、あたりの空気にも塵をまき散らす。さいわい、ショックを受けるほどの量ではないという。露天掘り鉱山に近い四つの町と、遠方にある四つの町を比べた最近の研究からは、そういう結果が出ている。しかし、この調査からは、鉱山に近い町の子供たちのほうが呼吸器の問題で医者にかかる回数が少し多いことがわかった。調査をおこなった研究者は、塵の量が影響しているのではないかと記している。

鉱物の塵と職業病

アスベスト、石英、石炭。この三つは、アメリカの労働者を襲う塵としてよく知られている。しかし、危険なのはもちろんこれだけではない。岩石や金属の塵ならほとんど何でも、長いあいだ吸いつづければ特有の症状が引きおこされる。そうした病気のなかには、すでにアメリカではほとんど見られなくなったものもある。ときおり医学書の脚注に現れて、古風な趣を醸しだすだけの存在だ。それでも、発展途上国ではいまだに労働者を脅かしている。

たとえば「滑石肺」。珪肺に似た病気だが、原因になるのは石英ではなく滑石（タルクともいう）である。石英と同じで滑石の粉の用途は広く、化粧品、タルカムパウダー、医薬品、紙のコーティング、園芸用の肥料などに使われている。厄介なのは、滑石を含む岩にアスベストが混ざっている場合があることだ。

黒鉛を吸いこむと、炭肺に似た症状が現れる。ある医学書には、黒鉛の粉が溜まった肺は「インクを吸ったスポンジのように見える」と書いてあった。黒鉛は炭素の結晶で、粉にしたものは潤滑剤から鉛筆の芯までさまざまな製品に利用されている。

「陶工喘息」は長石の粉が原因で起きる。長石はシリカを豊富に含む鉱物で、陶器に塗る釉（うわぐすり）の原料として用いられている。石英に含まれるシリカは結晶状だが、長石に含まれるシリカは違う。それでもたくさん吸ってしまうと、例の線維をつくる細胞を勢いづかせてしまう。「洗濯工塵肺」がはじめて見つかったのはイギリスである。原因は陶工の作業着と見られている。洗濯前に作業着のほこりを払おうとして、シリカを吸いこんだのだろう。

「鉄肺」は溶接工に見られる病気で、鉄やいぶし銀のビーズで肺が飾られるのが特徴だ。こうした塵は肺に溜まっても何の害も及ぼさない場合があるため、規制もいちばん緩い。しかし、金属の塵が原因で、口のなかのガンや、短期間で死に至る「特発性肺線維症」にかかったという事例もわずかながら報告されている。

綿花や木材の塵、小麦粉も肺を襲う

金属や鉱物の塵に比べると、植物の塵はいかにもおとなしそうに思える。塵そのものを顕微鏡で覗いてみても、角張った岩石の塵と違って、植物の塵はロープの切れ端のようで柔らかそうだ。ところが植物もまた、昔から労働者の肺を汚してきた。

一九世紀後半、アイリッシュリネン（上質の亜麻）の糸を紡ぐ仕事が家庭から工場に移されると、大勢の労働者がにわかに「月曜朝の熱」と呼ばれる症状を示すようになった。塵がとくに飛びかう場所で働く人たちである。咳がなかなか治らず、呼吸をするたびゼーゼーと音を立て、しかもすぐに息が切れる。この症状がいちばんひどくなるのが月曜日だった。労働者が週末につかのま工場から離れたあとで、また戻ってくる日である。症状は一週間が過ぎるあいだに少しずつ和らいでいく。しかし、一〇年、二〇年と塵を吸いつづけた労働者の多くは、月曜日に悪化するどころか毎日悪い状態が続くようになった。正式には「綿肺」と呼ばれるこの病気は、亜麻だけでなく綿や麻を織る世界中の工場で次々に見つかっていった。

珪肺や炭肺と同じで、この病気もなかなかなくならない。米国労働安全衛生局の発表によると、綿肺のせいで重い障害を負っている労働者の数は、一九九五年の時点で三万五〇〇〇人と見られている。アメリカではこの病気で命を落とすことはまずない。もちろん、本当は綿肺で亡くなったのに、ふつうの肺疾患と診断されたケースも多少はあるかもしれないが。しかし、綿花の栽培が盛んな貧しい国々では、綿肺が猛威をふるっている。

綿花の塵といっても実際には植物のかけらだけでなく、土やバクテリアが混じっている。このバクテリアがくせものだ。バクテリアは自分の体のなかで毒素をつくっている。毒素は、生きているバクテリアによって吐きだされる場合もあれば、死んだバクテリアから幽霊のように漂いでる場合もある。この毒素が綿花と一緒に工場に押しよせてきて、労働者の肺に入るというわけだ。だが、綿肺が具体的にどういう仕組みで引きおこされるのかは、まだはっきりしていない。ひとついえるのは、同じ仕事をしていても、タバコを吸っている人のほうがこの病気にかかりやすいということである。

(合成繊維ならバクテリアの心配はないと思うだろうか? しかし、合成繊維が無害とはかぎらない。最近、「フロック製造者肺」なる新しい病気が見つかった。場所は、短いナイロン繊維(これがフロックと呼ばれる)をつくる工場。フロックは、ベルベットふうの手触りをもつ毛布やリボン、車のシートカバーなどに使われている。このように、かつては人体に影響がないと思われていた塵が危険とわかるケースは、しだいに増えている。)

評判のよくない植物系の塵がもうひとつある。木材の削りくずだ。家具職人、大工、あるいは製材所で働く人など、木材を切ったり削ったりする人は、仕事についてからわずか二年ほどで咳をしはじめ、肺の働きが衰えていくケースが多い。一〇年も続けたら——しかもタバコを吸う人ならなおさら——喘息になる危険性が高い。木材の塵が原因で、鼻や口のなかにガンができる場合があるという指摘もある。

どれだけダメージを受けるかは木材の種類によって違う。とくに肺に優しくないのは、ブナ材、シーダー材、オーク材、マホガニー材、イロコ材、ゼブラウッド材である。また、樹木を裁断して木材をつくる際には、木に住みついていたカビが一斉に飛びちる。そのため、木材そのものではなくこうした菌類の胞子によって、「カエデ樹皮はぎ職人肺」「セコイア症」「製紙工場作業者病」といった、風変わりな響きをもつ病気も引きおこされている。

そうはいっても、綿花の塵も木材の塵も、さほど広い範囲で見られるものではない。石英のように、どこにでもあってしかも非常に有害な塵は植物にはないのだろうか？　じつは、ある。小麦粉だ。どこにでもあって、しかも非常に有害である。もっとも、今のところは製パン所で働く人にアレルギーや喘息を起こす程度で我慢してくれているようだ。

製パン所で働きはじめる人のなんと一〇人にひとりが、ひと月もしないうちに軽い小麦粉アレルギーになる。働きつづけて三年たつと、その割合は五人にひとりに増える。ある研究で、一〇年働いている人たちを調べたところ、半数以上が小麦粉アレルギーだった。ただし、本格的な喘息の症状を示していたのは全体の五〜一〇パーセントに留まっていた。

綿花の塵と同様、小麦粉もいやな仲間を連れていて、それが何らかの悪さをしていると考えられている。きれいに見える小麦粉にも、じつはさまざまな塵が混じりこんでいる。小麦の穂に生えた毛、菌類、粉々になったコクゾウムシやダニの死骸、ネズミの毛。どれをとっても喘息の原因になりそうなものばかりだ。虫のかけらがたくさん混じった小麦粉を吸いこむと、強烈なアレルギーを起こすことがあり、この症状は「小麦ゾウムシ病」と呼ばれている。モロコシ、大麦、トウモロコシ、大豆、カラス麦などの粉でも、人によっては小麦粉と同じ症状が現れる。この場合も、タバコを吸っているとさらに状態が悪くなるのはもはやいうまでもないだろう。

綿花、木材、穀粒は、厄介な植物の塵の代表選手だ。だが、呼吸器をいじめる植物はこれだけではない。茶葉を加工している人は、葉の塵を吸いこんだせいで気道が狭くなることがある。コーヒーの塵で肺の機能が損われると、二度ともとには戻らない。タバコ工場で働く人は、綿肺に似た症状に苦しむおそれがある。コルクを扱う仕事には、かびたコルクの塵で病気になる危険がつきまとう。さらにもうひとつ。「パプリカ肺」という病気がある。いや、あった。かつてハンガリーやユーゴスラヴィアでは、丸々として赤い（そしてカビの生えた）パプリカの実を割る作業をする人だけにこの病気が見られた。その後、品種改良によって新種のパプリカができたため、割る必要がなくなる。それとともに、この一風変わった病気も姿を消した。

イヌ、ネコ、ネズミ、バッタの塵

鉱物、植物とくれば次は……もちろん動物である。有害な塵は動物からもまき散らされている。イヌやネコの塵が、アレルギー鼻炎や喘息の原因になることはご存知の方も多いにちがいない。だが、ネズミはどうなのだろう。バッタは？　こうした地味な連中と長い時間を過ごして、あげくにその塵でアレルギーを起こすような人がいるだろうか？

ところが、いるのだ。動物を多数飼育する人や、研究所で動物実験をおこなう人たちである。ネズミ類などの実験動物は、日頃は病気にさせられる役回りに甘んじていても、ひそかなお返しをして最後に笑うことが多い。体から出る塵を飼い主に浴びせて、「齧歯類取扱者病」というインフルエンザに似た病気にかからせたり、一生治らない喘息をプレゼントしたりすることがある。

とくに有害なのがネズミの尿である。尿は粒子となって空気中を漂う。ネズミを繁殖させる施設や研究所で働いている人がこの粒子をたくさん吸いこむと、アレルギーや喘息になりやすい。尿の塵は、建物の換気システムのなかからも見つかる。近所に漏れでていても不思議はない。モルモットの尿や唾液も粒子となって宙を飛び、人間の肺を痛めつける。ウサギも、さらにはバッタまでもが、塵をまき散らして人間にしっぺ返しをしている。

すべて合わせると、こうした小動物を扱っている人の約三分の一にアレルギー症状が現れる。この段階でピンときて仕事を変えないと、ゆくゆくは半数近くが喘息で苦しむ羽目になるだろう。いったん喘息が人に取りついたら、二度と離れてはくれない――たとえその人がネズミのそばから離れても。

ゴミの塵とダイオキシン

塵だらけの工場や研究所はもうたくさん。今度は農場を訪ねてみよう。健康的な日の光を浴びて額に汗する農業。どう考えても、これ以上体にいい仕事は見当たらない。田舎のきれいな空気のなかを、農場に向けて車を走らせる。ああ、なんて気持ちがいいんだろう！

でも、ちょっと待って。車の窓は閉めておいたほうがいい。カリフォルニア工科大学が最近おこなった研究によると、舗装道路から巻きあげられる塵には、花粉やカビ、動物のフケなど、アレルギーの原因となる物質が二〇種類も含まれている。田舎道は道端に土が残るところが多いうえ、近くに植物もたくさん生えている。都会の道路より塵は多いにちがいない。

さらに車を走らせると、何やら煙が見えてきた。何事も人に頼らず自力でおこなうのを重んじる、農村ならではの景色。そう、ドラム缶を使ったゴミの野焼きである。ドラム缶が誇らしげに煙をあげているのを見かけたら、車の窓はなおさら固く閉ざしておこう。このじつによくできた仕掛け――五五ガロン（約二〇八リットル）の錆びたドラム缶――からは煤が飛びちっている。煤は、アメリカの農村地帯と発展途上国のシンボルといっていい。

米国環境保護庁（ＥＰＡ）によると、アメリカでは今も二〇〇〇万人近い人々が、家庭から出るゴミをドラム缶で燃やしている。ＥＰＡはこの原始的な焼却装置を調べて驚いた。わずか三日分のゴミをドラム缶で燃やしただけで、最新型の大きな焼却炉で二〇〇トンのゴミを燃やしたのと同じ量のダイオキシンが出たのである。ダイオキシンに発ガン性があるのはいうまでもない。ドラム缶でゴミを燃やす場合、燃える温度があまり高くならないところに問題がある。高温で燃えないと、塩素からダイオキシンが生まれてしまう。しかも、塩素はいろいろなものに含まれている。漂白された紙からポリ塩化ビニル製のプラスチックボトルまで。食卓塩にだって入っている。

田舎のドラム缶は煙もふんだんにまき散らす。一日分のゴミから、一〇〇グラム以上の煤の微粒子が吐きだされている。ＥＰＡが、リサイクルできるものを取りのぞいたゴミを燃やしてみたところ、煤の量は減ったがダイオキシンの量は増えるという結果が出た。

ドラム缶を見かけなければ大丈夫だと思ったら大間違い。今走っている道はゴミ収集車の通り道かもしれない。窓はまだ閉めておこう。ゴミはにおう。におうということは、何かがビニール袋から漏れだして空中を舞っている。ゴミ集めの作業をする人は、たぶん私たちが捨てたありとあらゆるものを少しずつ吸っている。ゴミ処理施設内の空気に、糞から見つかるタイプのバクテリアが何種類も漂っていることから考えて、「ありとあらゆるもの」のなかには使用済みのオムツや犬の糞も入っているだろう。

事実、ゴミを扱う仕事をしている人はこうした塵の被害にあっている。ゴミ収集車の運転、ゴミの焼却、あるいはゴミのリサイクルといった仕事でも、ふつうの労働者と比べて体調不良を訴える人の割合が多い。たとえば、下痢、気管支炎、咳、喘息、息切れ、インフルエンザに似た症状、疲労感などである。

健康的な農場にも……有機塵中毒症候群

何はともあれ、ようやく農場に着いた。昔懐かしいのどかな農場！（今や「塵の爆発」でコンクリートのサイロも吹きとぶ。）つつましやかな農場！（つつましすぎてウシまでもが肺を病む。）健康的な農場！（元気いっぱいだった労働者がしばしば「有機塵中毒症候群」で熱と痛みに倒れる。）

有機塵中毒症候群（ODTS）は、これまで大きな注目を浴びることのなかった病気だ。しかし、毎年数十万人の農業労働者を苦しめている。干草置き場で遊んだ経験があれば、干草の塵でのどが詰まるような感覚を覚えたことがあるだろう。あれを何千倍もひどくしたのがODTSと考えればいいかもしれない。一九九四年には米国国立労働安全衛生研究所が、農村特有のこの病気にもっと目を向けるように呼びかける文書を発行した。そのなかには、よくある事例として次のような話が紹介されている。

アラバマで、一五歳から六〇歳までの男性労働者一一名が、換気のじゅうぶんでない穀物貯蔵庫から八〇〇ブッシェル（約二二トン）のオート麦を運びだす仕事についた……麦粒の隙間には粉状の白い塵が溜まっていたと伝えられている。多量の塵が飛びかう状況だったため、貯蔵庫のなかで作業をするときは、全員がひもを耳に掛けるタイプの使い捨てマスクをかけた。労働者は二、三人がひと組みになって二〇～三〇分ごとに交代しながら、オート麦の粒をシャベルですくって容器に移す作業を合計八時間続けた。作業が終わって四時間から一二時間のうちに、貯蔵庫のなかで作業をした九名全員が体調不良になった。症状は、発熱、寒気、胸の不快感、脱力感、疲労感である。うち八名には息切れが、六名には空咳が見られた。さらに、五名が節々の痛みを、四名が頭痛を訴えている。貯蔵庫の外にいた二名には何の症状も現れなかった。

この文書では、ほかにもいくつかの事例が取りあげられている。ひとつの事例では、五二歳の男性が木くずや葉の堆肥をシャベルですくう作業をして、一二時間後に発熱と呼吸困難で病院の救急治療室に担ぎこまれた。別の事例では、数名の労働者が、サイロで発酵させている牧草からカビの生えた部分を取りのぞいていたとき、白い「煙」を吸いこんでたちまち具合が悪くなった。

この煙は、穀粒や牧草や干草の塵ではない。なかに住みついている微生物の塵である。これをたくさん吸いこめば——農場労働者の三人にひとりは遅かれ早かれそういう経験をするのだが——数時間後には農場らしさを全身で味わうことができるだろう。待っているのはインフルエンザのような症状。しかも、呼吸困難のおまけつきだ。

ODTSに関心が向けられたのは最近のことだが、病気そのものは古くから知られていて、農夫のあいだで「穀物熱」「牧草運びだし作業者病」などと呼ばれてきた。関心が高まってきたとはいえ、有機物の塵を吸うとどうしてODTSになるのかはまだはっきりしていない。バクテリアが出す毒素を犯人と見る説もある。だが、穀物の粒に混ざりこんでいるのはバクテリアだけではない。カビ、殻や穂のかけら、デンプンの粉、穀粒そのものに生えた細かい毛、昆虫の体の一部、花粉、ネズミの毛。たちの悪い塵のオンパレードだ。

さいわい、ODTSにやられても数日で元気になる。厄介なのは、一度かかると二度三度とかかりやすくなることだ。ODTSに懲りて都会に移れば話は別だが、踏みとどまって農場の仕事を長く続けていると、「農夫肺」と呼ばれる状態になるおそれがある。農夫肺はアレルギー症状が出る病気である。これが進むと、気管支炎や息切れに一生苦しめられるだけでなく、体重が減ったり、肺線維症にかかって体に酸素がいき渡らなくなったりする。

人間だけではない。ウシまでもが、塵で汚れた餌を長年与えられていると農夫肺のような症状を示し、大きな体に見合った大きな咳が止まらなくなる。ウシはあまり動きまわらないので、この病気で衰弱するケースは少ない。しかし、似た病気にウマがかかれば、競走馬として活躍しつづける道は絶たれる。

糞便の塵、穀物の粒の塵

植物の塵はひっそりと目立たない。いっぽう、動物の出す塵は強烈なにおいで自己主張をする。しかも、におうだけならまだいいのだが、もっと厄介な問題を引きおこすことがある。たとえば、ブタを飼育している場所には、湿った糞や乾いた糞、病原菌、敷きわらや餌のかけら、はがれ落ちたブタの皮膚、バクテリアの毒素など、種々雑多な塵が飛びかっている。ネブラスカ大学医療センターで肺疾患を研究しているスザンナ・フォン・エッセンの話では、工場方式で運営される畜産農場では、塵の量がとくに危険なレベルに達しているという。何千頭ものブタをぎゅうぎゅう詰めで飼育しているからだ。

「ブタ小屋には、バクテリアの毒素やほこりやアンモニアがいっぱいです。働いている人は、一度に何種類もの塵を浴びてしまうわけです」。エッセンは眉間にしわを寄せる。「それに、養豚は大きな利益のあがる商売ではありません。だからみんな小屋の換気などにはお金をかけたがらないんです」。ブタ小屋の塵がどうやって人の肺にダメージを与えるかは、まだじゅうぶん解明されていないとエッセンは語る。バクテリアの毒素はいかにも怪しい。だが、塵のサンプルから毒素を取りのぞいて実験をおこなっても、肺の細胞が腫れる症状が確認できた。別の何かが肺を傷つけているにちがいない。「今はこの正体不明の犯人を探しているところです」とエッセンはいう。正体がもう少しはっきりしている塵もある。ブタ小屋にはウイルス性の病気が漂っているのだ。空気中の小さな水滴を介して、髄膜炎やブタ・インフルエンザがブタから人にうつることがある。

アルバート・ヒーバーはパーデュー大学の教授で、やはりブタ小屋の塵を研究している。この分野での実地体験も豊富だ。最近では、まわりの地域にどんな病原菌や塵が漏れだしているかを調べている。しかし、風下にいる人たちより、小屋のなかにいる人のほうがどれだけひどい目にあっていることか。ヒーバーは若い頃に叔父の養豚場で働いていたので、よく知っている。

「ひっきりなしに咳をしては痰を吐くんです」とヒーバーはふりかえる。「あの頃はどうしてなのかわかりませんでした。そういう状態が五年続きましたね。叔父のところで働くのをやめたら、咳はきれいさっぱりなくなりました。しばらくしてこの研究を始めたとき、思わず叫びましたよ。『うわっ、あれはこのせいだったんだ!』って。今ではどこかの養豚場に二、三分いただけで感じるんです。あの……味というか、塵が体に入ってくるような感覚というか。一日かそこらは、いやな感じが取れないんです」

ヒーバーが一九八〇年代に話を聞いた農夫は、ブタ小屋の塵にひどいアレルギーを起こして、一五分と小屋にいられなくなったそうだ。その後、養豚場の環境はだいぶよくなっているとはいえ、この仕事を長く続ける労働者は今でも少ないとヒーバーは指摘する。それも無理はない。「フィルターについた塵を見てみると、糞の色をしているんです」とヒーバー。「茶色なんですよ。糞便の塵なんです」。イギリスでは、養豚場の経営者が労働者にきちんとした防塵マスクを支給することが義務づけられているそうだ。アメリカもそうなればいいのだが。

ブタだけではなく、鳥を飼育するのも楽ではない。一九六〇年、アヒルの羽根をむしる仕事やインコを扱う仕事をしている人たちのあいだに、病気が広まっているのが見つかる。それがきっかけで、鳥の塵が注目されはじめた。以後、同じ病気はニワトリやシチメンチョウを飼育する農場でも確認されている。だが、いちばんよく知られているのはハトの塵による病気だろう。ハトを飼育する人の五人にひとりは、鳥に対してアレルギー症状を示すようになる。そのため、この病気は「ハト飼病」あるいは「鳥飼病」と呼ばれている。

この病気の原因としてよく名前があがるのは、乾いた糞に含まれる菌類である。しかし、ハトの糞には水分を引きよせる性質があるため、いつでもねばねばしているはずだという指摘もある。ねばねばしたものは塵になりにくい。もうひとつの容疑者は、尾羽の付け根から出される分泌物である。この分泌物は蠟に似た小さな脂の粒で、羽根に塗りつけると水を弾く性質をもつ。抜けた羽根にこびりついて乾いた血清（血液の液体成分）も怪しい。どの塵にもアレルギーを引きおこしそうな物質が含まれている。

厄介な塵はたいていそうだが、農場の塵もフェンスの内側でおとなしくしていてはくれない。炭鉱や製紙工場や、野焼きのドラム缶と同じように、農場も間違いなくあたりの空気を汚している。殺虫剤や化学肥料が地面から立ちのぼり、ガスや塵となって近くの町を飛びまわっているかもしれない。もちろん、土の粒子は空気にひしめいているだろう。穀物の粒でさえ、きれいな田舎の空気にかなりの塵を吐きだしている。大規模な穀物保管施設や製粉工場など、アメリカで穀粒を扱っている事業所をすべて合わせると、一年で五〇万トンもの塵（ネズミの毛や虫のかけらも含む）が周辺の地域に漏れだしているという。じつはこうした穀粒の塵が、病気より恐ろしい大惨事を引きおこすことがある。

穀粒どうしが押しつけられたりぶつかったりすると、粒が削れて粉が出る。この細かい粉は、穀粒のあいだや空気中に、あるいはさまざまな装置の上やサイロの隅に溜まっていく。粉は非常に細かく、とてつもなく燃えやすい。デブルース・グレイン社の穀物保管施設で働いていた従業員は、一九九八年、その燃えやすさを身をもって知ることとなった。

カンザス州へイズヴィルにあるデブルース・グレイン社の穀物保管施設は、世界最大級の規模をもつ。大平原には、約四〇〇メートルにわたってコンクリートづくりの背の高いサイロが並び、地下に掘られたトンネルには、穀粒を運ぶためのベルトコンベヤーが通っている。九八年六月八日の朝、この広大な設備のどこかで火が燃えあがった。ベルトコンベヤーのベアリングが摩擦で熱を帯びていたのかもしれない。あるいは、トンネルの清掃をおこなっていた作業員が、照明器具を不適切な場所に置きっぱなしにしたためかもしれない。火の出る原因をつくったのが何かについては、意見が分かれている。

いずれにしても、何か熱い物体がまわりの穀粒の粉をじわじわと暖めていたのは間違いない。それまでおとなしくしていたひと粒の粉が熱くなって、ついに発火点に達する。弾けるように火がついて小さな火の玉ができた。火の玉は、空中に漂っている粉を飲みこみながら広がっていく。最初の炎はさほど激しく燃えたわけではない。それでも、積もっていた粉をまき散らすくらいの勢いはあった。粉が新たに舞いあがり、そこに火がついたときだった。第二の爆発が起きる。今度はサイロが吹きとび、車ほどの大きさがあるコンクリートのかけらがもぎ取られた。鋼鉄のドアはアルミホイルのようにくしゃくしゃになる。一五キロ以上離れた町でも家が揺れた。施設のいたるところに粉と穀粒がまき散らされ、怪我をした従業員がほうぼうでうめき声をあげた。結局、全部で七人が帰らぬ人となる。このうち四人は何日も穀粒のなかに埋れていたあげく、遺体で発見された。穀粒そのものも数週間にわたって燃えつづけ、残骸と化したサイロから煙を吐いた。

こうした事故が起きたのはヘイズヴィルだけではない。一九九八年は粉塵爆発の当たり年で、同じような事故がアメリカだけでも一八件起きている。爆発で怪我をした人は合計二四人。建物や設備の損害はおよそ三〇〇〇万ドルにのぼった。

しかし、農場の塵がどれくらい近所迷惑かという話になれば、塵の爆発もブタ数千匹にはかなわない。近隣の人たちから見れば、植物の塵などかわいいものである。それにひきかえ動物の塵ときたら！　風向きの変わったことがにおいですぐわかるほどだ。

現在、アルバート・ヒーバー教授は養豚場の外で研究をおこなっている。有害な塵を減らして、できるだけ近くの住民に吸わせないようにする方法を探っているのだ。養豚場からはバクテリアもたくさん漏れだしているという。一度ヒーバーは、バクテリアが二〇〇メートル風下で固まって漂っているのを見つけた。よく晴れて空気が乾いた日だったにもかかわらず、バクテリアはまだ生きていた。（5章でも触れたが、ふつうバクテリアは紫外線や乾燥に弱く短命である。）たとえバクテリアが漏れてこなくても、養豚場からのにおいは二キロ近い風下まで届く。

「ふつう塵に文句をいう人はいません」とヒーバーはいう。「苦情はたいていにおいのことばかりです。でも、においは塵が運んでいるんですよ。塵はたまたま目に見えないだけです」

においではブタの塵に軍配があがるが、量でいったらウシの塵の右に出るものはないだろう。とくに、ウシを太らせるための肥育場は「糞便の塵」を派手にまき散らしている。ウシは牛肉になるために囲いのなかでひたすら太り、毎日二、三キロの糞（しかも乾燥後の重さで）を落とす。畜舎にあまり湿気がないと、ウシの糞はすぐに水分を失う。夜がきて涼しくなると、ウシは落ちつきがなくなる。乾いた糞をこれでもかとばかりに踏みつけて粉々に砕いてしまう。粉になった糞は……もちろん飛んでいく。

これがまた、ずいぶんと飛んでくれるのである。畜舎に詰めこまれた一〇〇〇頭のウシから、一日に生みだされる糞の塵は約七キロ。これが近くの町に押しかける。積もり積もればどうなるか、考えるのもおぞましい。テキサス州では、一日に約三〇〇万頭のウシが肥育場で糞を大量生産している。アメリカ全体では、年に約六万五〇〇〇トンの糞の塵が畜舎から立ちのぼっている。たしかに、農地から飛ぶ土の塵に比べたらわずかな量かもしれない。だが、近くに住む人の身にもなってほしい。塵は夕食のテーブルにだって舞いおりるのだ。量が少なければいいというものではあるまい？

古代ミイラの体を蝕んでいた塵

農場や工場の塵は出どころがはっきりしているので、死者や病人が出たときにも非難の矛先を向けやすい。いっぽう、トルコの洞窟の例からもわかるように、もとからあった自然の塵が敵になる場合もある。住む土地によっては、自然の塵が牙をむいてくるかもしれない。そのことは、エジプトのミイラがよく知っている。

一九七三年、デトロイトのウェイン州立大学医学部のチームが、「ミイラ包帯除去者肺」（本当にあるのだ）になる危険をものともせず、二〇〇〇年前に死んだひとりのエジプト人男性を解剖した。すると、おもしろいものが次々に見つかった。腸のなかには寄生虫のついた肉の塊。血管には動脈硬化。現代人と同じで脂の多い食事をとっていたのだろうか。そして肺は、古代エジプトの空気がどういうものだったのかを教えてくれた。かなり塵が舞っていたらしいのである。

ミイラの肺は何箇所かが線維で硬くなっていて、そこには二種類の塵が詰まっていた。ひとつは煤で、煙を吸いこんでいたことがうかがえる。解剖をおこなった医師たちは、肺に煤が溜まっているのは少しも意外ではないと指摘したうえで、こう記している。「人類が、小屋や洞窟、あるいは天幕といった狭い場所で火を起こしはじめると、肺はすぐにこうした状態になったと考えられる」

ところが、もうひとつの塵は石英だった。つまり、ミイラは珪肺にかかっていた。ミイラの手を調べてみたが、石の切りだしや細工をなりわいにしていた様子はない。これだけ石英の塵を吸いこむ理由はただひとつ。砂塵嵐の多い土地で一生を送るだけでも、石英は肺いっぱいに溜まるのである。

（ミイラの骨に入りこんでいた別の塵からは、古代エジプトの空気がうらやましくなるような面も浮かびあがった。鉛の濃度が一PPM（〇・〇〇〇一パーセント）以下だったのだ。現代人の骨には、その六倍から二〇倍もの鉛が溜まっている。現代の鉛は製錬所から出るだけではない。いまだに有鉛ガソリンを使っている自動車から吐きだされたり、土ぼこりと一緒に風に飛ばされてきたりする。）

ミイラの肺をむしばんだ「砂漠の珪肺」は、今も砂漠に暮らす人たちを苦しめている。この病気の事例として最初に確認されたのは、リビアの人々と、イスラエルのネゲヴ砂漠に住むベドウィンだった。それ以来、ときに思いも寄らない場所に現れてきた。

一九九一年、インドとイギリスの医師のチームが、ヒマラヤ山脈のいくつかの村で珪肺が多数発生していると発表した。そのひとつ、チューチョット村は、標高三〇〇〇メートルを超える山あいにあり、春になるとあたりが見えなくなるほどの猛烈な砂塵嵐に襲われる。もうひとつのストック村はもっと高いところにあるので、飛んでくる砂塵の量はやや少ない。それでも、どちらの村もかなりの塵を浴びていることに変わりはなく、住民の肺には珪肺特有の白い星が植えつけられてしまった。住民のレントゲン検査をしたところ、チューチョットの女性のほぼ全員、男性でも半数以上に、程度の差はあれ珪肺が認められた。(村ではほとんどの農作業を女性がおこなうため、土の塵を吸いこむ機会が多い。また、土ぼこりで汚れた床を掃除するのも女性の仕事だ。)ストックでは患者の割合が若干少なかったものの、ふつうの地域に比べたら途方もない数字だった。のちに調査した別の村でも、重度の珪肺に苦しむ住民が三人発見されている。

砂漠の珪肺はほかにもいろいろなところで見つかっている。カリフォルニア州セントラルヴァリーの農民。半砂漠地帯にあるサンディエゴ動物園の動物たち。やはりカリフォルニアのモンテレー・カーメル半島にいるウマなどだ。しかし、砂漠地帯に見られる肺疾患をすべて「砂漠の珪肺」でくくるのは間違っているという意見もある。砂漠で暮らす人の肺にはたしかに石英の塵が詰まっているし、珪肺特有の線維の塊ができている人もいる。だが、その肺には黒い煤がたくさん溜まっていることも多い。家のなかで料理をするときの火から出たものである。ある科学者のチームが、珪肺と診断された南アフリカの女性を詳しく調べてみた。それまで彼女たちの珪肺の原因は、石でトウモロコシを挽いているあいだに石英の塵を吸いこんだためと考えられていた。ところが調査の結果、火から出た煙と、石英を含まない塵の影響が大きいとわかる。研究者たちは、砂漠の住人に多いこの病気には「小屋肺」という名前がふさわしいと記している。

「渓谷熱」、ハンタウイルス、ホコリタケ

工場から出る塵と同じように、自然の塵にも「鉱物」と「植物」がある。植物の塵の代表選手はたぶん花粉だろう。これだけ世界の広い範囲でいやがられている植物の塵も珍しい。いっぽう、決まった地域だけで忌みきらわれている塵もある。

「渓谷熱」は、乾燥した土に住むある種の菌類が肺に入ると起きる病気だ。カリフォルニアのサンホアキン・ヴァリー（渓谷）で多く見られるためにこの名がついた。毎年、アメリカ南西部全体で数千人もの人が渓谷熱にかかっている。この菌類の胞子は、風に運ばれて飛んでくる場合もあれば、人が踏んだために土から舞いあがる場合もある。「砂漠熱」あるいは「砂漠リウマチ」とも呼ばれ、肺のうっ血や発熱、節々の痛みなどが現れる。だが、命にかかわることはまずない。メディアに取りあげられる機会も少ない。同じカリフォルニアでもシミ・ヴァリーでは、渓谷熱にかかる人が年に数名しかいないため、この病気を知らない人がほとんどである。いや、少なくとも一九九四年まではそうだった。この年、ロサンジェルス郊外のノースリッジで大地震が起きると、シミ・ヴァリー地区でいきなり二〇〇人以上が渓谷熱にかかったのである。

米国疾病対策センター（CDC）は、疫学者のアイリーン・シュナイダーとラナ・ハッジを現地に送った。原因となる菌類の出どころをつきとめるためである。ふたりの調査官は、大地震と余震のあとに数千箇所で崖崩れが起きていたのを知る。崖の乾いた土がはがれ落ちて、おびただしい量の塵が舞いあ

がっていた。

「この塵の量が半端ではないんです」とシュナイダーは目を丸くする。「町じゅうを覆いつくすほどの塵の雲が映った写真もあります。家二、三軒分くらいにしか広がらなかったものもありましたが。その塵がいたるところに積もったそうです。プールのなかにも、家のなかにも。みなさん間に合わせのマスクをつくって、なんとか吸いこまないようにしていたといいます」

数日たつと、不調を訴える人々が救急外来に姿を見せはじめる。ほとんどは無事に回復した。症状は、咳、疲労感、寝汗、発熱などで、間違って肺炎と診断される人も多かった。感染した人の四分の三は入院もせずにすんだという。しかし、三人の命が奪われる結果となった。

シュナイダーとハッジは、感染者がどこにいたか、また塵が崖崩れ地点からどう流れたかを地図で確認した。すると、そのふたつは重なっていた。感染した人の住む町には、たしかに膨大な量の塵が漂っていた。原因となる菌類は、崖崩れの塵に含まれていたにちがいない。ほかにも確かな裏づけが得られる。渓谷熱にかかった人の多くが、比較的長いあいだ崖崩れの塵を浴びていたことがわかったのである。

とはいえ、危険な塵の例に漏れず、この菌類についてもわからない点は多い。

「いくつ胞子を吸いこんだら症状が出るのか、じつはよくわかっていないんです」とシュナイダーは認める。「胞子一個で感染するという人もいますし、たくさんの胞子が必要だという意見もあります」

原因となる菌類がどういう生活をしているのかさえ、謎のベールに包まれている。たとえば、どこかの土のサンプルを調べてこの菌類の胞子が出てきたとしよう。ところが、一五メートルほど離れた土のサンプルからは、胞子がひとつも見つからない場合もあるとシュナイダーはいう。

ハンタウイルスも、決まった地域だけに害をもたらす。ただし、同じ場所ばかりでは飽きられてしまうとでも思っているのか、どの地域が選ばれるかは年によって違う。一九九三年にハンタウイルスによる肺疾患が見つかったときは、アメリカ南西部に特有の病気かと思われた。しかし、米国疾病対策センター（CDC）はすぐこのウイルスの正体に気づく。ネズミによって世界中にまき散らされる、たちの悪さで有名なウイルスの仲間だったのである。しかも、どうやら天気しだいでどこにでも現れるようだ。このウイルスに感染したネズミの群れさえいればいい。

一九九三年、アメリカ南西部では例年になく雨が多く、植物がおい茂った。ネズミが大発生する。すると、ハンタウィルスに感染するネズミも増え、そのネズミの糞や尿と一緒に外に出されるハンタウイルスの量も一気に増えた。一九九九年の終わり、今度はパナマで例年にない雨が降ると、ハンタウイルスはそこで爆発的に増えた。CDCがひと息つく間もなく、二〇〇〇年にはカリフォルニア保健局が、別のウイルスによって一四か月のあいだに少なくとも三人が亡くなったと発表する。犯人は、やはりネズミを介して広がるアレナウイルスだった。

このふたつのウイルスは、人に吸ってもらうために空中に舞いあがる必要がある。そのためには、ある程度あたりが乾燥していなくてはならない。つまり、乾燥さえしていれば、ウイルスは屋内にも現れる。古いバンガローなどでは、どこかでネズミの排泄物がひっそりと乾いて塵になっているだろう。砂漠を愛する人たちやキャンパーがバンガローに来てその塵を踏めば、ウイルスは舞いあがって肺に飛びこむことができる。ハンタウイルスに感染するときわめて重い症状が現れる。すぐに適切な治療を受ければ回復するが、命を落とすケースも多い。理由は簡単だ。肺のなかにたちまち液体が溜まってしまい、病院にいくことすらままならないからである。

最後にもうひとつ、恐ろしい被害をもたらす植物の塵を紹介しよう。魅力で誘って害をなす、悪賢いホコリタケである。ホコリタケは丸い頭をもったキノコで、世界のいろいろな場所に生えている。頭の部分の直径は、種類にもよるが二、三センチから数十センチ。熟すにつれて、内側は茶色の胞子でいっぱいになる。春がくると、頭の硬い皮にあいた小さな穴からこの「ホコリ」を吐きだす。旅に出た「ホコリ」は、子孫を増やすことを目指してどこかに舞いおりる。ただし、誰かに吸われてしまえば話は別だ。

世界のいくつかの地域では、鼻血を止めるためにホコリタケの胞子を吸うという民間療法がおこなわれていた。たぶん、頭の部分を押しつぶして胞子を飛びださせるときに、うまく鼻の穴だけに狙いをつけたのだろう。だが、胞子を肺まで吸いこまないためにどういう工夫をしていたのかは、時とともに忘れさられてしまった。胞子がたくさん肺に入ったら？　きっと、鼻血のほうがよほどよかったと悔やむことになるだろう。鼻血が止まるかわりに手に入れるのは、重い肺炎に似た症状である。発熱、吐き気、頭痛、息切れ。すべてがやってくる。

一九九四年、ＣＤＣはホコリタケの恐ろしさに改めて注意を呼びかける文書を発行した。そこにはきっかけとなる事件があった。ウィスコンシン州の南東部で、ホコリタケの魅力に釣られたティーンエイジャーのグループが肺に大きなダメージを負ったのである。鼻血を止めてくるだけでもなかなかたいしたものなのに、ある種のホコリタケは精神に作用する性質もある。八人の若者は九四年の春、少しいい気持ちになろうとキノコパーティを開いて、ホコリタケを噛んだり吸ったりした。まもなく猛烈な吐き気に襲われ、数日後には病院のベッドの上。肺炎に似た病気と戦う長く苦しい日々が始まる。
こんな旅（トリップ）になろうとは、誰ひとり考えていなかっただろうに。

岩石の塵も、動物のくさい塵も、植物の危険な塵も、人間がつくったわけではない。私たちが塵をまき散らす前から、地球にはそれぞれの地域ならではの塵の取りあわせがあり、独特の風味があった。ところが、人間が活動を始めると、多くの地域で人工的な味が混じるようになる。今や、自然の風味はほとんど覆いかくされてしまった。

それでも、まだもともとの塵が頑張っている土地はある。人の寄りつかない砂漠や海岸で、あるいはトルコの洞窟でも、ありのままの新鮮な自然の塵を感じることができる。ためしにアメリカのメイン州にいって、人の住んでいない海岸を訪ねてみるといい。花崗岩の塵が海の塩のかけらと混じりあって、あたりに漂っているはずだ。マツの木は岩に根を張り、粘り気のあるピネン〔訳注　マツの香りのもとになる油性の物質〕の粒を吐きだしている。アカリスが松ぼっくりにかじりつけば、茶色い塵がそっと舞いあがるだろう。カワウソが黒いタールのような糞を落とすと、消化されなかった魚のかけらが塵となって風に乗る。こうした塵が絡みあって、その土地ならではのにおいを醸しだしている。

手つかずの自然の塵を離れて、都会の雑然とした空気へと戻ってきても、胸のなかには記念の品がしまいこまれている。いずれ海の塩は溶けて、体の海へと消えていくだろう。マツの塵も同じだ。だが、いくつかの塵はなくならないかもしれない。とくに頑丈で、とくに情け容赦のない塵が、肺の片隅にひっそりと残される。一生のあいだずっと。

10章　家のなかにひそむミクロの悪魔たち

喘息患者が激増している

エボラ出血熱や西ナイル熱のような珍しい病気はもちろん、おなじみになったハンタウイルスでさえ、流行すれば大きなニュースとなって私たちを震えあがらせる。だが、もっと広い地域で見られるもっと身近な病気が、ひそかに大流行しているのを知っているだろうか？　その病気とは、喘息である。

喘息の患者が大幅に増えはじめたのは、一九七〇年頃からである。それ以後、一〇年ごとに約五〇パーセント増のペースで増えている。新たに喘息になったのは子供が多い。子供だけに限ると、現在喘息にかかっている人の割合は一九八〇年の二倍になった。アメリカでは今一三〇〇万人もの人々が喘息に苦しんでいる。患者が救急治療室に担ぎこまれる回数は年二〇〇万回にのぼる。亡くなる人は一日に一四人。気管支が腫れてふさがり、息ができなくなったためである。アメリカの喘息がこのペースで増えつづければ、二〇二〇年にはおよそ一〇人にひとりが喘息を抱えることになるだろう。アメリカだけでなく、爆発的な患者数の増加はほかの豊かな国々をも揺さぶっている。

「ニュージーランド、イギリス、オランダ、日本、オーストラリア」。ヴァージニア大学で喘息を研究するトーマス・プラッツ＝ミルズは、指を折りながら呆れた様子で並べたてた。先進諸国では喘息の患者が急激に増えている。なかでもすさまじいのがフィンランドだ。フィンランドの軍の記録によれば、一九歳の男性で喘息にかかっている人の数は一九六〇年の二〇倍にもなった。とくに都市部での増加が著しい。

患者が大幅に増える前は、喘息にかかりやすいかどうかはその人の家系を見ればわかった。遺伝の影響が大きいとみなされていたのである。しかし、遺伝だけではこれほど患者が増える理由をとうてい説明できない。では、遺伝でなければ何なのか。考えられるのはアレルギーである。何らかのハウスダスト（家のなかの塵）にアレルギー症状を示す人は、喘息にかかりやすいというわけだ。たしかに、チリダニ、カビ、ゴキブリの糞、ペットのフケなど、ハウスダストのアレルギーに悩む人の数もうなぎのぼりである。人間のまわりには昔から塵があったのに、その塵とのかかわり方がどこか大きく変わってしまったとプラッツ＝ミルズはいう。オフィスの書棚の上から、ベージュ色のチリダニのぬいぐるみが彼を見下ろしていた。

「一九八〇年代には、気密性が高く、熱がこもりやすく、カーペットが多く、家具も多い家に原因があると考えていました」とプラッツ＝ミルズは説明する。つまり、塵が溜まりやすく、ダニが増えやすく、風通しが悪くてアレルゲン（アレルギーを引きおこす物質）が外に出ていかない家である。しかし、喘息の患者数が爆発的に増えてくると、それまでの考え方を見直さざるをえなくなった。プラッツ＝ミルズは新しい仮説を立てる。ハウスダストが悪くないわけではない。だが、ほかにも何かあると彼は考えた。どうやら喘息は裕福な国をターゲットにしているらしい。だとすれば、豊かな人々が昔とは違う肺の使い方をするようになったことが関係しているのではないか。日頃あまり肺を運動させていないために、いざ大量の塵を浴びたときに対抗するパワーがないのではないか。

プラッツ＝ミルズの説以外にも新しい仮説はある。そのひとつが「衛生仮説」と呼ばれるものだ。昔ながらの塵、とくにバイ菌だらけの塵が家のなかにあったほうが、かえって子供は丈夫になるという考え方である。子供が喘息にかかりやすくなったのは、現代の生活から塵が「減った」ためだとこの説は訴える。

塵と肺のかかわり方がどう変わったにせよ、今ハウスダストが大きな注目を集めているのは間違いない。長いあいだ、煩わしいだけで恐ろしいものとは見られていなかった家のなかの塵を、科学者はついに詳しく調べはじめた。すでに背筋を寒くするような事実がいくつも明らかになっている。喘息だけに留まらないさまざまな問題も浮かびあがってきた。

パーソナル・クラウド——人のまわりを取りまく塵の雲

研究者が誰かの家に入って塵を調べるときには、まず空気中に漂っている塵に目を向ける。住人がいちばん吸いこみやすいのは、なんといっても空気中の塵だからだ。こうした調査を通じて、家のなかで塵がとくに濃く立ちこめている場所がわかった——なんと人間のまわりである。ひとりひとりを取りまくこの塵の雲は、最近では「パーソナル・クラウド」と呼ばれている。私たちが日々吸いこんでいる塵のかなりの部分はパーソナル・クラウドの塵だ。にもかかわらず、この塵の雲が何からできているのか、じつはまだはっきりしていない。

パーソナル・クラウドの存在が明らかになったのは一九九〇年である。この年、カリフォルニア州リヴァーサイドの住民一七八名の体に、塵の量を測るための小型モニターを取りつけるという画期的な実験がおこなわれた。住民はモニターを二四時間体につけたまま（ただし一二時間たった時点でフィルターを交換する）、料理や読書をしたり、眠ったりして、ふだんと同じ生活を送る。そのあいだ、研究者チームは家のなかと外の両方について空気中の塵もモニターした。すると、意外な結果が明らかになる。

まず、屋内と屋外のどちらについても、空気中の塵の量はかなり多かった。実験に携わった米国環境保護庁（EPA）のランス・ウォレスによると、連邦政府が定める環境基準の半分ないし三分の二の数値に達していた。ところが、住民が体につけていたモニターのほうが、さらに多量の塵を記録したのである。基準を超える塵を出した罪で罰金チケットを切れるものなら、住民の四人にひとりは財布を取りだしていただろう。「ひとりの人間が吸いこむ塵の三分の一は、パーソナル・クラウドの塵なんです」とウォレスはいう。「塵の出どころとしては相当なものですね」。しかも、謎が多い。

そもそもパーソナル・クラウドの中身は何なのか。確認できるもののうち、いちばん大きい割合を占めるのは皮膚のかけらだとウォレスは説明する。住民につけたモニターのフィルターを調べたら、一二時間で一五万から二〇万個の皮膚のかけらがモニターに吸いこまれていた。

多いと思うかもしれないが、これでもごく一部でしかない。ひとりの成人の体からは、一日におよそ五〇〇〇万個の皮膚のかけらがはがれると見られている。このかけらを顕微鏡で覗いてみると、まるで風に飛ばされた新聞紙のような形をしている。たぶん、かけらの大部分は浴室の排水口に消えているのだろう。人が一日に吸いこむ自分の皮膚のかけらは七〇万個くらいというのが、ウォレスのごく大まかな推測だ。人に吸いこまれず、浴室にも消えなかった残りの皮膚は、ゆっくりと床に落ちていくか、シーツの繊維にからまる。あるいは、ソファのクッションのなかに入りこんだり、ランプシェードの上に積もったりする。だが、自分の皮膚を吸って喘息になるものだろうか？　それはまずありそうにない。しかし、リヴァーサイドの住民につけたモニターのフィルターを詳しく調べると、皮膚のかけらはパーソナル・クラウド全体のせいぜい一割にすぎなかった。あくまで「確認できるもののうち」でいちばん多いだけだとウォレスは念を押す。

では、糸くずはどうだろう。かなりの量が含まれているのではないだろうか。たしかに、衣類乾燥機のフィルターに溜まる繊維の塊を見れば、衣服からは簡単に糸くずが吐きだされるのがわかる。首を動かせば、首と襟がこすれ合って、目に見えないミクロの繊維が舞いあがる。ズボンを履いた足を組めば、もっとたくさんの繊維がこすり取られる。しかし、モニターのフィルターについていた糸くずの量は、皮膚のかけらに遠く及ばなかった。パーソナル・クラウドの大部分を占めているのは何なのか、いまだにわからないのである。

だが、ウォレスはこの謎に迫りつつあるようだ。ＥＰＡの資金援助のもとにおこなった実験で、彼はヴァージニア州レストンにある自宅のあちらこちらに塵とガスを測定するモニターを取りつけた。ウォレスが何より驚いたのは、家のなかが外の影響を大きく受けることだった。近所の誰かが暖炉に薪をくべると、家のなかのモニターがそれと気づく。ハイウェイは二キロ近く離れているのに、平日には毎朝車の排気ガスが流れこんでくる。また、アロマキャンドル（香りつきのロウソク）を焚いたときにとんでもない量の煤を記録したのも忘れられないという。そんなある日、ウォレスがたまたま塵のモニターの前で腕を振ったところ、モニターの数字が狂ったように跳ねあがった。

「もう一度モニターの前で腕を振りまわしてみましたが、結果は同じでした」と彼はふりかえる。「そこで、やはり自宅で同じ実験をしている同僚のウェインに電話をかけて、モニターの前で腕を振りまわしてみてくれ、って頼んだんです。ところが、何の変化もないというじゃありませんか。だから、あれこれ考えて、こうきいてみたんです。『ウェイン、シャツをどうやって洗濯しているんだ?』って」。ウェインはクリーニングに出していたらしい。着る直前まで、シャツはビニール袋に入っていた。いっぽうウォレスは家でシャツを洗っていた。何日かクローゼットにぶら下がっていたものを着ていたのだ。

ウォレスは説明する。「洗濯をすれば、シャツにくっついていた塵はいったん取れます。でも、すぐにまた溜まってしまいます。私たちの着ている服は、まわりの空気から塵を集めているようなんです。洗濯してから一日もすると、もうそれ以上は塵を抱えきれない状態になるんじゃないでしょうか。そこから先は、何百万個もの塵が服にぶつかっても跳ねかえされてしまうか、あるいは自分はくっついてほかの塵を叩きだすかのどちらかになるのでしょう。パーソナル・クラウドというのは、服が吸いこんでいたハウスダストが振りおとされたものなのかもしれません」。激しく動けば動くほど、パーソナル・クラウドの量は多くなる。しかし、ただ座ってコンピュータに向かっているだけでも、その部屋の塵の量は五倍に増えるという。パーソナル・クラウドが本当にただのハウスダストの集まりなのだとしたら、喘息を引きおこす犯人のひとつであってもおかしくない。ハウスダストにはかならずいろいろなアレルゲンが含まれているのだから。

パーソナル・クラウドには、その人ならではの塵のスパイスもきいているにちがいない。大工仕事が好きな人は木材の塵。編み物が好きなら毛糸の塵。料理好きは小麦粉の雲をなびかせ、洗濯好きは洗剤の粉を振りまく。では、ロマンチストは？　キャンドルとお香の煤だ。美人は？　アイシャドーの粉だ。ガーデニング好きは？　殺虫剤と肥料と鉢植え用の土だ。いい悪いはさておき、私たちのパーソナル・クラウドがわが家のにおいをつくっている。

掃除機がまき散らす塵の量

すでに喘息やアレルギーに苦しんでいる方。間違ってもハウスダストをきれいに掃除しようなんて思ってはいけない。掃除をすると、床に溜まっていた塵を空気中に舞いあげてわざわざ吸ってしまうことになる。きれいにするつもりが、気がつけばあたりはかえって塵だらけだ。

おとなしそうなほうき一本でも、かなりの勢いでほこりをまき散らす。重たいゴミなら、床を滑ったり短くジャンプしたりするくらいだが、軽い塵は宙に舞いあがる。家事は数々あるけれど、塵を巻きあげることにかけてはほうきがけにかなうものはまずないだろう。掃除機が大当たりしたのも無理はない。

掃除機の第一号は、二〇世紀の幕開けとともに登場する。はじめは、ひとりがポンプを押し、もうひとりがホースを動かして塵を吸いこむ大掛かりなものだった。第一次大戦後には、もっと扱いやすくて値段も手頃な小型の装置が開発され、ほうきは居場所を失う。しかし、最近では、掃除機も厄介な問題を抱えているのがわかってきた。塵を猛烈に吸ってくれるのはいいが、機種によってはフィルターですべてをせき止めることができない。ごくごく小さな、人の肺に侵入しやすい塵がフィルターをすり抜け、うしろから吐きだされてしまう。

マイケル・ヒルトンは、カーペット敷物協会（CRI）に勤めていたとき、掃除機を検査するプロジェクトを担当した。ジョージア州ドルトンに本拠を置くCRIは、カーペット製造業者が加盟する同業者団体である。ヒルトンは三〇種類の掃除機をランダムに選び、どれだけ塵が漏れるかをテストした。いちばんひどかったのは業務用の掃除機である。吹きだした塵の量は、空気のとくに汚れた大都市の塵の量の一〇倍にも達していた。（ただし、このふたつを比べるのは少し気の毒だろう。ヒルトンはサイズを問わずにすべての塵を数えたのに対し、連邦基準の対象になるのは直径が髪の毛の一〇分の一以下の塵に限るからである。）何種類かの掃除機からは、屋外の環境基準値の半分くらいの塵が漏れでたという。ごくわずかな塵しか吐きださないあっぱれな掃除機もあった。

掃除機の種類によっては、かえって空気中の塵の量が増える——この事実を受けて、掃除機の世界に革命が起こった。一九九〇年代後半に登場した新製品は、大々的にHEPA（高性能微粒子）フィルターをうたい文句にしはじめた。HEPAフィルターは、肺に忍びこみやすい小さいサイズの微粒子もつかまえることができる。だが、この「進んだ」フィルターも、取りつける機種によっては別の問題につながる。

「ある掃除機にHEPAフィルターをつけたら、吸いこむ空気の量が減ったんです」とヒルトンはふりかえる。ちなみにヒルトンは、CRIを辞めたあとカーペットメーカーに勤めている。「空気の量が減れば、カーペットから吸いあげる塵の量も減ります。つまり、たしかにHEPAフィルターをつけた掃除機は吸いこんだ塵をほぼ一〇〇パーセントつかまえられますが――」ここで苦笑いを浮かべる。「その量がもともと少ないかもしれないんですよ」。ヒルトンの話では、チリダニ対策ならHEPAフィルターのついていない掃除機でもじゅうぶん間に合うそうだ。

CRIは独自の基準を定めていて、それに従うかどうかは各メーカーの判断に委ねられている。この基準をクリアするには、掃除機から吐きだされる塵の量が、連邦政府の定める屋外の基準値の三分の二を超えてはならない。また、カーペットの上にまいたテスト用の塵を、たった四回の動作だけで「満足できるレベルまで」吸いこむことも求められる。カーペットの見た目を損ってもいけない。ヒルトンがこの基準をつくった当時、基準を満たした掃除機は全体の三割以下だった。その状況は今もたいして変わっていないとヒルトンはつけ加える。

このように、掃除機を使ってもアレルゲンとなる塵が舞いあがるおそれはある。すでに喘息にかかっている人なら、そのせいで症状がひどくなっても不思議はない。しかし、昔使われていたほうきに比べれば、掃除機のまき散らす塵の量はさほどでもないはずだ。掃除機によって喘息患者が「増える」とは考えられない。

消臭剤とアロマキャンドルが生みだす塵

もっと最近に始まった習慣に問題があるのかもしれない。女性が働きに出ると家が汚くなるとはよくいわれることだ。家の塵が増えて、においもひどくなったために、あるものが簡単に買い物袋に入りこむようになったことが原因ではないだろうか。あるものとは、消臭剤である。

消臭剤。これほど紛らわしい名前はそうない。もちろん、本当ににおいを消してくれる製品もあるだろう。悪臭のもとになる分子が漂っていると、消臭剤の成分がそこに結びつく。すると分子が重くなってほかのものにくっつきやすくなり、空気中から取りのぞかれる。しかし、そうではない消臭剤はいったいどうやってにおいを「消して」いるのか。米国環境保護庁によると、たいていは次の三つにひとつだ。その一。鼻のなかにある神経の末端を麻痺させて、何を嗅いでもくさいと感じさせなくする。その二。鼻の内側を油の粒で覆って、「その一」と同じ効果を生む。その三。家のなかの空気にひたすら強烈な芳香を振りまいて、ほかのにおいを覆いかくしてしまう。

スプレータイプであれ、固形タイプであれ、コンセントに差しこんでオイルを熱するタイプであれ、消臭剤が空気中に吐きだす化学物質はなかなか消えてなくならない場合がある。ガスの状態を好む物質なら、いずれ壁の隙間を通って外に出ていくだろう。しかし、ねばねばした状態や固まった状態を好む成分の場合、いい香りの塵としてしばらく漂ってから、壁に張りつき、クモの巣に取りつき、カーペットのなかにももぐりこむ。

一九九〇年代には新しい「偽消臭製品」が登場してきて、消臭剤の牙城を脅かすようになった。家のなかのカビでも煙でも、くさいものには何でも蓋をしてしまえという強力なライバルが現れたのである。それが、アロマキャンドル（香りつきのロウソク）だ。キャンドルのほうが健康的で懐かしいイメージがあるし、その香りで嫌なにおいをカモフラージュすることもできる。アロマキャンドルは何十年も前から使われてきたが、おもに雰囲気づくりのための小道具だった。ところが、最近になって新たにふたつの使い道で人気が出たために、アロマキャンドルは大きく売上を伸ばしている。ひとつは、消臭剤がわりにするというもの。もうひとつは、香りによって精神にプラスの効果をもたらそうする、いわゆる「アロマテラピー」としての利用法である。一九九〇年代のはじめには、アロマキャンドルの売上が年に一〇〜一五パーセントの伸びを見せた。九〇年代の後半になると、この伸び率は倍になる。素朴だった時代の象徴のようなキャンドル。これがよもや有害な塵を生もうとは、いったい誰が考えただろう。

じつは、ちゃんと考えたところがあった。消費者保護団体のパブリック・シティズンである。キャンドルを燃やしすぎると、家のなかに鉛の塵をまき散らすおそれがあると危ぶんだのだ。パブリック・シティズンは、ボルティモアから首都ワシントンにかけての地域で販売されていたキャンドルのうち、九〇種類を調べてみた。問題にしたのは、芯をまっすぐ立たせるためになかに細い針金を入れているものだけである。二〇〇〇年二月、パブリック・シティズンは悪い予感が的中したと発表する。全体の一割に、かなりの量の鉛を含む針金が使われていたのである。

鉛にしろ何にしろ金属を燃やすと、蒸発して空気中に舞いあがる。それから急激に冷え固まって小さな塵になる。パブリック・シティズンの報告によると、芯に鉛を含む金属が入ったキャンドルを毎日三時間、約四・五メートル四方の部屋で燃やしたところ、連邦基準を上回る量の鉛が空気中に立ちこめた。この団体は鉛入りの芯を禁止するよう、消費者製品安全委員会に訴えている。

(芯のなかの針金に鉛が入っているかどうかを、家でも簡単にテストする方法がある。芯の端で紙に何か「書いて」みるのだ。鉛が含まれていれば灰色の跡が残る。心配なら、芯に金属の入ったキャンドルは買わないのがいちばんだと、パブリック・シティズンはアドバイスしている。）

鉛の塵はたしかに恐ろしいが、脇役にすぎない。主役はなんといってもおなじみの煤だ。キャンドルの種類によってはかなりの煤が出る。現代の住宅を悩ませている問題のひとつに、部屋の壁やカーペットに黒い線やしみが浮きでるというものがある。ノースカロライナ州ローリーにあるアドヴァンスト・エナジー社の建築環境工学の専門家、フランク・ヴィジルは、かなり早くからこの不気味な現象に気づいていた。黒いのは煤で、空気の流れの関係で一箇所に集まるのである。煤のおもな出どころはキャンドルだとヴィジルは考えている。

「たいていのキャンドルには香料がたくさん含まれています。香料というのは不完全燃焼を起こしやすいんです。だから煤が出ます。たとえば、びんに入ったキャンドルがありますよね。どうしてびんに入っているかといえば、ほとんどの場合、香料をたくさん含んでいるために蠟がふつうより柔らかいからです。びんに入っているので、酸素も足りません」。それもまた煤を生みだす原因になる。

使う側も悪いとヴィジルは指摘する。「芯をきちんと切っている人なんていませんからね。本当は、芯を五ミリから一センチくらいの長さにしておくのがいいんです。でも、そうするには二時間ほどキャンドルを燃やしたら、いったん消して芯を切らなくてはならない。面倒くさいので、たいていの人はしません。それから、隙間風の当たるところでキャンドルを燃やす人がいますが、炎が揺らめいて、キャンドルから出る微粒子の量が増えてしまいます。ただ吹き消すだけで、ものすごい量の微粒子が出るんですから。吹くのではなく、芯を曲げて、キャンドルの上に溜まった蠟のなかに入れて消すのがいいんですけどね」。しかし、壁に不気味なしみをつけるのはキャンドルだけではない。

「セントラル・ヒーティング用の暖房炉、給湯器、暖炉、オイルランプ、ストーブ。イングリッシュマフィンをトーストするだけだって煤は出ます」とヴィジルはいう。

いずれにしても、消臭をうたい文句にしたまがい物はたしかに塵をまき散らすようだ。では、喘息を増やしている犯人は、こうした製品の成分にひそんでいるのだろうか。もしそうだとしても、まだつきとめられてはいない。

意外と恐ろしいベビーパウダー

体を清潔に保とうとするだけで、厄介な塵が生まれることもある。ただし、かかるおそれのある病気は喘息ではない。タルカムパウダー（ベビーパウダーともいう）の人気の秘密は、パウダーになる前の岩石にある。この岩石（滑石）にはもともと滑らかな蠟のような手触りがあって、粉にしたものを肌につけると、皮膚と皮膚がこすれるときの摩擦を減らしてくれる。岩石にしては珍しく水分を吸収する性質もある。

しかし、どれほど便利であろうと、しょせんは粉にした石である。人間の体は、石の粉を吸いこんだり、何らかのやり方で体に入れたりしても大丈夫なようにはできていない。信じられないかもしれないが、ベビーパウダーを吸いこみすぎて亡くなる人もいる。明らかにベビーパウダーのせいで死亡したと見られるのは、やはりベビーのケースだ。アメリカでは、一箇所の中毒情報センターだけでも、誤って赤ん坊に大量のベビーパウダーを吸わせてしまったという電話が年に五〇〇〇件以上かかってくる〔注訳アメリカでは各州に中毒情報センターがあって、有害物質の誤飲などのケースに対応している〕。実際に呼吸器にダメージを負って治療が必要になるのは、そのうち三〇〇人ほどにすぎない。それでも、悪くすれば命を落とす赤ん坊もいる。

ベビーパウダーを吸ったら体に悪いのは目に見えている。それを当てにして、わざと吸いこんだ大人が少なくともひとりはいた。ミュンヒハウゼン症候群をご存知だろうか。自分を病気にしなければ気がすまなくなる心の病である。ある医学雑誌に、ミュンヒハウゼン症候群を患っている女性についての興味深い事例が載っていた。この女性は病院の呼吸器科に務める技師で、重い喘息の症状を示していた。病院が女性の肺の組織を詳しく検査してみると、喘息にしてはどうもおかしいところがある。この結果を突きつけると、女性はたびたび病院のベビーパウダーを吸っていたと打ちあけた。ベビーパウダーの粒子は、ふつうなら肺に侵入しそうにない大きさである。ところが彼女の場合は、細かく枝分かれした気管支の隅々にまで入りこんでいた。

女性がタルカムパウダーを下着に振りかけて湿り気を取ろうとすると、さらに悲惨な病気にかかるおそれがある。「タルカムパウダーについては一〇年前から調べています」と語るのはバーナード・ハーロー。ボストンにあるブリガム婦人病院の疫学者である。「さまざまなケースを見てきましたが、だいたい同じことがいえそうです。タルカムパウダーを使っていると、卵巣ガンにかかりやすくなるようなのです。たぶんはっきりした因果関係があると思っています。ただ、全体から見れば、タルカムパウダーによる卵巣ガンは多くないでしょうが」。最近発表された研究によって、二〇年以上下着にタルカムパウダーを振りかけている女性は、タルカムパウダーを使わない女性に比べて卵巣ガンになりやすいことが示された。こうしたデータがあっても、タルカムパウダーが卵巣ガンを引きおこしているという直接の証明にはならない。それでも、ハーローをはじめタルカムパウダーを研究している科学者は、この粉による卵巣ガンが全体の一割程度を占めるのは間違いないと考えている。だが、もっと調べる必要があるとハーローはいう。

「まだ研究がじゅうぶんではないんです」とハーローはもどかしげな表情を浮かべる。「エイズや乳ガンと並ぶ大問題だという声があがっているわけでもありませんし。実際、それほどの問題ではないのかもしれません。ですが、私にはどうしても気になるんです。だって、タルカムパウダーで卵巣ガンになるなんて、避けようと思えばいくらでも避けられるじゃないですか。どうしても使わなくてはならないものではないんですから」。コーンスターチをベースにしたパウダーには、ガンとの関連がまったく見られないとハーローは指摘する。

この話にはまだ不気味な続きがある。タルカムパウダーの原料になる滑石は、化学成分がアスベストによく似ているのだ。地中で滑石とアスベストが混じりあっている場合もある。アスベストがガンを引きおこすことはいうまでもない。一九八〇年代、何種類かのタルカムパウダーのサンプルからアスベストの繊維が見つかった。記録に残すためにはっきりさせておくが、ベビーパウダーで有名なジョンソン・エンド・ジョンソン社は、こういい切っている――自社のベビーパウダーにアスベストが混じっていたことはただの一度もないし、滑石の採掘には慎重を期しているので今後も不純物が混じる心配はない、と。だが、アスベストが入っているかもしれないという恐怖の影は、この先もタルカムパウダーにつきまとうだろう。

どんな粉をどこにはたこうと、粉の一部はべたつく皮膚を離れて家じゅうをさまよう。とくにコーンスターチのパウダーは、ハウスダストにひそむ連中にとって山盛りのご馳走といっていい。パウダーは漂ったあげくにどこかの隙間に溜まる。家じゅうに空気を送るダクトのなかから見つかることもある。塵のなかで暮らすカビやダニたちにしてみれば、毎朝誰かがはたくコーンスターチのパウダーは、朝食のシリアルが空から降ってくるようなものにちがいない。

料理をつくると塵ができる

家のなかを塵だらけにする家事は掃除だけではない。料理もそうだ。家に限らず、洞窟や天幕のなかでも同じこと。むきだしの火を使って料理をする遊牧民などの肺からは、煤の黒い塊がしばしば見つかる。近代的な暮らしをしている地域では、火をむきだしにせずにどうにか囲っておこうとしている。しかし、塵が飛ぶのを完全に抑えられるわけではない。

たとえば中国では、人に深刻な危害を加える塵が石炭ストーブから立ちのぼっている。都市でも農村でも、石炭ストーブのおかげで家じゅうに煤と硫黄が立ちこめ、汚れていることで有名な屋外の空気でさえ太刀打ちできないレベルになっている。カーネギーメロン大学の研究技師、キース・フローリグは、中国全土に広がる大気汚染の問題を研究してきた。中国では、いくつか練炭を入れるタイプの小型の石炭ストーブが都市部でも人気だという。小型なので、部屋から部屋へと簡単に持ちはこびができる。ということは、とうぜん家に煙突はない。練炭のほうが、石炭をそのまま使うより煙の量は少ないとはいえ、出た煙はすべて家のなかにこもることになる。

この石炭の煙でどれだけの命が奪われていることか。目を疑うような数字が並ぶ。中国では、六〇歳以上の高齢者のうち、肺疾患にかかっている人の割合がアメリカの二五倍にのぼるとフローリグはいう。とくに、石炭ストーブの上で油を使った料理をするのが肺に良くない。ある研究によると、中華鍋で揚げ物や炒め物をする中国の女性は、ほかの料理のし方を好む人より九倍も肺ガンになりやすい。揚げ物や炒め物をすると、ストーブの煤と、油の粒子の両方を顔じゅうに浴びることになる。あとで見るように、この油の粒子は熱せられたことによって有害な物質に変わっている。それでも、石炭ストーブを置いた部屋で寝るよりはましのようだ。別の研究によれば、寝室で三〇年間石炭ストーブを焚いてきた中国人女性は、寝室で一度も石炭ストーブを使ったことのない人より一八倍も肺ガンにかかりやすい。「肺ガンにかかっている人の割合だけを見れば、中国人女性もアメリカ人女性もあまり変わりません」とフローリグはいう。「でも、アメリカの場合、肺ガンはほとんどすべて喫煙と関連しています。中国ではタバコを吸う女性は非常に少ないのです」。そのうえ、中国南西部でとれる石炭には、有害なフッ素化合物やヒ素の混じった煙の出るものがある。これが家のなかの空気にも、食べ物にも入りこむわけだ。どちらの物質も、恐ろしい病気を引きおこしたり、歯や皮膚を変質させたりするおそれがある。

石炭は塵をまき散らす燃料の代表選手だが、薪ストーブや暖炉からも煤は出る。石炭の場合と同じように、屋内で薪を燃やすと呼吸器系の病気につながることが数々の研究によって指摘されてきた。とくに子供がダメージを受けやすい。とはいえ、アメリカでは薪を燃料に用いるのは珍しくなった。薪ストーブや暖炉が使われるとすれば、生活のためにというより雰囲気づくりのためである。薪のせいで喘息が増えているとは考えにくい。しかし、煙の出ないガスコンロや電気コンロで料理をしても、心配な塵は吐きだされている。じつは食べ物そのものから、相当な量の塵が生まれているのだ。

アイリーン・アブトは屋内の空気を研究している。一九九六年には、ハーヴァード大学の博士論文のため、ボストン地区にある四軒の家に塵のモニターを取りつけてデータを集めた。実験をおこなっている期間中、アブトは住人に毎日どんな家事をしたかも記録してもらった。料理をする、掃除機をかける、逃げる子供を追いかける、などである。モニターの数字と住人の日記を照らしあわせると、どの家事をするとたくさん塵が出るかがよくわかった。まず、例の「パーソナル・クラウド」を身にまとってただ歩きまわるだけで、大量の塵が出ているのが確かめられる。しかし、料理をしたとたん、まき散らされる塵の量は爆発的に増えた。

塵の量を記録したグラフのなかで、アブトはある時間帯に注意を促す。その時間、一軒の家でオーブンのスイッチが入った。しばらくはグラフに何の変化も現れない。一五分ほどたつと、にわかにグラフの線が跳ねあがる。夕食ができあがる頃には、きわめて小さいサイズの塵の量が料理前の約二〇倍になっていた。オーブンのスイッチが切れると、グラフの線は一気に下がった。天火で焼く、直火で焼く、トーストする、バーベキューをする、揚げるといった料理法は、どれもおびただしい量の小さな塵を生みだすのにアブトは気づく。塵の直径は髪の毛の太さの数百分の一以下しかない。

いっぽう、ソテー（フライパンを使って肉などを焼く）をするともっと大きな塵が派手に吐きだされる。「ソテー・グラフ」によると、夜の八時半にフライパンを火にかけて、一五分後には空気中の粒子の量がソテー前の四〇〇倍を超えた。

こうした塵は何物かといえば、加熱された食べ物が蒸発して小さな粒に冷え固まったものである。それも、熱を加えたために性質が変わった状態で。じつは、この塵が悪さを働くおそれがある。脊椎動物の筋肉組織（つまり、背骨がある動物の肉）を高温で熱したり、長時間にわたって加熱しつづけたりすると、強力な「突然変異原」が生まれる場合がある。突然変異原とは、DNAを傷つけてガンの発生を促すおそれのある物質をいう。突然変異原は熱によってつくられてから、ほとんどがそのまま食べ物のなかに残るので、私たちはしっかり食べてしまっている。突然変異原は、胃ガンや大腸ガン、あるいは乳ガンと関連しているといわれる。しかも、このたちの悪い物質の一部がフライパンから飛びだすのを忘れてはいけない。カリフォルニア州にあるローレンス・リヴァモア国立研究所がおこなった研究によると、焦げた肉から出る煤には三四種類の化合物が含まれていて、突然変異原はもちろん、発ガン性が確認されている物質までもが混じっているという。

肉ばかりではない。ある種の植物油を熱しすぎた場合も突然変異原を含む煙が出ることが、米国国立ガン研究所の調査で明らかになった。なかでも飛びぬけた悪玉が、精製されていない（つまりキャノーラ油ではない）ナタネ油である。この油は中国では広く使われている。揚げたり炒めたりの好きな中国人が肺ガンにかかりやすいのは、ナタネ油が使われていることにも原因があるかもしれない。ただし、ナタネ油の煙に限らず、肺に優しくない煙はたくさんある。トーストを焦がしただけでも、突然変異原を含む煤は吐きだされる。

こうしたさまざまなキッチンの塵は、はじめは小さな粒子として舞いあがるが、家のなかを漂ううちに結びついて大きくなるかもしれない。住人の肺のなかに消えるものもある。吸いこまれなければ、いずれはありとあらゆるところに落ちてくるだろう。壁にも、絵にも、カーテンにも、床にもだ。

キッチンからはもちろん乾いた塵も吐きだされる。棚に乗ったいろいろな粉類だ。家のなかは空気の流れが弱いので、粉類がひとりでに遠くまで漂うことはない。料理をする人がみずから粉を振りまいている。手をはたいては、ココアの粉や小麦粉を舞いあげる。あるいは、「パーソナル・クラウド」と一緒にキッチンの粉を連れて家じゅうを動きまわる。この種の乾いた塵は、突然変異原となる煙に比べれば害は少ない。しかし、放っておくと、ハウスダストがなおさら厄介な状態になるおそれがある。床の上で腹をすかせた小さな連中は、こういう粉を手ぐすね引いて待っているからだ。ゴミの大好きな生き物、たとえばバクテリア、カビ、シミ(原始的な昆虫の一種)、チャタテムシなどは、手際の悪い人が料理を始めると嬉しくてたまらない。ショウジョウバエのような大きい生物も、こぼれた食べ物の塵があれば生きていける。小麦粉が隙間にたまって発酵したものは、ショウジョウバエの幼虫の好物だ。

しかも、こうした粉類には必ず道連れがひそんでいる。農家や加工工場がどれだけ頑張っても穀粒やスパイスに何かが混ざりこんでしまうのは避けられない。連邦政府もその点を心得ていて、いくつまでなら昆虫のかけらが入っていてもいいですよ、という基準の定め方をしている。たとえば、一〇〇グラムの小麦粉の場合、昆虫のかけらが一五〇個とネズミの毛が二本までなら、なかに混ざっていても法的に「不衛生な小麦粉」とはみなされない。トウモロコシの粉やココアなど、粉類にはすべて同じような基準が定められている。動物の死骸の小さなかけらは、料理のなかにも、空気中にも、部屋の綿ゴミのなかにも忍びこんでいく。

キッチンの塵は煙と粉だけではない。料理から化学反応が起きて塵が生まれる場合もある。アイリーン・アブトのモニターも、その瞬間をとらえていたようだ。「もしも空気にオゾンが含まれていて、そのとき誰かがオレンジを切ったとしますね。すると、オレンジのなかのリモネンという成分がオゾンと化学反応を起こして、非常に細かい粒子ができます」とアブトは説明する。「ある日、一軒の家で誰かがオレンジを切ったんです。たぶん、モニターに現れたあれがそうだったんじゃないかと思うんですが」

リモネンは柑橘系の香りの成分として、家庭用品にもよく使われている。オゾンはスモッグの成分になる物質なので、家のなかに漂っていてもおかしくない。だから、私たちがとくに何かしなくても、ひとりでに化学反応が起きて微粒子が生まれることはあるのだろう。

では、料理が喘息の原因なのだろうか？　たしかに、煤にしても化学物質にしても厄介な顔ぶれがそろっている。だが、人間は焦げた食べ物から出る煙をはるか昔から吸ってきた。喘息患者が急激に増えはじめたのは、わずか数十年前である。

加湿器とホットタブと微生物

もしかしたら、私たちが便利に使っている別の装置が犯人ではないだろうか。料理や掃除がいかにも派手に塵をまき散らすのに比べて、加湿器やホットタブ〔訳注　大型の温水浴槽。ふつうは水着を着て何人かで入り、ジャグジーなどが付いている〕などの水を使う装置は悪さをしているように見えない。しかし、じつは肺にダメージを与える「生きた」塵をひっそりと吐きだしている。

「在郷軍人病」（レジオネラ症ともいう）は、ある種のバクテリアが原因で起きる病気である。このバクテリアは、ふつうミクロの水滴のなかにひそんだまま肺のなかに入りこむ。なぜ「在郷軍人病」と呼ぶのかというと、はじめてこの病気の感染者が確認されたのが在郷軍人たちだったからだ。一九七六年、フィラデルフィアのホテルでアメリカ在郷軍人会の年次総会が開かれたあとで、参加していた会員のあいだに肺炎が広がった。以後、何度となくこの病気の集団感染が確認されている。どういうルートで集団感染したのかを調べていくと、建物の屋上に設置された冷却塔にいき着くケースが多い。冷却塔は大量の温水を使用するため、原因となる「レジオネラ菌」が繁殖しやすいのである。

米国疾病対策センター（ＣＤＣ）によると、アメリカでは年に八〇〇〇から一万八〇〇〇人が在郷軍人病にかかっている。冷却塔つきの大きな建物で感染する人ばかりではない。バクテリアのおもな出どころは、どうやら家のなかで水滴をまき散らしている装置らしい。（ただし、鉢植えの土からの感染事例もあるとＣＤＣは指摘している。）

レジオネラ菌は三五度から四六度程度の温度を好む。これはまさに、ホットタブの温度であり、少し低めに設定した給湯器の温度でもある。暖められた水が跳ねたり、しぶきとなってまき散らされたりすると、レジオネラ菌を含んだ水滴が空中に舞いあがる。レジオネラ菌は珍しいバクテリアではない。どこにでもいるので、たいていの人はある程度の量を吸いこんでいる。それでも、発熱や悪寒、咳などの症状が出る人はさいわいにして少ない。感染するのはおもに五〇歳以上の人たちで、とくにタバコを吸う人や酒量の多い人がかかりやすい。このかかりやすいグループについて見ると在郷軍人病の致死率は比較的高く、五〜二五パーセントである。おもしろいことに、同じレジオネラ菌から別の病気が引きおこされる場合がある。「ポンティアック熱」と呼ばれるものだ。在郷軍人病より回復が早く、あまり年齢差別をせず、致死率も低い。

加湿器が飛ばす水滴にも、厄介な塵がもぐりこむことがある。この装置は、空気が乾燥した家のなかにわざと水滴を振りまいている。ふつう水滴には、水道水に混じっているようなミネラルや金属しか含まれていない。小さな水の粒が蒸発すると、ミネラルの塵が残って空気中を漂う。水道水のミネラル分が多い地域では、加湿器から出る塵の量が連邦政府の定める屋外の環境基準を軽く超える。この塵は白い粉となってかすかに積もる。水からもハウスダストが出ることを、思いしらせるかのように。

しかし、加湿器の機嫌が悪いと、ミネラル以外のものも水滴に忍びこむ。病気を運ぶ小さな生き物だ。「加湿器肺」のはっきりした原因はまだわからない。この病気が発生したときに加湿器を調べてみると、アメーバからバクテリア、さらにはカビと、あまりにもいろいろな微生物が見つかって首を傾げたくなるほどだという。加湿器肺にかかると、インフルエンザに似た症状が短期間続くが、これはバクテリアの出す毒素を吸いこんだときに似ている。加湿器肺の原因ははっきりしないとしても、連邦政府のアドバイスはいたって明確だ——加湿器のタンクは悪魔が使ったホットタブだと思ってきれいに洗い、消毒せよ。

ホットタブといえば、現代における裕福さと便利さのシンボルである。しかし、ここからも嫌な塵は湧いて出る。二〇〇〇年の春、ある国際的な医学学会の会議が開かれた。肺疾患の専門家でコロラド大学教授のセシール・ローズは、ホットタブにひそむバクテリアのせいで肺結核に似た病気が広がっていると報告した。犯人は「非結核性抗酸菌」という難しい名のバクテリア。ふつうは自然界の水や土のなかなどに住んでいる。このバクテリアがホットタブのなかで増え、ジャグジーの泡の勢いで空中に弾きとばされる。お湯につかっている人がバクテリアをたくさん吸いこむと、すぐに発熱、疲労感、寝汗、咳、体重の減少といった症状が現れる。ローズが調べた九名の患者のうち、四人が入院を余儀なくされた。

裕福さそのものがウイルスのように広がっているだけに、今後ホットタブからの感染者は増えるとローズは考えている。この「ホットタブ肺」ともいうべき病気に襲われた人々に、ローズは文明の進歩に逆らおうとアドバイスしている。浴槽を外に置くのだ。屋外なら自然な空気の流れがあるので、恐ろしいバクテリアも散らばってくれる。家のなかにしか置けないなら、せめて蓋だけはしっかりかぶせておくようにとローズは念を押す。

水滴にひそむ微生物が恐いのはわかった。だが、それが喘息とつながるのだろうか。恐ろしい塵が最新の装置から出ているのは確かだとしても、その塵が喘息患者の増加とかかわっているという指摘は今のところなされていない。

殺虫剤とタバコの煙

ここまで、いろいろなハウスダストをまな板に乗せてきた。ガンや肺疾患を引きおこす塵は割りだせたのに、喘息患者を増やしている犯人が見つからない。だが、じつは現代ならではのもっと凶暴な塵をまだ取りあげていなかった。そこに望みをつなごう。チリダニのことかって？　そうではない。チリダニを狙う虫の話でもない。ごくふつうのハウスダストにはほんのわずかしか含まれていないが、じつに恐ろしいもの——有害な化学物質である。

「昔は塵のことなんか考えてもみませんでしたよ。これっぽっちもね!」とポール・リオイは語る。黒と灰色の混じった巻き毛を振りながら、早口でしゃべるエネルギッシュな男性だ。「塵はただほうきで掃いておしまいだと思っていましたから。でも、私たちのチームは気づいたんです。塵を見れば、その家にどんな出来事があったかがよくわかるということを」

リオイは環境科学を研究していて、ニュージャージー州のラトガーズ大学と環境労働衛生科学研究所の両方に籍を置いている。リオイのチームは、ハウスダストが外の世界を映す鏡だと気づいた。有害なクロムが民家の塵にどれくらい含まれるかを測定していたとき、ちょうど近くでクロムに汚染された土を除去する作業がおこなわれていた。除去作業が終わってから一年たつ頃にふたたび同じ家の塵を調べてみると、ハウスダスト内のクロムの量は大きく減っていた。外の環境がきれいになれば、なかもきれいになるのである。

有害な化学物質はどのようにして家に入ってくるのだろうか。頼みもしないのに勝手に飛びこんでくるものもあるが、たいていの場合は私たちが自分で運びいれているとリオイはいう。人間は有害物質に対しても好みがあるし、ところ変われば塵も変わるため、こうした化学物質の顔ぶれは家ごとに違う。しかし、どの家にも暗い秘密がひそんでいることに変わりはない。

一〇年ほど前、米国環境保護庁(EPA)はショッキングな事実を発表した。ほとんどの家では、屋外より屋内の空気のほうが汚れているというのだ。家によっては、なんと外の空気の一〇〇倍も。しかも、さまざまな種類の塵がひしめいている。EPAは、人間の健康を脅かす環境問題のうち、とくに深刻なものを五つ選んで重点を置いているが、屋内の空気汚染の問題はそのひとつに入っている。家のなかの空気が汚れる理由は、ひとつには家の気密性が高くて塵が外に出ていかないからである。もうひとつは、有害な化学物質が、トロイの木馬に隠れたギリシア兵のようにして家に忍びこんでくるからだ。

新しいソファを買えば、骨組みの合板のなかにひそんでホルムアルデヒドがやってくる。ドライクリーニングに出した洋服が戻ってくれば、テトラクロロエチレンも一緒についてくる。じつに目立たないやり方で侵入してくるのが鉛だ。鉛はプラスチック製のブラインドに含まれていることがあって、時間とともに少しずつ部屋のなかに吐きだされていく例が確認されている。パラジクロロベンゼンは防虫剤のなかに隠れている。いつのまにか入りこんでいる殺虫剤は数知れない。表向きは、ノミ取りパウダー、ゴキブリをおびき寄せる餌、シロアリ駆除剤など、現代の生活を便利にしてくれる品々の仮面をかぶって。

こうした化学物質がひとたびなかに入ってしまえば、家は汚染物質の保護区も同じである。屋外を漂っていたなら、自然界のさまざまな作用で分解される毒物もあっただろう。だが、家は安全な避難場所。種々雑多な化学物質にとっては、牙をむく自然から逃れられる天国だ。

外からもちこまれる有害物質のなかで、殺虫剤は大きな割合を占めるとリオイは指摘する。アメリカの家庭の九割以上が、殺虫剤を少なくとも一種類はかくまっているという。ノミ取りパウダーや蚊取りスプレー、シロアリ駆除剤、バラの木にまく殺虫剤、あるいは消毒薬などである。私たちが、一般に殺虫剤と呼ばれる化学物質を浴びる量を全体で一〇〇とすると、その八〇はこうした家庭内の製品によるものと見られている。

一九九八年、リオイのチームは殺虫剤がいかにしつこいかを見事に示してみせた。共同住宅のふたつの世帯に、殺虫剤として広く使われているクロロピリホスをまく実験をしたのである。注意書きの指示にはひとつひとつ従った。まいたあとは窓を開け、四時間扇風機を回す。念のため一時間余分に換気もする。その後、ぬいぐるみとプラスチックのオモチャをいくつか部屋に置いた。

一時間おきに、ぬいぐるみとオモチャの表面についた殺虫剤の量を測る。すると、時間とともに消えるどころか、時がたつにつれて表面に付着する量は増えていく。とくにぬいぐるみにそれが目立った。殺虫剤をまいてから一日半が過ぎたとき、表面に降りつもる塵の量はピークに達する。二週間たっても、まだわずかな量が降りつもっていた。じっとしていない塵なのである。

「殺虫剤は落ちつきがないんです」とリオイは説明する。「本当によく動くんですよ」

なかに入れてもらうのをおとなしく待つ塵ばかりではない。家のまわりに漂う有害な化学物質は、窓を開けただけで吹きこんでくる。近くの汚染された土は、誰かの靴底に張りついて入ってくる。何十年も前に使用が禁止された殺虫剤がいまだに多くの家庭の塵から出てくるのは、こうしたルートで忍びこんだと考えれば説明がつく。

DDTもそのひとつだ。かつてアメリカでは殺虫剤として盛んに用いられていたが、あるときハクトウワシなどの猛禽類の体内に溜まっているのが明らかになった。DDTが食物連鎖の階段を上がっていき、ついには鳥が固い殻の卵を産めなくなるところまできていたのである。一九七二年、アメリカはDDTの使用を全面的に禁止する。二〇年後、この悪名高い殺虫剤がカーペットにひそんでいないかどうかを中西部の数百世帯で調査した。特殊な装置でカーペットの塵を吸いこんだところ、じつに四軒に一軒の割合でＤＤＴが見つかった。

ＰＣＢ（ポリ塩化ビフェニル）も産業によって生みだされた毒物で、やはりいまだに姿を消していない。アメリカではすでに製造されていないのに、今でもごく少量が空気中を漂っている。また、全国どの家庭の塵からも出てくると見られている。

鉛も同じだ。壁の古い塗料に含まれていた鉛が、塗料と一緒にはがれ落ちて溜まる場合もあるものの、外から入ってくる量のほうがもっと多いとリオイはいう。ふつうに地面を歩くだけで、靴底には塵や土がつくものだ。近所の道路に今でも有鉛ガソリンの塵が残っていたら？　近くで鉛を扱う産業施設があったらどうなる？　靴底には鉛がたくさん付着するだろう。その足で玄関を入るたび、いつのまにか家のなかに鉛を運んでいる。そのまま床を歩いていけば、ミクロの地震とミクロのなだれが起きて、靴底から鉛入りの塵が落ちるのは避けられない。風に乗って入ってくる鉛もある。ネヴァダ州とユタ州で、家の屋根裏部屋に溜まった塵を調べたところ、家が古ければ古いほど鉛の量が多かった。この鉛を詳しく分析してみると、近所の土に溜まった鉛とは特徴が違っていた。どうやら、屋根裏の鉛は風に乗ってはるばる旅をしてきたらしい。

何十年も前の珍しい毒物だけではない。家には現代の化学物質も押しかけてくる。クロムと水銀はどちらも有害な金属だが、今でも世界中で生産されている。ハウスダストからもごくふつうに見つかる。さまざまな調査によると、塵に含まれる有害金属の濃度は、屋外より家のなかのほうが高い場合が多い。芝生用の殺虫剤や除草剤も、ハウスダストにはおなじみの顔ぶれだ。

だが、外からいちばんたくさん入ってくるのはやはりありふれた土ぼこりで、屋内の塵全体の約半分を占めるといわれている。この何の変哲もない土の塵からさえ、正体不明の毒物が見つかった。焦げた肉から突然変異原を見つけた研究者チームが、たまたま突然変異原となる「土」を発見したのだ。はじめチームは、研究所で使っている化学物質を誰かが建物の外にこぼしたのだろうと考えた。しかし、念のため研究所から遠く離れた場所からもいくつか土のサンプルを集めてみる。「これがどこも一緒なんですよ」とローレンス・リヴァモア国立研究所の生物学者、ジェイムズ・フェルトンは目を丸くする。「突然変異を誘発する物質は、どの土からも見つかったんです!」フェルトンの推測では、この物質は土に住む微生物がつくったものか、さもなければどこかから漏れてきた農薬ではないかという。

有害な化学物質のなかには、嫌がられるどころか、人がことのほか熱心につくりだしているものもある。タバコの煙だ。アメリカでは約四八〇〇万人の成人がタバコを吸っている。一九九九年には、四三五〇億本の紙巻きたばこが煙と灰になった。さらに、四〇億本近くの葉巻と、膨大な量のパイプタバコも、アメリカの空気に煙をまき散らした。タバコを吸う場所はたいてい屋内である。しかも、ひと口に煙というが、なかにはいろいろな物質が含まれている——じつに四〇〇〇種類もの化学物質が。うそではない。そのうち五〇種類に発ガン性が確認されている。タバコを吸う人がいるかどうかは、その家のハウスダストを見ればすぐわかるという。有害な煙の塵がしっかり含まれているからである。どんな家にも基本となる塵のレベルがある。つまり、特別な活動をしなくてもつねに漂っている塵の量だ。タバコを吸う人がいる家では、この基本レベルがふつうの家のほぼ二倍に達している。

タバコから出た塵は、ほとんどが人の肺のなかに降りつもる。黒い粒子が気管支の内側に張りつき、肺胞と呼ばれる空気袋のなかにまで入りこむ。肺は黒くなっていくだろう。塵を運び出す粘液エスカレーターに煙の粒子が取りつくので、エスカレーターの動きは鈍くなるだろう。煙の粒子はいつまでもそこに居座って有害な物質を吐きだしつづける。

タバコの煙ほど大勢の命を奪っている塵はない。アメリカだけでも、毎年ほぼ五〇万人が喫煙のせいでこの世を去っている。自分は吸わないのに、人の煙を吸って亡くなる人は三〇〇〇人。また、タバコのせいで年間三〇万人の幼い子供が肺炎や気管支炎にかかっていると見られる。タバコの煙は屋外の空気も汚しているが、これが人の健康にどういう影響を及ぼすかはまだはっきりしていない。一九九四年に発表されたデータによれば、きわめて小さい粒子だけに注目すると、ロサンジェルスの屋外の空気に含まれる塵一〇〇個に一個はタバコの煙の粒子だった。

そして、喘息の問題においてもタバコは有力な容疑者である。

すでに喘息にかかっている子供のうち約一〇〇万人もが、タバコの煙のせいで症状を悪化させているといわれている。タバコを疑いたくなる事実はほかにもある。タバコを吸う家族がいる子供のほうが、タバコを吸う家族がいない子供より喘息に「かかりやすい」のだ。こうしたデータがあっても、タバコと喘息のあいだには「関連」が認められるとしかいえない。タバコが喘息の「原因」だと断言するには裏づけが足りないのである。それに、たとえタバコが原因だとはっきり証明されても、タバコだけで喘息がこれほど猛威をふるう理由は説明できない。喘息の患者数は増えているのに、アメリカでは喫煙者数が減っているからだ。タバコの煙が何らかの役割を果たしている可能性はあるが、タバコの単独犯とは考えにくい。

カーペットは有害な塵の宝庫

家のなかを漂う恐ろしい化学物質の数々。やがてすべてが落ちてきて、床の上に溜まる——幼い子供の目の高さに、といってもいいだろう。とくにカーペットのなかは、どれほど手入れのゆき届いた家でも有害な塵が溜まりやすい。塵の量が危険なレベルに達している家もある。むきだしの床に落ちた塵なら、掃除機などを使って退治しやすい。しかし、カーペットに落ちた塵は繊維の森の奥深くにもぐりこみ、おざなりな掃除ではとうてい取りのぞけなくなる。

ジョン・ロバーツはシアトルに住む塵の専門家だ。シアトルでは、喘息の子供がいる貧しい家庭の塵を減らすプログラムを実施していて、ロバーツはそのプログラムの顧問を務めている。だから、カーペットがどれだけ汚くなるものか、よく知っている。

「カーペットの奥にもぐった塵は、ふつうに掃除機をかけただけでは取りのぞけません」。ロバーツは険しい表情でにべもなくいう。「かえって塵をさらに奥深くまで押しこめてしまうだけです。以前私たちが古いカーペットの深いところを調べてみたら、一平方メートルあたり八グラムから一七〇グラムの塵が見つかりました」。これは、大さじ三杯から、カップ四と五分の一杯の量にあたる。どうせならずっと奥にいてくれればよさそうなものだが、そうもいかない。深くもぐっていた塵も、上を人が何度も通るうちに振動で少し浮きあがってくる場合がある。そういう状態のときにぞんざいに掃除機をかけると、上にあがりかけていた塵をかえって中途半端に吸いあげて、カーペットの表面までもちあげてしまう。やがて、幼い子供が這ってきてその塵をつかまえる。

「まだハイハイをしている子供の場合、こういう経路で有害な物質に触れる危険性はけっして小さくありません」とロバーツは語気を強める。「たとえば、子供の血液のなかにどれだけ鉛が溜まっているかを知りたければ、カーペットの塵に含まれる鉛の量を調べればだいたいわかるんです。それから、ベンゾ-a-ピレンという強い発ガン性物質があるんですが、これもカーペットの塵を通して幼い子供の体に入っています。しかも、私たちの計算では、平均してタバコを三本吸ったのと同じ量のベンゾ-a-ピレンを毎日摂取していることになるんです。ごくふつうのカーペットでその数字ですよ。カーペットによっては、その一〇〇倍ものベンゾ-a-ピレンがひそんでいるんですから」

実際、子供たちは危険な塵を次々と口に入れている。最近の研究の結果を踏まえて計算すると、子供は六歳になるまでに細かい塵（犬の毛や砂、パンくず、セーターのけばなどの大きいものは除く）を五分の三カップ以上食べているかもしれない。こう聞いてもたいていの親は驚かないだろう。ハイハイをする年齢の子供を見ていると、べたべたした小さな手で這いまわっているか、その手をしゃぶっているかのどちらかしかしていないように思える。だから大人は、別に心配するほどではないと考えている。幼い子供が塵や土を飲みこんでしまうのはしかたがないではないか。子供とは今も昔もそうしたものだ、と。

しかし、今の塵は数十年前の塵とは違う。たしかにこれまでの世代でも、子供たちは幼い頃から多少の鉛やタバコの煙にさらされていた。未舗装の道から馬糞の塵が飛んでくるのも珍しくなかっただろう。しかし、今は家の気密性が高くなったうえ、カーペットにひそむ塵の顔ぶれも多種多様である。おまけに私たちは、良かれと思って家じゅうに化学物質を振りまいている。そのため、ちょうど子供が手をつく場所に有害な塵が溜まる状況ができてしまった。六歳以下の子供が有害な化学物質に触れる機会は、ほとんどが家のなかにあることがわかっている。

ニュージャージー医科歯科大学ロバートウッドジョンソン校の精神生物学者、ナタリー・フリーマンは、子供と塵のかかわりを詳しく研究している。最近フリーマンは、二歳の子供の手からどれくらいの塵が食べ物に移るかを調べた。実験の初日、まず子供たちの手をきれいに拭きとって、集まった塵の量を測った。

「ほとんどの子供はせいぜい一〇ミリグラムどまりです」とフリーマンはいう。「何人かはとても手が汚れていて、六〇ミリグラムくらい塵がついていました」(一〇ミリグラムは小さじ一杯の一〇〇分の一ないし二〇〇分の一。) 実験二日目、子供たちがごくふつうに動きまわるうち、手にはまたハウスダストがついた。その頃合いを見計らって、子供たちに一連の動作をやってもらった。ビニール袋からホットドッグかバナナを取りだし、それをふたつに割ってからビニール袋に戻すという動作である。

「初日に調べたときに手に鉛がたくさんついていた子供ほど、割ったあとで食べ物に付着した鉛の量も多いことが確認できました」。フリーマンは顔を曇らせる。子供たちは「わしづかみ」も「握りこみ」もしなかったのに。

「二歳にならない子供は、いわゆる『わしづかみ』をします。食べ物をぐしゃっとつかんで、指のあいだから突きでたものを食べるんです」とフリーマンは説明する。「二歳になると、手のひらと指をすべて押しあてて食べ物を握ります」。どちらかの方法を使っていたら、手から食べ物に移る塵の量はもっと多かっただろう。ところが、実験で食べ物をふたつに割ったとき、子供たちはおもに指先を使っていた。実験の数値は現実の場面より少なく出た可能性がある。しかも、子供たちは食べ物を床に落とさなかったという。ふだんなら食べ物を落とすのはよくあることで、その結果として塵が口に入る場合が少なくないとフリーマンは指摘する。

食べ物を経由しなくても、子供たちは塵をたくさん口に入れている。フリーマンたちが二歳から五歳までの子供たちの様子をビデオで撮影したところ、一時間に平均一〇回近くも手を口に運んでいた。とくに指をよく口に入れる子供の場合、その回数はほかの子の二倍にもなる。フリーマンのチームがこの観察に基づいて計算したところ、平均的な子供は一日に一五〜二〇ミリグラム、よく指をしゃぶる子供は一日に三〇〜五〇ミリグラムの塵を飲みこんでいるという結果が出た。

フリーマンはこう締めくくる。「たいした量ではないように思うかもしれません。でも、長い年月のあいだに積もり積もっていくんです」。積もり積もって……いったいどれくらいになるのだろう？　あいにく、そういうことを調べたデータはまだない。だったら、恐いもの知らずのジャーナリストが思いきった計算をしてみてもいいのでは？　一歳の誕生日から六歳の誕生日までのあいだに子供が食べてしまう細かい塵の量は、平均的な子供の場合は五分の三カップ、指をよく口に入れる子供の場合はカップ二杯くらいではないかと。

では、一生のあいだにはどれくらいの塵を腹に収めているのだろうか。残念ながら、こういうテーマで研究資金を勝ちとった人もまだいないらしい。だが、大きい子供と大人は、幼児の五分の一程度の塵しか食べないと考えて（研究者によっては異論もあるだろうが）計算をするなら、平均的な人は七六歳になるまでにカップ三杯の塵を飲みこんでいることになる。小さいときに指しゃぶりが好きだった人が七六歳になる頃には、カップ四と五分の一杯の塵が胃に消えているだろう。

なんだか笑い話みたいになってきたが、思いきり笑えないのは、塵のなかに有害な物質が混じっているからである。鉛、殺虫剤、突然変異を促す煤、ＰＣＢ、タバコの煙に含まれる四〇〇〇種類の化学物質。それなりの量が体に入ったら、深刻な症状を引きおこす物質も少なくない。知的能力の発達が遅れる。神経にダメージが及ぶ。あるいはガンや肺疾患にかかるおそれもある。だが、喘息の患者数を大幅に増やすかといえば……不思議なことに、タバコの煙に喘息との関連が疑われるだけで、種々雑多な化学物質のなかに犯人らしきものは見当たらないのである。

あきらめるのはまだ早い。手がかりが山ほど見つかりそうなハウスダストが、最後にもう一種類残っているではないか。生きている塵が。

カビのまきちらす塵が喘息の原因？

豊かな土から草が生えるように、豊かなハウスダストからはカビが生える。カビは屋外の枯葉を分解するだけではなく、家のなかの有機物の塵にも取りつく。ごく平均的なハウスダストのサンプルを調べてみると、カビの好きそうなものが半分近くを占めている。まずは、布類の細かい繊維。セーターやシーツ、枕やクッション、あるいはタオルやラグからはがれた色とりどりの糸くずである。つぎに皮膚のかけら。人やペットから一時間に数百万個もはがれ落ちている。皮膚のかけらにも負けない量なのが、植物やパルプの繊維だ。お茶の葉にタマネギの皮、トイレットペーパーに『ニューヨークタイムズ』、種類もよりどりみどりである。さらには、壁紙、シャワーカーテンにくっついた石鹸、湿ったタオル、カーペット、マットレス。こうしたものからもカビは栄養を取りいれることができる。カビがある種のガスを吐きだすと、湿った部屋にいわゆるカビくさいにおいが立ちこめる。ほとんどのカビには多少の水分が必要なのだが、たいていの家は水気に事欠かない。

カビは着々と成長しながら、領土を広げるために細かい胞子を空気中にまき散らす。胞子だけではない。さまざまなカビからは合わせて数千種類に及ぶ物質が吐きだされている。カビのまき散らすこうした塵が、建物と人を両方とも不健康にすることがしだいに明らかになってきた。

ある種のカビがつくる物質には、発ガン性が確認されている。しかも、人間や自然が生みだしてきた発ガン性物質のなかでも群を抜いて強力である。発ガン性がなくても、かなりの量を吸いこめば肺の組織にダメージを与える物質は多い。また、カビの胞子にはかならずタンパク質が含まれている。タンパク質はアレルギーを引きおこしやすい。家のなかのカビがこうした邪悪な面をもつことは、近年になってようやくわかってきた。今ではさまざまな場面でカビに疑いの目が向けられている。かつて「シックビル症候群」の原因は、カーペットの接着剤や洗剤などの有害な化学物質にあると考えられていた。最近では、学校にいっている子供が鼻をすすっていたり、デスクワーカーが次々に頭痛で早退したりしたら、「カビはどこだ?」がまっ先に確認する項目のひとつになっている。

ごくふつうの家でも、かなりの量のカビが空中を漂っている場合がある。実際に胞子の数を調べてみると、知りたくもないような結果が出ることが多い。家のなかの空気に含まれる「コロニー形成単位」

（平たくいえば元気な胞子）の数は、一立方メートルあたり一〇〇〇個くらいなら少しも珍しくない。カンザスシティーでおこなわれた調査では、検査した家の半数からその一〇倍の胞子が見つかった。じめじめした地下室のある家や、雨漏りのする家には、とてつもない数の胞子がひしめいていることがよくある。

カビの種類によっては、胞子の数が空気一立方メートルあたり一〇〇個しかなくても、目のかゆみやのどの痛みなどの不快な症状をもたらすことがある。かと思えば、一立方メートルあたりに三〇〇〇個も群がっていなければ同じ程度の症状を起こさない種類もある。

最近、カビから出る塵によって、ある症状が引きおこされることが確認され、もしかしたら喘息とも何らかのつながりがあるのではないかと見られている。「慢性鼻副鼻腔炎（CRS）」である。医師にとってCRSは頭痛の種だ。CRS特有の慢性的な鼻詰まりに悩む人の数は、一九八二年から九四年までのあいだに六〇パーセントも増えた。喘息患者並みのすさまじい増え方である。現在、アメリカではおよそ四〇〇〇万人もの人がCRSにかかっている。

イェンス・ポニカウは、ミネソタ州ロチェスターにあるメイヨークリニックで耳鼻咽喉関連の研究をおこなっている。ポニカウのチームは最近、CRSにカビが一役買っているのをつきとめた。カビがかかわっているだけでも意外だが、さらに興味深いのは、体がカビに対して過剰な反応を示すために症状が現れるという点である。

そもそも、誰の鼻のなかにもカビは入りこんでいる。平均すると、ひとりの鼻から少なくとも二種類のカビが見つかる。それなのに、人によって免疫系が必要以上に取りみだすのはなぜだろうか。CRS

にかかっている人の鼻にカビの胞子が入ると、「好酸球」と呼ばれる免疫細胞が現れてカビに攻撃をしかける。「はっきりと見えますよ」とポニカウはドイツ人らしい歯切れのいいアクセントで話す。「好酸球が出てきてカビを攻撃するところをお見せすることもできます。好酸球はカビをやっつけるために毒物を分泌します。それが鼻の粘膜にもダメージを与えてしまうのです。するとそこからバクテリアが入りこみます。手に切り傷をつくるとバクテリアが入りこむのと同じです」

最近までCRSに対してはあまり打つ手がなかった。バクテリアが原因と考えて、抗生物質を与える治療法が多かったとポニカウはいう。だが、症状はすぐにぶりかえす。

「二週間もすると患者が戻ってくるんですよ。『先生、また鼻の調子がおかしいんです』って」。現在、ポニカウのチームはカビを撃退するスプレーを使ってCRSを抑えている。しかし、これで根本的に治るわけではない。喘息と同じように、CRSの患者も爆発的に増えつづけている。

今ポニカウはひとつの仮説を立てている。しかも、喘息患者が大幅に増えている理由ともつながってくるものだという。ただ、まだしばらくは表に出さないつもりらしい。確かな裏づけをつかむ前に仮説を漏らしたりしたら、研究者として生きていけなくなる。

「注目されている分野ですからね。自分たちの考え方が間違っていないかどうか、念には念を入れたいんです」とポニカウは打ちあける。「でも、この説を発表したら、かならず産業界から反発がきますよ。それに、一般の人たちからも。ひとつだけヒントをお教えしましょうか。私たちがふだんやっているあることが問題なんです」。ポニカウはくすりと笑う。

ポニカウの説が正しいとすれば、とくに先進国の都市の近代的な生活のなかに何か問題があって、そのせいで私たちはハウスダストにおかしな反応を示していることになる。私たちがおこなっている何かが原因で、ありふれた塵さえ振りはらえなくなっている。

大食漢チリダニとアレルゲン

カビが床に広がり、ベッドに忍びこみ、鼻にも入りこむ――。心配でたまらなくなった？ では、いいことをお教えしよう。カビを餌にしている小さな生き物もたくさんいるのだ。カビが草だとしたら、その草を食べるウシも家のなかにはひしめいている。とくに数が多いのが、チリダニである。

今ではたいていの人がチリダニの絵を見たことがあるだろう。ぶよぶよした風船のような体に、先のとがった弓型の脚をもつ。頭らしきものはなく、かわりに餌を食べるための指のような道具がいくつか集まっている。絵では灰色で描かれていることが多い。しかし、実物の生きたチリダニは、はるかにきれいである。つやつやとしたクリーム色の体。カーペットの上を休みなく駆けまわる。それもそのはず。人が落とした皮膚のかけらを残らず掃除するのは並大抵の苦労ではない。

気候の温暖な地域には、皮膚を主食にするダニが二種類いる。主食以外にも、カビや、たまたま見つけたおかずをつまむこともあるらしい。ふつうの人には二種類の区別はつかない。だが、ラリー・アーリアンはふつうの人とは違う。アーリアンはオハイオ州デイトンにあるライト州立大学の教授である。彼の研究室の表には、こんなプレートが掛かっていた――「ダニのことならおまかせ」。アーリアン本人は、どちらかというと物静かな男性である。

「この研究室にはダニが何百万匹といると思いますよ。一匹一匹を区別するなら、の話ですが」とアーリアン。「いや、ひとつの飼育びんだけでも一〇〇万匹くらいいるかもしれませんね。よく育つと、ダニと培地［餌のこと］が数センチの厚さに積みかさなることもあります。ダニというのは、お互い体の上を歩かれても平気みたいなんです」

アーリアンがこの厄介な連中を育てているのは、彼らがつくりだす強力なアレルゲン（アレルギーを引きおこす物質）を調べるのはもちろん、その暮らしぶりをもっと詳しく知るためでもある。チリダニは塵と呼ぶには大きい。体の長さは、人間の髪の毛の太さの約三倍。小さなクギの頭なら数十匹しか乗らない。とびきり滑らかな黒いシーツに寝ていれば、チリダニが餌を食べるのを肉眼でも確認できるだろう。

「黒いテーブルの上に放せば、動きまわるのが見えます」とアーリアンはいう。「ガラスびんを光にかざしても見えます」。しかし、自然な状態で——ベッドやソファやカーペットの上で——チリダニを見つけるのは至難のわざである。あまりひらけたところに出てこないからだけではない。チリダニは息つくまも惜しんでライフワークにいそしんでいるからである。何かって？　もちろん食べることだ。

「チリダニは人を噛んだりしませんよ」とアーリアンは念を押すようにいう。来客があるとアーリアンはいつも、クリーム色の小さな奴を数匹自分の手の甲に乗せて、その姿を客に顕微鏡で拝ませているらしい。チリダニは手の甲の毛を一本また一本と辛抱強く登りおりしながら、餌を探してむなしく動きまわっている。

メスのチリダニは、自分の体重の半分にあたる量の餌を一日で食べる。チリダニが人間の女性くらいの大きさだとしたら、皮膚のかけらを一日に三〇キロ食べるようなものだ。チリダニが皮膚のかけらを見つけると、皮膚を柔らかくする物質を吐きかけて、あとはただひたすら口に詰めこむ。自分の体より大きいかけらも平らげてしまう。栄養を補給したメスは、白っぽくてねばねばする卵を一日に平均二、三個産む。

こうしたせわしない活動が、ほこりのたまった本棚やカーペットのなかで、あるいは頭を乗せている枕のなかで、来る日も来る日もくりかえされている。チリダニは家じゅうのたいていの場所で暮らしていけるが、やはり皮膚がたくさん落ちているところに集まってくる。そういう場所で、細かい塵を小さじ一杯集めたとしよう。チリダニが五〇〇匹から一〇〇〇匹は入っているはずだ。

意外に思うかもしれないが、チリダニがベッドに好んで住みつくとはかぎらない。たしかに、マットレスやシーツや枕を這いまわりはする。しかし、以前アーリアンが一般の家庭で「ダニ狩り」をして調べたときには、チリダニがベッドに集中している家は五軒に一軒しかなかった。そのうえ、チリダニは人間とのスキンシップが苦手なようだ。シーツの上なら人から離れたところを選んで活動するし、マットレスや枕のなかにこもったまま出てこない場合もある。枕といえば、古い枕のなかはダニの死骸だらけだという話を聞いたことがあるだろう。全体の一〇パーセントがダニの死骸、というのがよく見る数字だが、ときには二五パーセント以上などという人騒がせな説も目にする。アーリアンは、どちらもばかげていると一蹴する。「本当に調べてみた人はいないんじゃないかな。実際はごくわずかだと思いますよ」

家のなかでチリダニが集まりやすいのは、ソファのマットレスの隙間、居間の床、寝室の床などである。アーリアンがこういった場所から塵を集めると、ごくまれに小さじ一杯のなかからチリダニが一万八〇〇〇匹近くも出てくるという。

喘息とチリダニには密接な関連がある。タバコの煙の場合と同じで、チリダニが多い家に暮らす子供は喘息に「かかる」おそれがあるのだ。チリダニがアレルギーの原因になることははっきりしている。

アメリカでは、一五〇〇万から二〇〇〇万人がチリダリに対してアレルギー症状を示している。いや、「チリダニに」ではなく、アレルギーの専門家にならって「チリダニ・アレルゲンに」というべきか。微妙ではあるが、たしかにこのふたつには違いがある。チリダニそのものは大きすぎるので、宙を舞って鼻に入る心配はない。それにひきかえ、糞や死骸のかけらはきわめて小さい。チリダニの糞は、直径が髪の毛の太さの六分の一ほどの茶色い粒である。なかには、消化酵素と、消化しきれなかった食べ物の残りが混じっている。ある研究でチリダニのおなかの中身を調べたところ、手当たりしだいなんでも飲みこんでいた様子がうかがえた。花粉、カビ、バクテリア、植物の繊維、鳥の皮膚のかけら、イースト菌。ガやチョウの鱗粉(りんぷん)も出てきた。

一匹のチリダニは、薄い膜に三つないし五つの糞の粒が包まれたものを一日に約二〇回排泄する。この糞の粒に含まれるタンパク質がくせもので、人間につらい症状をもたらす。死骸のかけらもアレルゲンになる。死骸のかけらや糞の粒は、ダニそのものと違って小さい。だから難なく空気中に飛びあがる。ベッドメークをすれば日の光を浴びて舞いおどり、ソファに勢いよく腰をおろせば塵の雲となって吹きだす。塵がひとたび空中に浮かんだら、二、三〇分は降りてこない。

たとえ糞の粒が膜から飛びだしても、サイズが大きいので肺までは届かない。しかし、糞も死骸のかけらも鼻の粘膜に張りついて、そこで大騒ぎを引きおこす。ほかのアレルギーの場合と同じで、嫌な症状が出るのは鼻に入った塵そのもののせいというより、体が必要以上に塵に反応するせいである。

チリダニが多い家の子供は喘息にかかりやすいとする研究があるいっぽうで、それを否定する研究もある。かりにチリダニが喘息の原因になると証明されても、それだけではここ数十年で患者が急に増えている理由は説明できない。

チリダニのいちばんの弱点は、水がなければ生きられないことである。餌となる皮膚のかけらからじゅうぶん水分を取りいれられないと、なんとまわりの空気から水気を絞りとろうとする。口のそばにある腺から塩分の濃い液を出して、空気中の水分を引きつけ、できた塩水でのどを潤すのだ。しかし、空気の非常に乾燥したアメリカ西部でも喘息は増えている。また、チリダニには住みにくい寒くて乾燥したフィンランドでも、喘息は猛威をふるっている。

ハウスダストの生態系

チリダニだけではなく、ハウスダストの住人の多くはやはりアレルゲンを生みだしていると見られている。ヨハンナ・E・M・H・ヴァン・ブロンスウィックは、オランダ南部にあるアイントホーフェン工科大学の衛生工学の教授である。二〇年ほど前には、風変わりながらじつにためになる教科書『ハウスダストの生物学』(森谷清樹訳、西村書店)を書いた。このなかでヴァン・ブロンスウィックは、まるまる一章をさいて「ハウスダストの生態系」を描きだしている。ハウスダストの世界における食うものと食われるものの関係が見えておもしろい。

まず登場するのはカビである。カビは「分解屋」の役割を果たしていて、塵に住む生物の死骸から人の皮膚のかけらまで何でも片づけている。「ニクダニ」も有機物の分解が得意だ。クッションなどの中綿、木の床、紙、ヨシで編んだマットなどに取りついて仕事にいそしむ。

カビを食べる生き物の種類は多い。チリダニや「チャタテムシ」などもその仲間である。（チャタテムシはすばやく動くきわめて小さな昆虫だ。古い紙の上を猛スピードで飛ばしていくのを読者も見たことがあるだろう。）そして、このチリダニとチャタテムシを食べる生き物もいる。

そのひとつが、「ホソツメダニ」である。ホソツメダニ（学名*Cheyletus eruditus*）は最初に発見された場所が図書館だったために、「eruditus（博識者）」の名がついた。だが、学名の「*Cheyletus*」のほうを訳すと「カニのハサミをもつ」という意味になる。そこから考えても、このダニがけっしてひ弱ない本の虫ではないのがわかるだろう。素人目には、ホソツメダニもほかのダニと同じで、頭のない風船にしか見えない。しかし、チリダニよりは大きいし、専門家ならほかにも違う点をあげられる。

「ホソツメダニはじつにおもしろい生き物です」とヴァン・ブロンスウィックは電子メールに書いてきた。「塵の下に隠れて、大きなハサミだけを外に出しておきます。おなかがすくと、通りかかったダニをハサミでつかまえます。つぎに、とがった口を獲物の体に差しこみ、酵素を出して体の中身を溶かすんです。それから、獲物の中身だけを吸いだします。あとには、空になったダニの皮しか残りません」。

この恐ろしい肉食獣はチャタテムシやノミの幼虫も食べるし、いざとなれば共食いもする。

チリダニ博士のラリー・アーリアンは、こうした肉食ダニの旺盛な食欲をまのあたりにするうち、どうしてもひとつの実験をしてみたくなった。チリダニを入れたびんのまわりに油の堀をめぐらせる。びんの外側にはワセリンを塗りつけた。にもかかわらず、血に飢えた肉食ダニのなかからは、びんに押しいってチリダニをむさぼり食うものが現れたという。餌食になったチリダニと同様、肉食のダニもアレルゲンとなる塵を出すと見られている。

「カニムシ」も残忍なハンターで、まさに名前どおりの姿をしている。カニのような形にカニのようなハサミ。比較的大きいので肉眼でも見える。カニムシの仲間には、本棚をねじろにしているものもいる。本と本のあいだの暗がりにひそんで、何も知らないチリダニやチャタテムシが通りかかるのを待つのだ。通りかかったら？　もちろん、飛びかかってハサミをお見舞いする。

食うものと食われるもののつながりをたどっていって、ヴァン・ブロンスウィックがつぎに紹介するのは「ノミ」である。イヌやネコを飼っている家なら、ノミの幼虫がいても不思議はない。幼虫は塵のなかをのたくりながら、大人のノミが落とした糞を見つけては飲みこんでいる。ノミの幼虫はチリダニの死骸もあさるだけでなく、餌がなければ共食いをするともいわれる。ちなみに、毛皮で覆われたペットが家にいれば、ハウスダストは間違いなく動物のフケでいっぱいだ。このフケもアレルゲンになり、喘息と何らかの「関連がある」ことはわかっている。ただし、喘息の「原因になる」かどうかはまだ裏づけが得られていない。

つぎにくるのが「シミ」という昆虫だ。ときおりチリダニを平らげているといわれるが、要は何でも食べるらしい。腹のなかを調べてみると、ありとあらゆる塵が見つかる。ヴァン・ブロンスウィックは『ハウスダストの生物学』のなかで、一匹のシミのおなかからどんなものが出てきたかを記している。

「植物の組織のかけら、砂粒、花粉、緑藻、菌類の胞子……菌糸、デンプンの粒、動物のひげや剛毛や皮膚、昆虫の気管」。シミは、綿の繊維や紙製品はおろか、レーヨンまで消化できるという。

ハウスダストの世界の頂点近くに君臨するのが、ゴキブリである。ゴキブリが排泄する小さい糞の塵は、やはりアレルギーの原因になる。では、子供がゴキブリの糞をたくさん吸いこんだら喘息にかかりやすくなるのだろうか？　残念ながら、これについてもまだはっきりした答えは出ていない。

いずれにしても、これだけ多彩な生き物が家のいたるところで暮らしていたのだ。とくにベッドは、生き物たちに特別な環境をプレゼントしているとヴァン・ブロンスウィックはいう。餌の種類が豊富なわけではない。ごくふつうの皮膚のかけら、カビ、綿の繊維。むしろ寂しいメニューといえる。しかし、最近は床の乾燥した家が多いため、カビやダニなどの乾燥に弱い生物にとって湿り気のあるベッドはありがたい存在だ。ベッドで集めた塵のサンプルから、シダの胞子が見つかったこともあるという。水を与えたら見事に育った。『ハウスダストの生物学』にはこのシダの写真も載っている——きちんと鉢に入った姿で。

外で遊ばないことと子供の喘息の関係

家のなかにはありとあらゆる塵がひそんでいる。動物、植物、鉱物はもちろん、現代ならではの化学物質も勢ぞろいしている。ハウスダストのせいで人間の体がさまざまな影響を受けるのもわかった。だが、これらが喘息の急増とどうかかわっているのかがはっきりしない。綿ゴミのなかにはさまざまな手がかりや有力な容疑者がひしめいているのに、すべての事例の元凶となるたったひとつの真犯人が見つからない。

たしかに、豊かな国々では家の気密性が高いため、いろいろなハウスダストがすべて閉じこめられた格好になっている。そのなかには、アレルゲンとして知られる物質や、工業時代の生んだ恐ろしい化学物質も少なくない。ある種のタンパク質がすぐ身近に大量にあれば、アレルギーが起きる場合もある。アレルギーは喘息にかかりやすくなる要因のひとつだ。

そのいっぽうで、どれかひとつのハウスダストを真犯人と断定できない現実がある。だとすれば、塵だけでなく私たちの体にも問題があるのではないか。塵に対する反応のし方が、昔とは変わってきているのではないか。そういう考え方が、今大きな注目を浴びている。

こうした説のひとつを詳しく見てみるために、まずはヴァージニアに戻るとしよう。チリダニのぬいぐるみが見下ろす、あのトーマス・プラッツ＝ミルズのオフィスに。プラッツ＝ミルズは、現代人が肺をじゅうぶん使っていないために、肺の機能が昔より衰えたのではないかと考えている。

「一九五〇年には、子供が一日のうちに屋内で過ごす時間は二〇時間でした」とプラッツ＝ミルズは語る。「一九九〇年には、一日に二三・五時間を屋内で過ごしています。たいした違いではありませんよね、パーセントで見れば」。たしかに、非常に大きな変化とはいえない。屋内で過ごす時間は、二〇パーセントも増えていないのだから。

プラッツ＝ミルズはここがポイントだといいたげに机を軽く叩く。

「でも、外にいる時間のほうを考えてみてください。かたや四時間、かたや〇・五時間ですよ。じつに大きな違いじゃありませんか」。屋外で過ごす時間が九〇パーセント近く減ったことになる。子供にとっては屋内にいるのが問題なのではなく、屋外にいないことが問題だといいたいのである。では、外にいるとどんなメリットがあるのだろうか。いちばん大きいのは、子供が体を動かすことだとプラッツ＝ミルズは指摘する。

「子供をじっと座らせておくにはどうすればいいと思います？」彼はふたたび鋭い視線を向ける。「視覚に訴える娯楽を与えればいいんです。そうすればじっとして動かなくなりますから。でも、体を動かすことには、炎症を抑える効果があるんですよ。ダメージを受けても、運動が回復を速めるんじゃないかと私は思うんです」

運動といっても、山登りやジョギングをしろというわけではない。プラッツ＝ミルズのいう運動は「ゆっくりしたペースで続ける活動、あるいはくりかえしおこなう活動」のことである。たとえば、遊ぶことだ。ただ歩くだけでもいい。「歩いて移動する習慣が残っている村では、喘息患者がほとんど見られない」とプラッツ＝ミルズは一九九八年に発表した論文に記している。「パプアニューギニア、アフリカの農村部、あるいはオーストラリアの先住民居住地区では喘息患者は少ない。また、エスキモーのイヌイット族のあいだでも喘息は珍しい」

いっぽう、テレビを見ている姿を思いうかべてほしい。これほど体を動かさない活動はいまだかつてなかった。肺にとっては、ときどき深呼吸するだけでも適度な運動になるのだが、読書をしていると深呼吸の回数は減り、テレビを見ているときはもっと減るとプラッツ＝ミルズはいう。

「息を大きく吸って吐く回数は、本を読んでいるときよりテレビを見ているときのほうがやや少なくなります。それが大問題だといいきれるわけではないんですが」。口調はいささか頼りなげなだが、ひとつの手がかりではある。テレビが肥満と関連していることは、もっとはっきりしているとプラッツ＝ミルズは言葉を継ぐ。しかも、最近の研究によって、肥満と喘息のあいだに何らかのつながりが見えはじめているという。

もしかしたら、肺をいじめるハウスダストの面々に、この「じっと動かない」状態が共犯として加わると問題が起きるのだろうか。塵が悪さを働くためには、ものぐさな肺があればいいのかもしれない。そんな肺をつくれるのは、便利さに慣れ、座ることに慣れた現代社会だけである。

これがひとつの仮説だ。

塵の何かが免疫系を鍛える?!

もうひとつの仮説がどういうものかをつかんでもらうには、詩人エズラ・パウンドの一九一二年の詩から言葉を借りるのがよさそうだ。詩のなかでパウンドは、上流階級のひ弱そうなロンドン子を描いてから、正反対の「汚らしくたくましく、多少のことでは死なない貧民の子供たち」を登場させて、こうつぶやいている。

「彼らが地を受けつぐだろう」

パウンドはファシズムを支持したためにあまり評判がよくないが、言葉をあやつることにかけてはさすがというよりほかない。一九世紀には、詩的な味わいには欠けるものの、フリードリヒ・ニーチェが似たような言葉を残している。

「命を奪うほどでないかぎり、どんなものも私を強くする」

まさに「衛生仮説」の核心をいい表した言葉といっていい。産業の発達した国には塵が足りない、と「衛生仮説」は説く。汚さが減って国がこぎれいになったために、弱々しい子供たちが大量に生まれる悲劇が起きているというのだ。

もう少し正確にいおう。このところ続々と集まりつつあるデータを見ると、幼い頃にある程度の病原菌や寄生虫と戦っている子供のほうが、免疫系が丈夫になってアレルギーや喘息にかかりにくいようなのである。国が豊かになって衛生的な環境が広まると、子供の頃にあまり病気をしなくなる。免疫系を鍛える機会が減り、ほんの少し塵を感じただけで体がヒステリックな反応を示すようになる。

「衛生仮説」は今きわめて大きな注目を集めている。毎月、医学雑誌が発行されるたびに、さまざまな子供たちを調べた新しい論文が載る。ただし、何らかの疑問の余地を残すものが多い。最近の研究をいくつか紹介しよう。

■ヨーロッパのさまざまな地域で、農家の子供たちと、同じ学校に通う農家以外の家の子供たちを比べた。すると、カビや糞などの不快な塵とじゅうぶん接していると見られる農家の子供のほうが、そうでない子供よりアレルギーや喘息の症状を示す割合が少なかった。

■イタリアの空軍士官学校で生徒の血液を調べたところ、過去に食中毒や胃炎にかかった形跡のある生徒のほうが、そうでない生徒より喘息にかかっている人の割合が少なかった。

■アメリカのデンヴァー地区では、エンドトキシン（バクテリアが出す毒素）の量が多い家に住む子供のほうがアレルギー症状を示す率が低く、おそらく喘息にかかる率も低いと見られる。
■三歳になる前にはしかにかかった子供は、喘息になりにくい。また、幼い頃にA型肝炎、肺結核、インフルエンザ、カビに似た「マイコバクテリア」への感染、あるいはある種のワクチン接種を経験していると、やはり喘息にかかりにくいと指摘する研究がある。
■あるイギリスの研究によると、二歳になるまでに抗生物質を服用した子供は喘息にかかりやすい。論文の著者は、免疫系を丈夫にしてくれるバクテリアまで抗生物質が殺してしまうからではないかと推測している。
■寄生虫も免疫系を丈夫にして、アレルゲンとなる塵への抵抗力をつけている可能性がある。ベネズエラの貧しい子供たちを調査したところ、腸内の寄生虫の数が非常に多い子供のグループでは、チリダニにアレルギー症状を示す割合が少なかった。このグループの子供に寄生虫の駆除剤を与えたら、チリダニアレルギーを示す子供の割合が四倍になった。

衛生状態とは関係のなさそうな病名も出てくるので、驚いたかもしれない。もともと「衛生仮説」が生まれた背景には、一世帯あたりの子供の数が少なくなって、きょうだいのあいだで病原菌をやりとりする回数が減ったという考え方がある。昔は一家に大勢の子供がいたので、互いの吐く息に含まれる病原菌を吸ったり、便に含まれる病原菌（消化管の病気の原因となる）が口に入ったりする機会が多かった。二〇〇〇年の夏、こうした見方が大いに勢いを得る出来事があった。アリゾナ州の子供たちを対象にした、大規模な調査の結果が発表されたのである。この調査によると、兄か姉がひとり以上いる子供、または生後六か月以内に保育施設に預けられたことのある子供のグループでは、一三歳の時点で喘息にかかっている人の割合が、そうでない子供のグループの半分しかなかった。

「衛生仮説」はしだいに範囲を広げて、現代特有のさまざまな生活様式を取りあげるようになった。たとえば、イタリアの空軍士官学校生を調べた研究者たちは、「西洋風のなかば殺菌されたような食事」に注目し、これでは子供の免疫系に必要な刺激をじゅうぶん与えられないと述べている。

貧困もまた、「衛生仮説」が目を向ける重要な要素のひとつである。ベルリンの壁が崩壊したときにわかったのは、豊かな西ドイツには喘息が多く、空気の汚れた貧しい東ドイツには喘息が少ないことだった。最近では、喘息の面でも東ドイツが豊かな同胞たちに追いつこうとしている。エチオピアについても、似たような調査結果が報告されている。小さな村で昔ながらの素朴な生活を送っている人々は、ジンマという名の都市で暮らす人々よりチリダニにアレルギー症状を示す割合は大きかった。そのかわり、都市の住民を苦しめる喘息が、村ではまったく見られなかったのである。

研究者たちはこうしたデータをひとつひとつつなぎ合わせ、エズラ・パウンドのいう汚らしくて貧しい子供たちがなぜ多少のことでは死なないのかを説明しようとしている。塵の多い環境で暮らしている子供のほうが、免疫系のバランスが取れているのかもしれない。

「塵のなかの何かが免疫系を鍛えてくれる――じつにおもしろい考え方ですよね」。そう話すのはアンドリュー・リュー。コロラド州デンヴァーにある全米ユダヤ人医療研究センターの医師で、喘息の専門家だ。にこやかで、くしゃくしゃした黒髪が印象的なリューは、エンドトキシン（バクテリアの毒素）

の多い家に住むデンヴァーの子供は喘息にかかりにくいという論文の著者でもある。とうぜんながらエンドトキシンびいいきで、いずれはサルモネラ菌や大腸菌などの毒素に喘息を抑える強い力があることが証明されると考えている。

「病原菌に感染しなくても、免疫系に刺激は与えられます」とリューはいう。子供はただ、エンドトキシンをたっぷり含んだ綿ゴミのそばで暮らせばいい。リューにはこんな未来も思いうかぶという——塵の少ない家に赤ん坊が生まれると、喘息にならないための予防接種としてエンドトキシンを注射するようになるのではないか。「でも、その注射の第一号を打つ度胸は私にはありません」とリューは笑う。エンドトキシンではなく、マイコバクテリア（結核菌もこの仲間）を注射したらどうかと提案する研究者もいる。

こうしたアイデアはけっして新しいものではない。すでに数十年前には、同じような注射を使った治療法が期せずして生まれていた。テキサスに住むアジル・レドモンはかつてアレルギーの専門医として活躍し、現在は一線を退いている。当時の医師は、患者が何にアレルギーを示しているかもわからないままハウスダスト・アレルギーの治療にとりくんでいた、とレドモンはふりかえる。「患者の掃除機のゴミパックから塵を取りだして使ったこともありました。それを殺菌して、粉にして、溶液をつくります。この塵のエキスを使って免疫療法をするのです。きっとハウスダストに混じったエンドトキシンも注射していたのでしょうね」。レドモンは昔を思いだしながら語る。「この注射が、よく効いたのですよ」

今でもハウスダストの注射を打っている人はいる。しかも、アメリカでハウスダストのエキスをつくっているメーカーのうち少なくとも一社は、今も掃除機のゴミパックから取りだした塵を使っている。ノースカロライナ州レノアにあるグリーア・ラボラトリーズ社だ。地元の教会や学校は、一般家庭からゴミパックを集めて、塵一ポンド（約四五四グラム）につき二ドルでこの会社に売っているという。レドモンがいうようにこの方法に効果があるなら、バクテリアの毒素は本当に喘息を防ぐのかもしれない。ひとつの仮説である。

アンディー・リューは語る。「病気がどういう人たちのあいだでどういうふうに広がっているかを観察し、なぜそういう状況が起きるのかをさまざまな仮説を出して説明しようとする。医学の歴史はそのくりかえしです」。研究者はそのなかから本当に重要な部分を見極めていく。

「だから、私の説も間違っているなら証明してほしいんです」とリューは心からそう望んでいる様子で明るくいう。「それが科学というものなんですから。遠慮はいりません。どうか間違っていると証明してください！」

とはいえ、どの仮説をとってみても、間違っていると証明するのは簡単ではない。それを示す例を紹介しよう。たったひとつの事例について塵と喘息の関係を探ろうとするだけで、いくつもの仮説がかかわってくるのがわかるはずだ。

ニューヨーク市のホームレスの子供たちは、三人にひとり以上の割合で喘息にかかっている。ブロンクス地区のいくつかの学校では、ほぼ六人にひとりが喘息に苦しんでいる。これは、全米平均の約三倍にあたる。一九九〇年代なかばのニューヨーク市では、毎年平均一一人の子供が喘息で命を落としていた。最近の貧しい子供は、「多少のことでは死なない」とはいいきれないようである。では、この地域で喘息が広がっているのはどうしてなのか。さまざまな仮説でどう説明できるだろう。

まず、家の風通しが悪くて塵が溜まるという、昔ながらの説が当てはまる。貧しい階層の住む都市中心部の住宅では、ダニ、ゴキブリ、ネズミ、カビなどがとりわけ多いことが確かなデータで裏づけられている。こうした生物から出る塵は、アレルギーの原因となる。塵へのアレルギーが喘息と関連しているのはいうまでもない。

だが、「じっと動かない」説でも説明できる。ただでさえ座っていることの多いこの国にあって、犯罪の多い地域で暮らす子供はとくに運動不足だとプラッツ＝ミルズはいう。

「貧しい階層のほうが活動量が少ないのは、世界でもアメリカだけです」とプラッツ＝ミルズは指摘する。「一九七〇年の時点で、喘息の死亡率に階層による違いは見られませんでした。一九九〇年には違いが現れています。でも、それはアメリカだけなんです」

では「衛生仮説」はどうかといえば、これもまた当てはまる。ニューヨークに住む最も貧しい階層の子供が、農家の子供が慣れ親しんでいるようなエンドトキシンの塵に触れる機会はきわめて少ない。しかも、間違いなく「殺菌された西洋風の食べ物」を食べている。少なくともアメリカでは、貧しいからといって不衛生とはかぎらない。

結局、これが原因だといいきれる説明はない。ハウスダストと喘息はどうかかわっているのか。今のところ、この謎の答えには手が届きそうで届かない。今はまだ、塵と喘息をめぐるさまざまな仮説が宙を飛びかっているだけである。まるで、家のなかを漂う塵のように。夕食をつくっているときに、キャンドルの炎が揺らめいたときに、あるいはカニムシが居間のカーペットの深い森のなかで獲物を探しているときに、人知れず吐きだされてさまよう塵のように。

11章　塵は塵に

人間の死……土葬と鳥葬と

人間の体は、つきつめればほとんどが骨と水でできている。骨の主成分はリン酸カルシウム。ほかにもいろいろな元素が少しずつ骨に含まれていて、汚染物質の鉛などもここに溜まる。水分の多い部分には、炭素や窒素、鉄や硫黄、塩素やナトリウムなどが混じっているほか、ヒ素から亜鉛まで多種多様な微量元素が勢ぞろいしている。もちろん、こうした元素はひとつ残らず宇宙で生まれ、太陽系が誕生するときに地球に取りこまれたものだ。生きているあいだはあなたが自由に使っていい。

しかし、あなたが息を引きとるやいなや、借りものの元素は少しずつ体から抜けだしていく。新たな生命のためにリサイクルされるのである。たとえ最新の技術を駆使してミイラになり、ステンレスの繭(まゆ)に閉じこもっても、永遠にそのままではいられない。年老いた太陽が心臓のように脈打ちはじめたら、厳しいおきてに逆らえる者がいるだろうか。結局、塵にすぎない私たちは塵に返るのである〔訳注　旧約聖書の「創世記」にある言葉〕。

室温であればさっそく微生物が仕事にとりかかり、死体の細胞を分解する。微生物の助けがなくても、細胞は自分で壊れていく。腐敗が進むと液体とガスが漏れだす。死んだ皮膚にすぐさま菌類が住みつけば、死んだ肉を胞子に変えてまき散らすだろう。

たいていの死体は霊安室に運ばれて冷蔵庫に入れられるので、かなりのあいだ「新鮮さ」が保たれる。ところが、とくにアメリカではそれだけで満足しない家族が多い。愛する者が塵に返るのをできるだけ遅らせようと、死体にホルムアルデヒドなどの防腐剤を大量に注ぎこむ。こうすると、分解にいそしむ微生物があらかた殺され、生きているときの張りが死体によみがえるのだ。さらには、メークを施し、あれこれ詰め物をし、接着剤でくっつけ、器具を入れて口と目を閉じ、そのほかにもいろいろな小道具を駆使し……すると、まだ生きているかのような様子をもう数日保つことができる。場合によってはもっと長持ちするという。

防腐処理をしたうえに棺(ひつぎ)に閉じこめるので、死体の分解はさらに遅くなる。だが、それにも限度がある。ふつうの棺は、地中で受ける水や土の圧力にそれほど強くない。土の重みで、棺の蓋は早々に内側にへこむはずだ。それをきっかけに、バクテリアや菌類などさまざまな分解屋が一気になだれこむ。こうした憂き目にもあいたくないと、墓の内側までコンクリートで固める方法が広く用いられるようになった。いわば、棺を入れるための棺である。これだけしっかり守られれば、死体は長いあいだ分解されずにすむだろう。乾燥した地域ならなおさらだ。

それでもいつかは湿気が棺のなかに忍びこむ。土のなかの小さな分解屋たちもリサイクルのための仕事を始める。体をつくっていた元素は少しずつまわりの土にしみこみ、地球の皮膚の一部になっていく。

棺のなかの固いものは、塵になるまでに長い時間がかかる。現代の死体には、外科医や遺体整復師のおかげでプラスチックや金属が残されていることが多く、これらはなかなか分解されない。金属のアクセサリーやジッパー、プラスチックのボタンに靴、そのほか一緒に入れられた頑丈な副葬品も長く棺に留まる。骨もそうだ。恐竜の例からもわかるように、骨は塵になるのを頑なに拒むときがある。拒みつづけているうちに地中のわずかな水が骨の柔らかい部分を少しずつ溶かして、固い鉱物に置きかえていく。

恐竜に限らず、人間の骨が化石になってもおかしくはない。あなたの埋葬がすばやくおこなわれて、しかも化石になるのに都合のいい土がまわりにあれば、数千年から数百万年で骸骨は石に変わるだろう。厳密にいえば化石はあなたの死体ではない。もともとの骨の分子がすでに溶けだして、土や塵と混じりあっているからだ。鉱物になった骨のレプリカは本物よりはるかに長持ちする。しかし、化石になったところで塵に返る運命はまぬかれない。いずれは墓が雨風で削られて、あなたはむきだしになる。化石ハンターの話では、むきだしで地面に散らばっている化石はたいてい塵になりかけているという。無傷で残るのは、頑丈な岩のなかに守られた化石だけだ。

化石になる幸運に恵まれなければ、あなたの骨はとうの昔に崩れて塵になっている。雨風に削られて墓が開いたときには、なかにはもう土しかない。土はあなたの鉄分がしみて黒くなり、あなたのカルシウムで白く覆われているだろう。やがてその土粒も、かすかに流れる水に少しずつ運ばれていく。あるいは、舞いあがって風に乗る。地殻変動が起きて、上にあがるのではなく地の底に沈みこみでもすれば、あなたはすりつぶされて溶岩と混じりあい、いつか火山灰となって噴きだすかもしれない。

大切に保管されていた死体が、地殻変動のせいではなく人間の手で塵に返されることもある。ヨーロッパでは中世から一八世紀まで、エジプトのミイラが万能薬と考えられていた。不運にも見つかってしまった古代の人々は、粉にされて飲みくだされるという末路をたどることが多かった。ミイラの粉を肥料にした例もあると、『死んでから塵になるまで（*Death to Dust*）』の著者、ケネス・イザーソンは語る。ミイラはアメリカにも輸出された。アメリカでは大実業家たちがミイラの包帯に目をつけ、細かく裂いて製紙用のパルプにしてみたらしい。ところが、「包帯は汚れすぎていて、質の良い紙はできなかった」とイザーソンは記している。

しかし、微生物やうじ虫はもちろん、浸食作用やミイラ粉砕機までもが加わって頑張っても、埋葬された死体を塵に返すまでの道のりは長い。墓のなかが乾燥していて、まわりの土地が浸食されずに残れば、「塵は塵に返せ」の命令はなかなか実行されない。

インド、アジア、アフリカのいくつかの地域では、もっと手っ取り早い方法がとられている。死体を埋めずに、木の上や、特別に設けた場所などに置きざりにしておくのだ。死体は野獣や野鳥が処理してくれる。この風習にすっかり慣れた動物もいるだろう。チベットで今もよくおこなわれている鳥葬では、死者の家族が数名の遺体処理人を雇って愛する者の亡骸を小山の上に運ばせ、待ちかまえたハゲワシに死体を食いつくさせている。

南カリフォルニアに住むパメラ・ローガンは、チベットを支援する団体を主宰している。彼女は外国人としては珍しく、チベットでこの鳥葬をまのあたりにした。「ハゲワシは、一行が山を上がってくるのを見つけると、上空を旋回しはじめます」とローガンはふりかえる。処理人は死体を石の台に横たえ、手早く何か所かに傷をつけてからうしろに下がる。「五〇羽くらいの大きなハゲワシが群がってきて、一三分で肉はすっかりなくなりました。残ったのは軟骨と骨だけです。すると、処理人たちが木槌を手に近づいていって、骨を粉々に砕きました」。満腹したハゲワシがいなくなったら、砕いた骨を麦の粉に混ぜて、順番を待つカラスやタカに分けてやるのだという。

死者が借りていた元素は、こうして新しい肉体に取りこまれる。ローガンによれば、わずか四五分だ。処理人を雇って儀式をする余裕がない場合は、ただ山の上に死体を放置して、鳥や犬、虫などに葬儀をとりおこなってもらう。

葬儀執行役の動物たちが死体を消化するとき、肉体をつくっていた元素がすべて吸収されるわけではない。吸収されなかった元素は、動物の体のうしろのほうから外に出され、すぐに乾いて塵となる。吸収された元素のなかには、ごくわずかではあるがいつまでも塵にならないものもある。肉をついばんだハゲワシが死ぬと、死肉をあさる動物がやってきてハゲワシの元素をとりこみ、しばらくは自分のものとしてもち歩く。こうして、人間の体の一部が、人からハゲワシへ、ハゲワシから犬へ、犬からハエの幼虫へと、次々にめぐっていってようやく塵になる。……いや、死んだハエにカビが生えて胞子がまき散らされれば、元素の旅はまだまだ終わらない。

火葬は「暖炉で薪を燃やす」より空気にやさしい

お上品な人たちにはショックが大きいうえ、公衆衛生上の問題もあって、残念ながらアメリカでは死体を放置することができない。一刻も早く塵に返りたい方には火葬をお薦めする。書類が整っていれば、死んでから数時間でひと筋の煙と数キロの骨の粉になれる。

火葬は死体を処理する方法として長い歴史をもつ。古代ギリシアでは火葬が好まれていた。火葬なら病気を防ぐことができるし、敵から死体に狼藉（ろうぜき）を働かれずにもすむ。ローマでは火葬が盛んになりすぎて、市内でとりおこなうのが禁止されるほどだった。英語で「大かがり火」を「bonfire」というのは、イギリスでも骨（bone）を火（fire）で燃やしていた時代のなごりである。

どの地域でも、火葬の火が消えたあとには白い骨のかけらを集めるのが習わしだった。骨は埋葬したり、専用の建物に納めたりする。もっとも、残った骨や灰よりも、死体を焼くこと自体が大事だと考えた――そして今も考えている――国は多い。立ちのぼる煙は、肉体を消しさって魂が解きはなたれた証しなのだ。

いっぽう初期のキリスト教徒は、「塵は塵に」のおきてがあるにもかかわらず火葬を嫌った。キリストの誕生から数百年たつと、ヨーロッパのほとんどの地域に土葬で死体を処理する習慣が広まる。キリスト教徒に指図されるのをよしとしないバイキングは、死んだ勇者を船に乗せて焼く習慣を捨てなかった。北欧の国々では今でも火葬の人気が高い。非キリスト教国、とくに日本とインドでは、迷わず火葬が選ばれている。

イギリスとアメリカではようやく一九世紀の終わりになって、ほんのひと握りの火葬ファンがこの風習をよみがえらせた。その後は、どちらの国でも火葬炉や火葬場が少しずつ増えていき、今やアメリカでは火葬が……そう、熱（い）いのである。

アメリカで火葬にされているのは年間ほぼ五〇万人。死者全体の約二五パーセントにあたる。二〇一〇年にはこれが四〇パーセント近くにまで増えると予想されている。ただし、この傾向はどこでも同じではない。西部の諸州と、北東部のニューイングランド地方の人々はすぐに塵に返ろうとするのだが、中部や南部では地中でゆっくり塵になるのを好む人が多い。南部のミシシッピ州では、火葬は全体の七パーセントしかおこなわれていない。

死体が火葬場に運ばれてくるときは、たいてい堅いボール箱に入っている。防腐処理をしたものはほとんどない。ときおり、昔ながらの葬儀屋から死体が回ってくると、メークをして着飾って、防腐剤がたっぷりしみこんだ姿で金属製か木製の棺に入ってくる。どういう状態であれ、死体はふつう箱ごと火葬炉に入れられて、だいたい八〇〇度から一〇〇〇度で焼かれる。ボール箱や木の棺は弾けるように燃えてなくなる。体のほうはというと、そう簡単にはいかない。

米国環境保護庁（ＥＰＡ）で燃焼の研究をする化学エンジニアのポール・レミューは、死体が次にどうなるかを身近なたとえで説明してくれた。「肉料理に似ていますよ。体の温度は、水分がすっかり出ていくまでは一〇〇度を保ちます。たとえばグリルでハンバーガーを焼いているとしますね。肉から水分が抜けると、肉の温度は上がるんです。そして、肉の脂が燃えはじめます。体の燃えかたはふつうの有機燃料と変わりません。非常に高温になってから、ようやく骨と歯が燃えます」

一時間もすると、かさばっていた肉体はガスになる。ガスは別の炉で再燃焼されてから煙突を昇っていく。体からは水蒸気をはじめいろいろなガスが湧きだす。そこに炭素の黒い煤（すす）が混じるかもしれない。酸化窒素のガスが立ちのぼれば、煙はほのかなオレンジ色に染まるだろう。歯の詰め物に入っていた水銀も、蒸発して空中に舞いあがる。脂肪は燃えて複雑な炭化水素に変わった。体に大量に含まれる塩分が炎を浴びると、塩素が吐きだされる。塩素のガスが冷える途中で、微量のダイオキシンが生まれてもおかしくない。

すぐに塵に返りたい、でも空気は汚したくない。そうお考えの方に朗報をお伝えしよう。火葬をしても空気はごくわずかしか汚れないらしいのだ。EPAはすぐに規制する必要はないと考えている。一九九九年にニューヨーク市ブロンクスの火葬場で、空気中の汚染物質の検査がおこなわれた。その結果報告では、またもや身近なものが引きあいに出された。ただし今度はハンバーガーではなく、暖炉の薪である。

検査官の報告はこうだ。団らんのひとときに暖炉で一時間薪をくべると、風味もサイズもさまざまな微粒子が約二〇〇グラム空中にまき散らされる。ところが、死体を一時間燃やしても、微粒子は二〇グラム足らずしか出てこない。火葬炉の温度を高くすると出る塵の量は増えるのだが、いちばん高温の設定にしても、微粒子は死体ひとつあたり一一〇グラム程度だった。結論——環境への影響は、死体を燃やすより暖炉に薪をくべるほうがはるかに大きい。

とはいえ、火葬ファンには気がかりな報告もあった。アメリカ国内に一四〇〇ある火葬炉からは、有害な水銀がそれぞれ年間一キログラム近く吐きだされているらしい。歯の詰め物に含まれていたものが蒸発するからである。一体の死体からは平均して約〇・二五グラムの水銀が出る。空気を汚さずにこの世を去りたいと願う方。遺言書には「火葬の前に歯の詰め物を取るように」と書きのこしておこう。（ちなみに葬儀屋では、死体の心臓にペースメーカーが埋めこまれていたらかならず取りだしてから火葬炉に送っている。）

さて、火葬炉のなかでは死体がすでに骨になった。やがてその骨も高熱を浴びて砕けた。炉のスイッチを切る頃には、人間の約九割がすでに塵となって旅立ち、屋外の空気にひしめく雑多な塵と混じりあっている。多少の「人間の塵」はゆっくり地面におりてくるだろう。「人間のガス」が冷えて粒子になれば、そこに大気中の水蒸気が集まり、雨となって降ってくる。その雨は、ほかの「人間の塵」も道連れにして落ちてくるにちがいない。こうして、肉体が借りていた元素の多くがようやく地球に返される。燃えない元素は炉の底に残る。

遺骨と遺灰はどこへ

いわゆる「遺骨」というのは三キロから五キロくらいの骨のかけらである。溶けにくい金属もわずかに混じっている。骨の色はたいてい白か灰色だ。炉から遺骨を搔きだすときには、耐火レンガの細かい粉も骨のかけらと一緒になる。灰に金属が残っていないかを磁石で確かめ、残っていたら取りのぞく。たとえば、歯のブリッジに使われていた金属、洋服のファスナー、手術で埋めこまれていたピンやプレート、人工関節などである。

骨や灰をそのまま家族に返す火葬場も少しはあるだろう。だが最近のアメリカでは、たいていのところが特殊な機械で骨をすべて砕いて、粗い砂粒くらいか、もっと細かい粉にしている。なぜかって？まくのに都合がいいからにきまっているではないか。

ケネス・イザーソンによると、二〇世紀には「死体を処理する新しい方法はごくわずかしか生まれず、遺灰を処分する新しい方法となるとさらに少なかった」そうだ。だからといって、みな手をこまぬいていたわけではない。はじめは厳かな儀式として海や野山に遺灰をまいていた。それがしだいにエスカレートして今ではどうだろう。ロケットで宇宙に遺灰を打ちあげる。灰をアクセサリーや釣り竿や、陶器の置き物に詰める。グリーティングカードにまで混ぜこむ。ニューメキシコ州にある先住民の神聖な遺跡で遺灰をまくのがはやりはじめると、米国国立公園局は多くの公園で散骨を禁止した。

しかも、まき散らされる灰は年々増えている。北米火葬協会（CANA）が調べた一九九八年のデータによると、遺灰を納めた小さな箱は全体の四割しか墓地に届けられなかった。墓地に来た遺灰は埋葬されるか、地上の「納骨堂」に安置される。特別に設けた「散骨の庭」でまく場合もあるそうだ。だが、墓地にこなかった数十万人分の遺灰はどうなったのだろうか。じつは、火葬場のスタッフによってまかれるケースが少なくない。遺族の希望を受けて、六万四〇〇〇人分の遺骨が海や川に、二万四〇〇〇人分の遺骨が野山にまかれた。全体の六パーセント近くは引きとり手のないまま、火葬場で宙ぶらりんの状態にある。

では、残り一七万六〇〇〇人分の遺灰は？　CANAの調査によると、遺族が箱や壺に入れてただ「家に持ちかえった」らしい。その先どうなったかは、相当に突飛な想像をめぐらせてもあながち大外れにはならないだろう。気のきいたアイデアを思いつかないという家族も心配はいらない。今や多すぎるほどの企業が、塵をおしゃれに眠らせるためのあの手この手を提案している。

たとえば、サンフランシスコのクリエイティヴ・クリメインズ社（「独創的な遺灰」の意）では、花の種と遺灰少々をパルプに混ぜて手作りの紙にし、それをカードにしてくれる。この一枚二五ドルのカードを受けとった人は、細かく切って土に植えるのが決まり事らしい——遺灰から種からそっくり全部。この会社では、大切にしている置物などに手を加えて、遺灰が納められるようにするサービスもおこなっている。（ちなみに、エレガントに散骨したい方は特別な「散骨用の壺」を、遺灰を美しく飾っておきたい方は「形見の骨壺」を、遺灰といつも一緒にいたい方は「形見のペンダント」をお試しあれ。）

カリフォルニア州クレアモントにある会社は、亡くなった人をいつまでも忘れないようにと、素敵な置き物をつくってくれる。どっしりしたクリスタルガラスの球のなかに、遺灰を星くずのように散りばめるのだ。遺灰を詰めたイルカ形のケースを、透明なアクリル樹脂に入れている会社もある。スポーツ好きの方なら、イリノイ州の会社がおこなっているサービスはいかがだろうか。ショットガンの弾丸に遺灰を詰め、それで故人が好きだった獲物を撃つのである。銃が苦手な方もご安心を。ボウリングの球やカモのデコイ（カモ猟でおとりに使う木彫りの模型）にも入れてくれるし、魚を釣る餌にまで灰を混ぜてくれる。魚といえば、ジョージア州の会社はユニークなアイデアで勝負している。まず、遺灰をコンクリートに混ぜ、型に流しこんでマッシュルーム形の人工の岩をつくる（ブロンズ製のプレートをはめこむオプション付き）。それを海に沈めれば、サンゴがついたり魚の隠れ場所になったりするという寸法だ。

こういうことではなく、本当に遺灰を「ばらまいて」ほしいと故人が望んでいた場合もあるだろう。でも、指定された場所が不便なところにあったらどうする？　大丈夫。代わりにまいてくれる業者に頼めばいい。代行業者の数はうなぎのぼりに増えている。ヨットやモーターボートからも、飛行機からもまいてくれるし、アイダホの森のなかへでも聖地エルサレムでもいってくれるはずだ。

　飛行機から遺灰をまくなんて、灰にとりつかれてハイになったこの時代にはまともすぎると思うかもしれない。だが、骨の塵を長い旅に送りだすにはもってこいの方法である。骨の塵の大部分はすぐに地面に落ちてくるが（くれぐれもしっかり粉にしておくように）、細かい塵は風や天候が許すかぎりどこまでも流れていく。とりわけ細かい塵なら何日ものあいだ空高く漂う。大海原を渡り、はるかな砂漠を越えて、遠い異国の山を楽々と登っていくだろう。

　ばらまくときにもっと感動的な場面を演出したいなら、花火がいい。南カリフォルニアにあるセレブレート・ライフ社では、打ちあげ花火のなかに遺灰を仕込むサービスを数千ドルで提供している。家族や友人が集まったところで、あらかじめ選んでおいた音楽を流し、それをバックにスタッフがふつうの花火と灰の詰まった花火を両方打ちあげるのだ。飛行機からまいたときのように、灰は元気な風をつかまえて旅に出るにちがいない。

　まだおとなしすぎる？　では、遺灰を宇宙に打ちあげてみてはどうだろうか。一九九七年、セレスティス社は第一号の遺灰を打ちあげ、地球を回る軌道に乗せた。セレスティス社では、灰を入れたカプセルを商業ロケットの使い捨てエンジンに取りつけている。エンジンは、ロケット本体を軌道に乗せて燃料を使いきったら、灰のカプセルもろとも切りはなされる。その後、比較的低い軌道で地球を回りつづける。顧客第一号となった二四名の遺灰は、今も上空を飛んでいるという〔訳注　著者が本書を執筆したあとの二〇〇二年五月に、このロケットは大気圏に再突入した〕。ただし、宇宙へいくのは遺灰の一部だけだ。

「カプセルに入れられるのは、おひとりにつき約七グラムです」とセレスティス社の広報担当、クリストファー・パンチェリはいう。「当社のサービスは、あくまで記念のためのものですから」。残ったたくさんの遺灰については、ご家族が何か別の計画を立てられるのがいいでしょう、とのことだ。

ロケットエンジンに乗った第一号の遺灰は、二〇〇七年まで地球を回る〔訳注　前の訳注を参照のこと〕。その後はしだいに高度が下がって、粘り気のある地球の大気につかまり、そして燃えあがる――パンチェリの言葉を借りるなら「流れ星のように」。骨の塵もエンジンも蒸発し、そのガスがはるかな空の高みで渦巻くだろう。

現在までにおよそ七〇〇グラムの遺灰がロケットに乗った。そのなかには、ティモシー・リアリーの灰も含まれている。意識という内なる宇宙に大胆にも分けいって、ドラッグ文化の教祖と呼ばれた人物である。遺灰の乗ったロケットがかなりの高さに打ちあげられれば、地球を一日一五周しながら二世紀ものあいだ飛びつづける可能性があるという。お値段？　灰一グラムあたり一〇〇〇ドル弱だ〔訳注　二〇〇四年二月現在では、七グラムの遺灰を打ちあげるサービスが五三〇〇ドル、新たに始まった一グラムの遺灰を打ちあげるサービスが九九五ドル〕。

セレスティス社にとって地球の軌道を回るのは試運転にすぎない。一九九八年にはＮＡＳＡの協力を得て、彗星の研究で知られるユージーン・シューメーカーの遺灰を月に送った。ゆくゆくは、一般の人の灰を月に運ぶサービスも始める予定である。価格は、ひとりあたり一万二〇〇〇ドル〔訳注　二〇〇四年二月現在では一万二五〇〇ドル〕。さらにセレスティス社は、人類最後のフロンティアへの予約も受けつけている。同社が立ちげた「エンカウンター２００１」プロジェクトによって、二〇〇一年末に打ちあげられる宇宙船に遺灰を積みこもうというものだ〔訳注　その後スケジュールが変更になり、打ちあげは二〇〇七年後半の予定。プロジェクトの名称も現在は「チーム・エンカウンター」に変わっている〕。この民間の宇宙船は、太陽系を出て宇宙の彼方を目指す。遺灰だけでなく、人間の髪の毛（ＤＮＡのサンプルとして）、宇宙人へのメッセージや詩、写真やイラストなども一緒に旅立つことになっている。

自分の遺灰が宇宙を漂うだの、砂塵や菌類や煤に混じって地球の上空を飛びかうだの、考えるだけでぞっとする——そんなあなたはミイラになってみてはいかがだろうか。塵を処分する奇抜なアイデアは星の数ほどあるけれど、塵になるのを「食いとめて」くれるサービスとなると、ミイラの右に出るものはまずないだろう。

カリフォルニア——ほかにどこが考えられる？——にある非営利企業のサマム社なら、遺灰を月に送るくらいの値段でその仕事を請けおってくれる〔訳注　現在サマム社はユタ州に本拠を置いている〕。サマム社独自のプロセスでミイラになれば、あなたのDNAは保存される。いつかは自分のクローンを、と思うなら、DNAは絶対に残しておかなくてはならない。サマム社の代表を務めるコーキー・ラーはこう語る。「私が自分のクローンをつくりたいのは、科学のために役立ててほしいから。それだけです」。非難されるいわれはないといいたげだ。ラーは現代のミイラづくりの方法を考えだした人物でもある。「DNAさえ保存しておけば、クローンがつくれるようになったときにすぐ対応できますからね」

塵になる運命にとことん逆らいたいなら、少々値は張るが三万六〇〇〇ドルでサマム社の特別な棺桶「マミフォーム」も注文しておこう。流線型でステンレス製のもの、古代エジプト風で青銅（ブロンズ）製のものなど、デザインも選べる。厚さはどれも約六ミリだ。このなかに入っていれば、雨や風も手出しをためらうにちがいない。なにしろ、頑丈な金属の覆いを壊し、なかに満たされた合成の琥珀樹脂を削り、さらには体を包む包帯をすべてはぎとらなければならないのだから。これまでのところラーは、何匹かのペットと解剖用の死体三〇体を狙いどおりに、しかもなかなか手際よくミイラにしている。まだ料金を払った人をミイラにしたことはないが、すでに一〇〇人以上が前払いを終えているという。このサービスはアメリカの多くの葬儀場でおこなうことができる。

ミイラはこの先どれくらいもつのだろうか。コーキー・ラーはこの問いにため息をつく。青銅器時代が終わってからそれほどたっていないので、じっはじゅうぶんなデータがない。「四〇〇〇年から五〇〇〇年前の青銅器が見つかっているのは確かです」というのがラーのせいいっぱいの答えだ。

たとえマミフォームの寿命が一〇万年だとしても、地球の時計にしたらほんの一瞬である。いずれあなたは間違いなく塵になる。運命の気まぐれで雨や風に耐え、地球の地殻変動にも負けなかったとしよう。それでも最後には——

あなたは塵になる。

地球もまた塵に返る

なにしろ、地球そのものが塵になるのだ。太陽は、中心の炉で水素をヘリウムに変換することで輝いている。水素を使いつくすとしだいに熱くなり、膨れあがって「赤色巨星」と呼ばれる状態になる。かりに、現在の太陽がブドウの粒くらいの大きさだとすると、地球は約一メートル半離れたところを回っている砂粒である。ところが、太陽が赤い巨星になったら、ブドウの粒は膨らんで砂粒を呑みこんでしまう。

以前のシミュレーションでは、地球はこの恐ろしい事態を避けられるという結果が出ていた。だが、リー・アン・ウィルソンはもはやそんな甘い考えを抱いていない。アイオワ州立大学で物理学と天文学を研究するウィルソンは、みずからコンピュータでシミュレーションをおこない、二〇〇〇年のはじめに気のめいるような未来を示してマスコミをにぎわせた。

「あんなに人気者になったのは、あとにも先にも地球を焼いてしまったときだけですよ」とウィルソンは茶目っ気たっぷりに話す。

老いた太陽が膨らみはじめると、大量のガスを吐きだして軽くなる。これまでのコンピュータ・モデルでは、太陽が軽くなればその分重力が弱まるのだから、地球は今の軌道を外れて太陽から遠ざかり、難を逃れると考えられていた。

「すべては、太陽がどれくらい軽くなるかにかかっています。地球が燃えつきて塵になるのか、人類の記念碑としてかろうじて塊が残るのか」とウィルソンは説明する。しかし、彼女の計算どおりなら、黒焦げの塊でさえ贅沢な望みといえそうだ。

もちろん、人間がそうした光景を胸張り裂ける思いで見守れるわけではない。太陽に呑みこまれるまでもなく、地球はひどく不健康で塵だらけの星になる。私たちがいつものように地球を汚すからではない。太陽が日に日に熱くなっていくからだ。

ローレンス・リヴァモア国立研究所のケネス・カルデイラも、コンピュータを使って地球の運命を占おうとしている。彼のテーマは、ウィルソンの予言どおり地球が焼けるまでにどれくらい時間がかかるかだ。カルデイラの予想では、地球がじわじわと熱せられていけば、あとわずか一〇億年ほどで大気の化学成分はすっかり変わってしまうという。植物は残らず枯れて死にたえ、生き物たちが墓場に向かうゆっくりした行進が始まる。地球が本当に塵まみれになる頃には、人間はもういない。

「一五億年もすると地球の気温が上がって、海から蒸発する水蒸気の量が増えます」とカルデイラは予測する。水蒸気が対流圏（地表面に近い大気の層）におとなしく留まって地上に雨を運んでくれればいいのだが、そううまくはいかない。大気の気温が高すぎて水蒸気が冷えず、水滴になることができないのだ。どんどん上に昇っていって、ガスが希薄な成層圏にまで達する。

「水蒸気が成層圏に入ると、紫外線の攻撃を受けて分子の結合が壊れます。すると、水素原子の活動が活発になります。水素原子は軽いので非常に高速で動きまわり、ついには重力を振りきって地球を飛びだしていってしまうのです――永遠に。海が干上がったらどうなるかって？　たぶん地球はかなりほこりっぽい星になるでしょうね」

地球が塵と岩だけの熱く不毛な球になっても、タフなバクテリアはどうにかもちこたえるだろう。それでも最後は、バクテリアですら塵に返る運命に逆らうことはできない。海が干上がってから数十億年が過ぎると、膨れあがった太陽が煮えたぎる赤い壁となって地球に迫り、摂氏三〇〇〇度を超える灼熱の炎を吹きつける。遺灰を乗せたロケットのエンジンが大気につかまってスピードを落とすように、赤い巨星のまわりを回る地球のスピードもしだいに遅くなっていく。

「地球は回りながら少しずつ太陽に近づいていきます」とリー・アン・ウィルソンはいう。「太陽の本体は濁ったガスです。そこに近づくにつれて地球はどんどん熱くなっていきます。そして、ガスのなかに入ったとたん、地球は蒸発するのです」

地球をつくっていた石英や花崗岩、鉄や金、新しい骨に古い化石、ほうぼうに転がっているかもしれないステンレス製のマミフォーム。すべてが蒸気となって、巨大な太陽の大気を駆けめぐる。砂漠も山も油田も、人の命を奪う鉱物も、ことごとく燃えつきてガスになる。綿ゴミも掃除機も、真赤に燃える火葬炉のなかで一瞬のきらめきを残して消えていく。

この奇妙な蒸気から、真新しい塵が生まれるかもしれない。

「寿命の終わりに近づいた太陽は、いわば巨大で軽い球です。これが、一年弱の周期で膨張と収縮をくりかえします」とウィルソンは続ける。太陽はゆっくり脈動しながら強烈な衝撃波を放ち、衝撃波は太陽の大気を走りぬけていく。

「衝撃波によって大気のガスが圧縮されると、ガスの温度は上がります。ですが、ふたたび膨張すると、今度は温度が下がって塵ができます。この塵は、つぎにまた熱せられる周期がきてももちこたえます。そして、冷える周期がくるたびに塵は大きくなっていくのです」

地球の蒸気の一部は、この脈打つ大気のなかでふたたび固まることができるだろう。ニッケルと鉄に石英を混ぜたような粒子が、つながり合ってしだいにふわふわした塵になる。

やがて、地球の塵は太陽風に乗って銀河系の彼方へと漂っていく。まもなく太陽自身が、体を震わせて外側の層をきれいに振りはらう。飛びちったガスはきらめきながら、単純な元素の塵に変わる。

ところで、地球には生きのびるチャンスもあることをつけ加えておこう。うまくすれば、地球は太陽にも呑みこまれず、断末魔の苦しみからも逃れられるかもしれない。ミシガン大学の物理学者で、かつてウィルソンの教え子だったフレッド・アダムズは、『宇宙のエンドゲーム』(竹内薫訳、徳間書店)というじつに楽しい本のなかで地球がたどる運命の候補をいくつかあげている。そのひとつは、太陽系に迷いこんできた「赤色矮星」（小さくて暗い星）が、重力の作用で地球を冷たい宇宙の彼方へ弾きとばすというものだ。こうなれば地球の寿命は一〇兆×一兆×一兆年（一のあとに〇が三七個並ぶ）も延びるとアダムズはいう。ただし、悲しいかなその歳月は、凍てつく寒さと孤独を友とすることになる。そして最後は、「陽子崩壊」と呼ばれる原子内部のプロセスがひそかに進んで地球は消えうせる。アダムズは、地球が今後二〇億年以内にこの道を歩みはじめる確率を計算してみた。

「およそ一〇万分の一です。こんなオッズじゃ誰も大金を賭けないでしょうね」とアダムズは笑う。

「でも、たいていの宝くじはこれより低い確率なんですよ」

アダムズはもっとバラ色の未来も思いえがいているのだが、そちらはさらに可能性が低い。赤色矮星が一個ではなくふたつひと組で回転しながら太陽系に入ってくれば、地球は弾きとばされずにうまく取りこまれて、その星々の家族になる見込みが出てくるというのだ。赤色矮星は温度が低く、燃料を少しずつしか使わない。だから、地球が赤色矮星のまわりを回るようになれば、暖かく無傷なまま何兆年も生きられるかもしれない。熱い太陽にしがみついているよりはるかに長生きできる。このシナリオの場合も、最後は原子内部の作用によって地球は消えうせる。こうなる確率は？　三〇〇〇万分の一だ。

「塵をつくるには、地球を太陽に食わせるのがいちばんですよ」とアダムズはいう。しかも、ウィルソンもアダムズも認めるように、そうなる見込みはかぎりなく高い。

人間の死体をハゲワシに与えると、体をつくっていた元素は食べられ、そして外に出され、また別の生き物に食べられては外に出される。こうして元素は、さまざまな生命をめぐりながら生まれかわりをくりかえしていく。地球の残骸もきっと同じ道をたどるだろう。

私たちは宇宙の塵を一〇〇億年のあいだ貸してもらって、太陽系をつくっている。返すのは何十億年も先だが、その時がきても宇宙はまだ育ちざかりの子供だ。返した塵は何度も何度も生まれかわっていくにちがいない。

銀河のはるか彼方に流されてから数十億年。地球の塵はどこかの黒い雲に引きよせられて、星の揺りかごの一部になった。わずかな地球の塵が、生まれでる星の中心部に取りこまれる。その星を回る惑星の材料となる塵もある。生まれた星が大きければすぐに爆発し、古い塵もできたての塵も一緒にまき散らして銀河に返すだろう。

星々が生まれかわるたびに、宇宙の塵は増えていく。数兆年が過ぎるころには、塵がますます星明りをさえぎるようになり、夜空は暗くなるだろう。星自体も塵の多い燃料を燃やすしかなくなって温度が下がり、輝きが薄れる。宇宙が年をとるにつれて、奇妙な星も登場するとアダムズは予言する。内部に塵が溜まりすぎて温度が上がらず、大気を氷の結晶が飛びかっている星だ。

そしていつか、物置でほこりをかぶった古新聞のように、年老いた宇宙は少しずつ塵に埋れて消えていく。

解　説

岩坂　泰信

この本は、宇宙の塵から大気中に漂っている塵、海の中や氷の下の塵、家庭の中の塵（ハウスダスト）にいたるまで、きわめて多様な塵をめぐる話題を広く深く取り上げている。著者は、専門家相手の本ではないと断りつつも、私のような、この方面の研究者が読んでもわくわくするような、最新の話題をうまく料理してくれている。目に見えない塵が、自然界のさまざまな不思議な現象を演出し、地球環境から人間の健康まで、いろいろなところで重要な役回りを演じていることを読者に示す、この分野を紹介する格好の道案内の書といえる。

宇宙の塵や惑星間塵の研究は、五〇年以上の歴史があろう。大気中の塵については、日本でも一九六〇年代頃から、気象学や地球環境科学の研究者を中心に始まり、それが近年になって、大変盛んになり活況を呈している。少数ながらも生物学や医学の研究者との横断的研究へと発展しつつある。著者が本書で述べているように、この方面の生物学や医学は、未知の大陸であり、大きな可能性を秘めている。若い研究者の参加が待たれるところである。現在、気体中に分散する微小な粒子を多方面から研究するエアロゾル学が世界の各国で育ちつつある。

ここでひとつだけ、お断りを専門家の方のために述べておく。著者は、気体の分子が集まってできたばかりのきわめて小さな粒子（このごろの流行の言葉で言えばナノ粒子）から比較的大きい粒子（砂塵やスス）までを塵と呼んでいるために、ややとまどう向きがあるかもしれない。たとえ同じ化学組成でできていてもあるいは同じ形状であっても、大きさが異なればその機能が異なるからである。でも、少し注意深く読めば、前後の関係からどのようなものをさしているか、あるいはどのような性質を言わんとしているか見当が付くだろう。

地球温暖化と「黄砂」

さて、本解説では、とりわけ日本と関連の深い「黄砂」を中心に、その研究の一端を解説してみたい。というのも、本書は、英語圏の読者を想定し、北アメリカやヨーロッパの視点から一部の記述が書かれているという印象があるからである。黄砂は、とりわけ西日本ではおなじみのものであり、東日本でも春ともなれば空がなんとなく霞がかかったような日が続いたりする。気象台は、黄砂という報告を出していないかもしれないが、このようなときは中国から砂塵を含んだ空気が流れこんでいる場合が多い。韓国では、昼間なのに空一帯が黄砂のために薄暗くおおうときがあり、「黄砂注意報」を発し、学校が休校になったり、外出を控えるように注意を促したりする。黄砂は、中国やモンゴルの乾燥地域で巻きあげられた砂塵が偏西風の影響を受けて、日本の上空へ運ばれてくる現象をさすことが多い。ときには、そのようにして運ばれてきた砂粒の一つ一つを黄砂といったりもする。

地球環境の分野では、黄砂はいまや世界の注目を集めている。二〇〇〇年から二〇〇二年にかけて、アメリカを始め多くの国が参加して大がかりな研究プロジェクトが北東アジアを舞台にして実施された。プロジェクト名はACE-Asia（関係者はエースアジアとよんでいた。アジアにおけるエアロゾルの性状の解明を意味する英語の語句を縮めたもの）。地球温暖化傾向を正確に理解する上で、黄砂が果たしている役割を解明する必要が強く認識されるようになったからである。

そこへいたる事情を少し述べておこう。地球温暖化問題は、地球環境問題の中でも最もむずかしく、ハードルの高い問題といわれており、有効な対策をとるために、先進各国はしのぎを削ってこの方面の科学的知見を増やそうとしてきた。ここ数年来、地球温暖化現象に大気中のエアロゾルがどのような関係を持っているか、熱い論争がくりひろげられてきた。きっかけになったのは、数値モデルによるコンピュータ・シュミレーションの結果であった。大気中の炭酸ガス濃度が上昇してきた過去数百年の気温の変動をコンピュータで再現しようとすると、およそ現実離れした気温の変動が示され、二〇〇〇年ごろには現実の温度に比べかなり高温の状態が出現することになるという結果がしばしば得られた。この答えに対する考え方はさまざまであった。

最も否定的な意見は「シュミレーションの結果などまったくあてにならない。そもそも地球の温暖化という現象そのものがありえないことなのだ」であった。この種の見解は、二酸化炭素（CO_2）の排出規制などに反対する人にとって都合の良いものであったために、過度に宣伝されたときもあった。それと対極的な意見は「シュミレーションは完全ではないものの二酸化炭素濃度の増加によって地球が温暖化する傾向は否定できない。地球温暖化傾向を左右する二酸化炭素濃度以外の要因が存在しているのであり、それらを加味すれば正しいシュミレーションができる」というものであった。

二酸化炭素以外の要因として、主に産業活動が原因で起こる（硫酸溶液からなる微小な）大気中のエアロゾル（本書12頁の訳注参照）発生を考慮に入れた数値モデルが作られ、早速テストされた。このモデルで気温の変化を再現してみると、過去の気温変化をきわめて具合よく再現できた。過去を再現できたということは、将来予測にも有効なモデルであろう。そうなれば、このモデルを地球温暖化の対策に

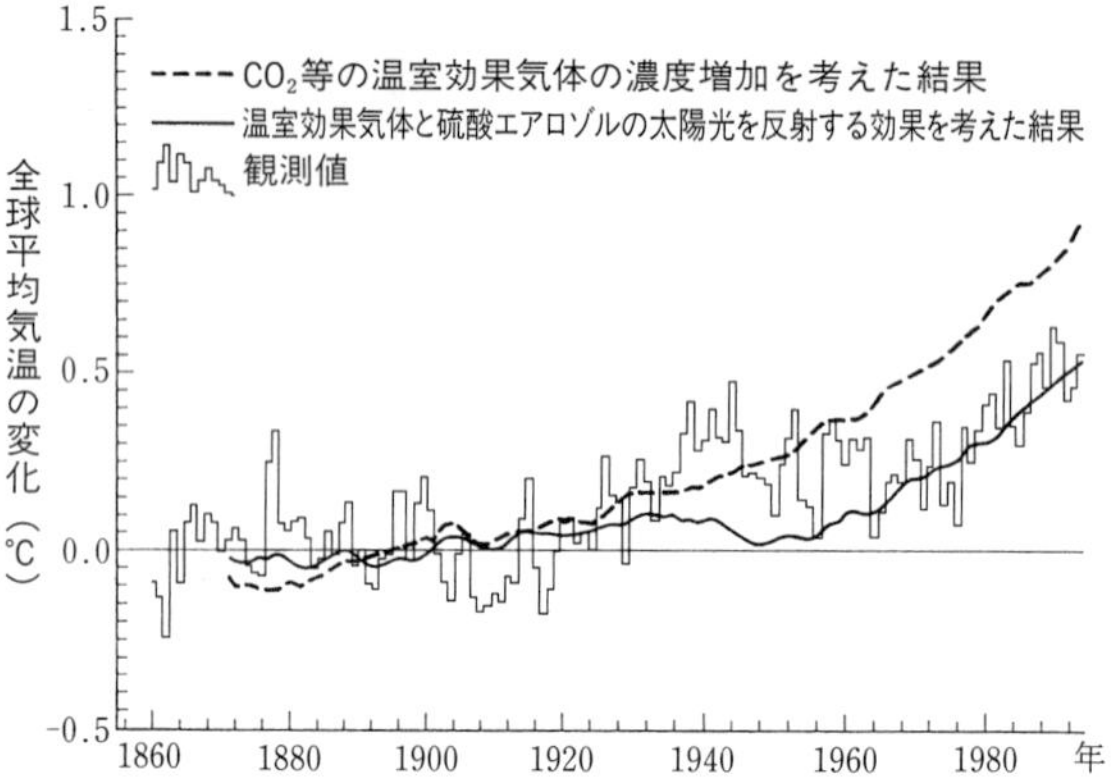

第1図　1860－1990年の全球平均地表面気温の計算値と観測値の比較（Houghton et al.,1996から引用）。気温は1880－1920年の平均値からの偏差として表わされている。

も使えるだろう。第1図には、硫酸塩エアロゾルの効果を入れたシュミレーションと、入れなかった場合のシュミレーションの結果が比べてある。このときの考え方は、以下のようなものである：

- 化石燃料の使用によって二酸化炭素のほかにも二酸化硫黄（SO_2）も発生する。
- 二酸化硫黄は、一定の時間がたつと硫酸の微水滴（硫酸塩エアロゾル）になって大気中に漂う（この間に、太陽の光を反射することで地球を冷やす）。
- 大気中に漂う硫酸塩エアロゾルは一定の寿命のあと大気から除去される。

関係者が驚いたのは、このような単純な仮定のもとでおこなったシュミレーションですら、実際に起きた変化をよく再現したことであった。こうした結果などから、大気中のエアロゾルは、地球温暖化予測をする上できわめて重要な物質ということになった。それでも、本書に述べられているようにエアロゾルは一筋縄ではゆかない代物である。大気中にはさまざまなエアロゾルがある。さらに精緻な検討を加えてみると、アジア地域では先ほど述べた硫酸塩エアロゾルに加えて「黄砂」が、大変重要な役目を果たしていると予想されるようになったのである。

黄砂と大気汚染物質の奇妙な関係

黄砂は、大気中を浮遊するあいだに、太陽放射を散乱したり吸収したりすることで地球の温暖化を加速したり緩和したりする。このことは、程度の差こそあれ、ほかのエアロゾルと本質的には同じである。興味深くもありまた話をややこしくしているのは、この黄砂粒子が大気汚染物質である硫黄酸化物（SO_x）や窒素酸化物（NO_x）を吸収するらしいのだ。

第2図に示すように、北東アジア－北西太平洋地域の砂漠地帯（黄砂の発生源）と人間の活動が活発な地域（大気汚染物質の放出源）は、風上と風下の関係になっている。このために、「放出された汚染物質がもとになって硫酸エアロゾルや硝酸エアロゾルが作られ、それらが浮遊している」という簡単なシナリオが成り立たない。少なくとも、放出された汚染ガスの何割かは、風上から流れて来た黄砂が吸収していると考えられる。黄砂がこのようなガスを吸収すると、黄砂の表面ではさまざまな化学反応が生じて、やがて表面は反応生成物によって覆われるに違いない。そのような「汚れた」黄砂と、「汚れていない」黄砂とでは、太陽放射に対する効果も異なる。この点から見ると、黄砂と、アフリカのサハラ砂漠の砂塵とは、同じ砂粒といえども地球環境という視点から見れば、その役割は大きく異なる。おまけに、地球温暖化を抑制する役目の硫酸エアロゾルの発生量は、黄砂の存在によって押さえられることになる。

じつは、黄砂が浮遊してくる高度は、地表付近ではなく、高度数キロメートルであることが多い。この黄砂の浮遊高度と、黄砂粒子が遠くまで、時にはアメリカ大陸や北極圏まで、飛んでゆくこととは大いに関係がある。数キロメートル上空になると、大気の運動は地表面の影響を受けることが少なくなり、

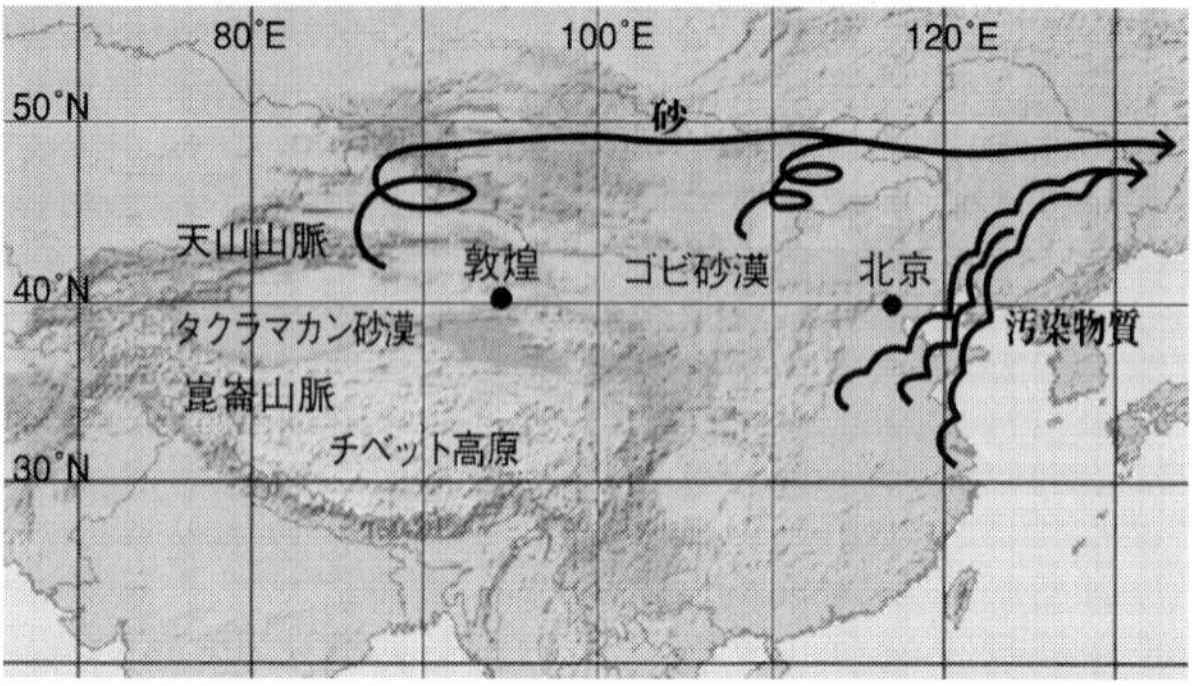

第 2 図　砂漠から砂が、沿岸・都市部からは汚染物質が巻きあがって、一緒になって太平洋へ流れるイメージ。

比較的遠くまで大気成分を運ぶことができる。地上近くで見出される黄砂粒子は、数キロ上空を浮遊してきた粒子が何かの原因で空気が沈降するのに伴って地上付近にやってくることが多い。こうしたイメージが得られるようになったのは、日本の研究者の貢献が大きい。

日本で黄砂の研究が本格化し始めた一九七〇年代の終わりから一九八〇年代初頭にかけて、ライダー（レーザ光を大気中に発射し対象物からの反射光を観測する装置）と呼ばれている装置で黄砂の流れてゆく高度を調べることがはじまった。しかし、反射光が本当に黄砂からのものなのかどうかは、当時はわからなかった。当時、黄砂の層と考えられた根拠は、「気象台から黄砂の報告があった日に、ライダー観測したら上空から以上に強い反射光が戻ってきた」というものであった。「そもそもこの装置で検出されているエアロゾルの層は、本当に黄砂の層なのか？」と改めて問われると、確信がもてないものであった。上空に行って「ライダーで黄砂の層であると判定された層」でエアロゾルを採集して、その層のエアロゾルの主な成分が黄砂なのかどうか、またほかの種類のエアロゾルと黄砂がどの程度混合しているのかなどを明らかにしたいという希望が出てくるのは当然であろう。

当時も今も、航空機を使った観測は、技術的な制約が多くなかなかむずかしい。私たちが、初めて飛行機を使った観測を始めたときにぶつかった問題は、上空でエアロゾルを採集する行為そのものに関する問題である。上空でエアロゾル粒子の状態であっても、その粒子を地上へ持ち帰ったときに、同じ姿や組成である保証はない。気圧も違えば、気温も違う。そもそも、飛行機は空気に対して相対的に相当の速さで移動している乗り物で、静止しているものに、飛行機のような高速で移動する巨大な物体がぶつかったときのことを想像してみると良い。空気中を浮遊しているエアロゾルを飛行機に乗って採集するということは、うっかりするとそのようなことになりかねない。

エアロゾル粒子の身になって考えて見ると、「ふわふわと浮かんでいるうちに捕集器に捕まった」という気分で捕まれば、捕まることによって形や組成が変化することは少ない。しかし、勢いよくぶつかって捕まるようであれば、形は変形するだろうし、ぶつかったときの衝撃で発生する熱によって蒸発しやすい成分はエアロゾルから抜けてしまう。この課題は、現在でも十分解決していないが、ある限られた問題であれば工夫次第で航空機を使ったエアロゾル採集はそれなりに力を発揮する。

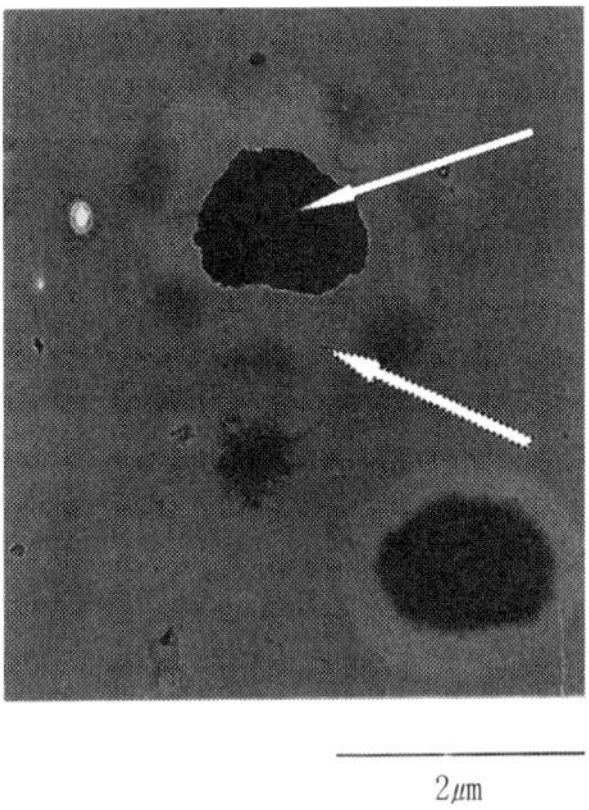

第3図　4キロメートル上空で捕まえたエアロゾルの電子顕微鏡写真。白い矢印の部分は黄砂粒子で、点線の矢印の部分は黄砂表面から染み出した水溶液。

第3図にあるのは、苦労の末に採集した黄砂の電子顕微鏡写真である。写真が示す映像は、一見していかにも砂粒らしく不規則な形をしている。元素分析をしてみるとこの粒子にはアルミニュウム（Al）やシリコン（Si）など、鉱物に含まれている代表的な元素が検出される。このようにし

て、ライダー観測によって見出されている高濃度エアロゾルの層が黄砂層であることが次第に広く認められるようになったのである。黄砂の周りに硫酸の溶液（浮遊している間に硫黄酸化物等を吸収してできた）をまとった黄砂も飛行機観測でつかまっている。

本書では、アジア大陸からやってくる塵（黄砂やその他のエアロゾル）を調べているアメリカの研究者が登場している。アメリカの研究者が黄砂のどのような点に関心を持っているのかを知る手がかりになろう。

いのちの母としての黄砂——赤雪の謎

また本書では、塵と健康の関係が盛んに語られている。日本では、室内の埃や掃除機から出てくる埃などについての関心は古くからあったし、塵が出るメカニズムについても工学面での調査は多くあるが、健康管理面あるいは大気環境面から掘り下げた研究は少なく、これからの大きな課題である。一方、ヨーロッパやアメリカでは古くから森林浴などに関心が高く、森林で発生したエアロゾルをさまざまな病気の治療に利用しようとしてきた経緯がある。このような風土は必然的にエアロゾル研究にも反映している。ただ、人への影響ということに限らず「生き物と黄砂」ということであれば、日本の研究にも興味ある話題がないわけではない。

かつて日本では、住民の多くは農業に従事していた。このような時代はいつでも、人間は自然の変化に対して鋭い観察者である。「黄砂がよく飛来する年はムギの生育がよろしくない」などの言い伝えが残されている。比較的新しい話題では、赤雪（あかゆき）であろう。日本海側の地方では、春先に山間の残雪に黄砂が落下して雪面を薄く茶色に染めることがある。ときには、雪面が赤みを帯びた茶色になることがある。

このような雪面を赤雪と呼んでいる地方がある。赤雪の正体は小さな生き物（雪虫（ゆきむし））である。この小さな生き物の体内の臓器が透き通って見えるために、一見雪面が赤くなったように見える。ここで問題にしたいのは、この現象そのものの不思議さではなく、なぜこのような微生物が雪面で生きているのか、である。ここに、黄砂が関係しているという意見がある。

ここから先は想像をまじえた話であることをお断りして述べる。雪面に黄砂が落下する。太陽の光を吸収して黄砂粒子の温度が上がると、雪面を溶かし小さなプールを作る。プールの水溶液には黄砂粒子から生き物が必要とするミネラルなどが溶け出す。雪虫はそのような環境を利用して生息しているのであろう。言い換えるなら、黄砂は少なくともこの種の微生物が必要とするものを持っており、しかも通常であれば運びこまれることがないような場所でさえ、大気中を浮遊するという手段で運びこむことがあるのである。

次は海に落下する黄砂の話題。中国やモンゴルの乾燥地域から飛び出した黄砂粒子が、大気中で窒素酸化物を吸収しながら風下へ拡散し一部は海へ落下する。この窒素は、栄養塩の少ない海域にいる微生物にとってはまたとない栄養塩となろう。多量の栄養塩が河川から海へ流れ込みプランクトンの異常発生を見ることは、日本の沿岸部では日常茶飯事になっている。沿岸部が工場や家庭からの排水によって富栄養化するためである。かつて、河川や湖の浄化のために、家庭で使用される洗剤についても燐を使わないなどの規制が盛んにおこなわれた。工場のみならず、一般の家庭からも富栄養化の原因物質が多量に排出されたためである。しかし、広い海洋の中ほどではそのような河川水の影響を受けることはなく、一般的には栄養塩にとぼしい海域である。しかし、そのようなところでも微生物が生活している。

このような海域、たとえば中部太平洋などに住んでいる微生物は、必要とするミネラルや栄養塩の一

第4図　敦煌での気球観測の様子。

部を空から降ってくる黄砂に頼っていると考えられている。海の微生物は、地球表層の炭素循環に大きな役割を果たしており、二酸化炭素が海に吸収される過程は海の微生物の活動によるところが多い。炭素循環を理解することは、二酸化炭素濃度の予測を正確におこなうには必須のこととされている。また、海の微生物は海の生物の食物連鎖の基盤を形成している。このように海の微生物活動の消長は、地球環境を左右する大きな要素である。この海の微生物の活動が、黄砂から大きな影響を受けているらしいのである。

砂塵が大気中を拡散しやがて海に落下した後には、このように海の微生物の活動に大きな影響を与えているらしい。だが、場所が場所だけに観測例が少なく、詳細は謎に包まれている。人工衛星による大西洋の「海の色」の観測では、サハラの砂塵が大西洋を渡っていくときの通り道にそって、海の微生物の活性が高いことを示す証拠があるといわれている。日本でも、ベーリング海を舞台にしたこの種の観測が始まっている。

話は変わるが、日本の産業の主役は、いまや、精密電子機器や情報である。コンピュータはいたるところで使用され、その利用範囲はとどまるところを知らないがごとくに見える。春先に半導体や精密電子機器の不良品が出ることが多いことが話題になったことがあった。黄砂はその有力な犯人候補であったが、犯人を特定しないうちに空調技術が進歩して、問題は沙汰闇になった。とはいえ、いかにも日本らしい事件であった。

黄砂が地球環境にどのような影響を与える可能性があるかについては、拙著『環境学入門　大気環境学』（二〇〇三年、岩波書店）などにも述べてある。

日本の黄砂研究は、ここ数年で大きく裾野が広がっている。現在も、数多くの現地調査が中国の砂漠地帯でおこなわれている。第4図に示すのは、タクラマカン砂漠の東の端に位置する敦煌市でおこなわれている観測風景のひとこまであり、気球を上げて上空の砂塵を採集しようとしているところである。アメリカの研究者の層の厚さは大変なものであるが、中国、韓国、日本などの研究者が地の利を生かした研究を展開しており、これらの成果がしばらくすると次々と日の目を見ると思われる。

本書が、日本の研究者へのいい刺激と鼓舞となり、ますますいい研究が生まれることを望むとともに、一般の読者との橋渡しとなり、理解と交流が深まることを期待する。

訳者あとがき

「塵の本を訳してみませんか?」というお話をいただいたとき、これは罰だと思った。日頃、掃除嫌いを公言して家のなかにほこりを溜めこんでいる私に、「塵の本を訳してハウスダストの恐ろしさを思い知れ!」という天罰が下った気がしたのである。

その予想はある意味では裏切られた(もちろんハウスダストが予想以上に恐ろしいことは身にしみたが)。塵はハウスダストだけではない。目に見えない微粒子を「塵」と捉えるなら、塵は宇宙にも世界にもひしめいていて、さまざまなところで私たちと密接に結びついていた。塵は恐ろしいものであり、なくてはならないものであり、大いなる不思議を秘めたものだったのである。地球も私たちも塵から生まれ、膨大な量の塵に取りまかれて一生を送ったあと、最後は塵に返る。ほとんどの読者はそんなことを少しも意識せずに暮らしてきただろう。だが、本書を読みおえた今、どこか世界がほんの少し違って見えないだろうか? 少なくとも、当分は何かにつけて塵のことが気になってしかたなくなるはずだ(私もそうだった)。それほどのインパクトを塵は、そしてこの本はもっている。

本書の原題は*The Secret Life of Dust : From the Cosmos to the Kitchen Counter, the Big Consequences of Little Things.* 副題のとおり、宇宙の塵からキッチンの塵までじつに多彩な塵が登場する。これだけ幅広い分野の研究を調べあげるのだから、著者の好奇心と行動力は半端ではない。しかも、ユーモアを織りまぜながら、わかりやすい語り口で読者を塵の世界に引きこんでいく。本書には目からうろこが落ちるような発見や、思わず人に教えたくなる話題も満載だ。小さな相手と格闘する研究者たちが生き生きと描かれている点も、各章に魅力を添えている。

といっても、楽しい話ばかりではない。うしろに進むにつれて塵の「悪玉」としての側面が浮きぼりにされていき、息苦しさすら覚える。気候や健康などへの塵の影響は、私たちに直接かかわってくる問題だ。巻末の解説にもあるとおり、近年こうした分野の研究は世界中で盛んになっている。本書に登場する研究者をはじめ、日本や世界の第一線の塵研究者たちが今後何を明らかにするのか、非常に注目されるところだ。著者は8章の終わりでこう書いている。「これからも研究が進むにつれて、塵に対する私たちの考え方は大きく変わっていくだろう」。二一世紀は、目に見えない塵の働きがますますクローズアップされる時代になるにちがいない。

ちなみに、本書がアメリカで刊行されたのは二〇〇一年七月である。日本語版の刊行までに少し時間があいたおかげで、当時の著者にとっては「未来」だった出来事を、現実のものとして目の当たりにすることができた。ひとつは、3章でも取りあげた日本の小惑星探査機「はやぶさ」が、無事二〇〇三年五月九日に打ちあげられたことだ。さらに二〇〇四年一月二日には、彗星探査機の「スターダスト」がヴィルト2彗星の塵採取に成功するという嬉しいニュースも飛びこんできた。ふたつの探査機がどんな塵をもち帰るのか、その塵が私たちに何を語ってくれるのか、今から楽しみでならない。

著者のハナ・ホームズは、雑誌やオンラインメディアを中心に活躍するサイエンス・ライターである。初めての著書となる本書は、優れた科学ノンフィクションに贈られるアヴェンティス賞の二〇〇二年度最終選考に残った。惜しくも受賞は逃したものの、目立たぬ塵の素顔を鮮やかに描きだしながら、読み物としてのおもしろさも兼ね備えた点が高く評価されたようである。次はどんな本で私たちを楽しませてくれるか、大いに期待したい。

なお、原書には写真や図が一枚も載っていなかったが、編集部の意向により、日本語版にはカラー写真を含む約二〇枚の図版を盛りこんだ。きっと本文の理解に役立つことと思う。写真の多くは、本書にも登場する人々をはじめ何人かの研究者に直接お願いして掲載を許可していただいたものである。なかでも、個人所有の写真を快く提供してくれ、何度か暖かいメールのやり取りをしてくれた、寒冷地研究工学試験所のスーザン・テイラーSusan TaylorとスミソニアンSmithsonian熱帯研究所のドロレス・ピペルノDolores Pipernoには、あらためて感謝の気持ちを伝えたい。Thanks!

本書の出版にあたっては、大勢の皆さんに助けていただきました。この場を借りて深くお礼を申しあげます。とくに、監修の岩坂泰信先生には貴重なアドバイスをいただきました。また、紀伊國屋書店の水野寛さんには何から何までお世話になりました。素晴らしい本と出会わせてくださり、一冊の本をつくる楽しさと苦労を学ばせていただいたことに、心から感謝しています。

二〇〇四年二月

梶山あゆみ

喘息患者の肺はふつうの人とどう違うのか？　この図で確認してみよう（"Table of contents" から "1. What Is Bronchial Asthma?" に入る）：http://www.asthmacenter.com/index2.html

米国アレルギー喘息免疫学会も喘息について深く掘りさげている：http://www.aaaai.org/patients/resources/default.stm

11章　塵は塵に

アメリカの州別の火葬率や、遺灰の処分方法にかんするデータなど、さまざまな情報が掲載された北米火葬協会のサイト：http://www.cremationassociation.org

インターネット火葬協会のサイト。各種情報のほか、骨壺の販売や散骨サービスなどをおこなう業者のサイトへのリンクもあり：http://www.cremation.org

イルカ形のケースに遺灰を詰めてほしいと思う方、「Majestic（マジェスティック、「荘厳な」の意）という名前の骨壺に興味がある方、遺灰をまくのにどんな方法があるかを知りたい方。火葬ファンのためのリンクが充実したこのサイトは要チェック：http://www.urnmall.com

火葬専門会社、ネプチューン協会のサイトで、最寄りの火葬場を確認してみよう。ネット経由で、自分の火葬や散骨の予約もできる：http://www.neptunesociety.com

遺灰を混ぜてつくった岩を海に沈めている会社はこちら：http://www.eternalreefs.com

遺灰を宇宙に打ちあげている会社はこちら：http://www.celestis.com

土葬派の方は、棺や埋葬室や墓石が注文できるこのサイトへどうぞ：［訳注：現在このＵＲＬにはアクセスできない］http://www.thefuneralstore.net

ミイラ派の方はサマム社のサイトへ。ミイラ関連の情報に加えて、霊性を高めるためのニューエイジ風の書籍やCDなども紹介されている：http://www.summum.org

私たちの太陽が最期を迎えて外側のガスの層を振りはらうときには、超新星の場合のような大爆発にはならず、「惑星状星雲（planetary nebula）」（実際は惑星ではないのだが、見た目が惑星に似ていたためにこの名がついた）と呼ばれる輝くガスの花となって宇宙に花開く。ハッブル宇宙望遠鏡がとらえた惑星状星雲の美しい写真はこちらで：http://hubblesite.org/newscenter/archive/1997/38/image/b

くった家や教会、教会のフレスコ画、何キロも迷路のように続く薄暗い地下都市の写真もあり：http://www.hitit.co.uk/regions/cappy/About.html

あなたの住んでいる町は、産業が生みだした塵で汚れていないだろうか？　米国環境保護庁の「有害物質排出状況データベース」のサイトでチェックしてみよう。郵便番号を入力すると、アメリカ国内の郡単位での汚染状況が確認できる：http://www.epa.gov/tri

あなたの職場の塵は大丈夫？　米国立労働安全衛生研究所（NIOSH）のサイトには、職場の塵にかんする数々の研究やデータがまとめられている：http://www.cdc.gov/niosh/homepage.html

NIOSHの「Work-Related Lung Disease Surveillance Report, 1999（1999年職業性肺疾患調査報告書）」には、塵の多い職場に特有のさまざまな肺疾患について、症状の説明や死者数などがまとめられている：http://www.cdc.gov/niosh/docs/2000-105/2000-105.html

どんな病気でどれだけの人が亡くなっているのか、米国疾病対策センターのサイトでチェックしてみよう。膨大な数の病気について、症状の説明や、死亡率などのデータが網羅されている。「Hoaxes and Rumors（デマや流言）」のコーナーもお見逃しなく：http://www.cdc.gov

おそらく世界最大の病理学サイト。病気や死について知りたかったことのすべてがここにある。症状の詳しい説明はもちろん写真も豊富。巨大なページなので読みこみに時間がかかるが、待つ価値はある：http://www.pathguy.com/index1.html

10章　家のなかにひそむミクロの悪魔たち

米国環境保護庁と消費者製品安全委員会による、室内空気汚染にかんする読み物。タイトルは「*The Inside Story: A Guide to Indoor Air Quality*（室内空気汚染の現状と対策）」：http://www.cpsc.gov/cpscpub/pubs/450.html

小麦粉には虫の足が何本までなら入ってもいいのか？　米国食品医薬品局のサイトには、アンズからトウモロコシの粉までいろいろな食品の純度の基準が掲載されている：http://vm.cfsan.fda.gov/~dms/dalbook.html

驚異の「ダニ・サイト」。かくも美しく、かくも奇妙なダニたちの見事なカラー写真を見てみよう：http://www.uq.edu.au/entomology/mite/mitetxt.html

全米肺協会のワシントン支部がまとめた、室内空気汚染にかんするわかりやすい読み物：http://www.alaw.org/air_quality/indoor_air_quality/

喘息について説明した米国立心臓肺血液研究所のサイト：http://www.nhlbi.nih.gov/health/public/lung/index.htm

ト』誌に発表した記事「Rapid Climate Change（急激な気候変動）」。地球の気温は急速に変動しうるという最近の知見を詳しく解説：http://waiscores.dri.edu/Amsci/Taylor.html

アメリカ南西部で気候と塵がどのように影響を及ぼしあっているかを研究した米国地質調査所（USGS）のレポート。サンホアキン・ヴァリーで砂塵嵐が起きた際に、凄まじい高さまでそびえ立った砂塵の壁を上空からとらえた写真もあり。このサイトには、本ページ以外にもUSGSのさまざまなプロジェクトや研究成果が紹介されている：http://geochange.er.usgs.gov/sw/impacts/geology/dust/

地球温暖化についてわかりやすく説明した米国環境保護庁のサイト。「What can I do（温暖化を食いとめるために自分は何をすればいいか）」のコーナーもあり：http://yosemite.epa.gov/oar/globalwarming.nsf/content/index.html

ダニエル・ローゼンフェルドが、衛星画像から「汚染雲の流れ」を読みとった方法が解説されている。他サイトへのリンクや、実際の「汚染雲の流れ」のカラー画像もあり：http://earthobservatory.nasa.gov/Study/Pollution/

8章　ひたひたと降る塵の雨

一部の熱烈な塵愛好家は、大きくておいしい作物を育てようと菜園に塵をまいている。「鉱物成分の再補給」の歴史や、成功事例などを掲載したサイト：http://Remineralize-the-Earth.org

このNASAのサイトには、砂塵嵐や大きな山火事など、大規模な現象をとらえた写真が満載。ここから入ってリンクをたどろう：http://www.gsfc.nasa.gov/photos.html

サハラの砂塵とカリブのサンゴ礁の関係を、写真を散りばめて解説したサイト：http://coastal.er.usgs.gov/african_dust/

肺、肺、肺！　肺疾患のことなら全米肺協会のサイトへどうぞ：http://www.lungusa.org/

国連環境計画のサイト。残留性有機汚染物質など、長いあいだ分解されずに空気中を漂う汚染物質にかんする世界の現状を紹介している。情報満載、リンクも豊富：http://www.chem.unep.ch/

きわめて小さいサイズの塵がいかに危険かを、きれいなイラストとともに解説した読み物。タイトルは「Small Particles - Big Problem（小さな塵が大きな問題）」。ダウンロードはこのサイトから：http://www.tsi.com/shared/ieg/iti_067.pdf

9章　ご近所の厄介者

カッパドキアの奇岩が織りなす美しい風景が写真で紹介されている。岩を掘りぬいてつアリゾナに落ちた隕石は恐竜を殺しはしなかった。だが、このクレーターを見れば、巨大隕石の破壊力の凄まじさがわかるだろう：http://www.barringercrater.com

花粉や、シダ類・コケ類の胞子など、大昔のミクロの化石を紹介するサイト。「Pollen grain of the month（今月の花粉粒）」や子供向けの解説コーナーもあり：http://www.geo.arizona.edu/palynology

火山が主役の米国地質調査所のサイト。世界各地の火山観測所へのリンクもあり：http://vulcan.wr.usgs.gov/home.html

ときに野火は、宇宙からもはっきり見えるほど巨大な煙の柱を吹きあげる。宇宙飛行士が写した地球のさまざまな写真はこちらで：http://eol.jsc.nasa.gov/newsletter/smoke/page1.htm

思わず目を見張るほど細部まできれいに映ったケイ藻の写真カタログ：http://www.bgsu.edu/departments/biology/facilities/algae/html/Image_Archive.html

6章　塵は風に乗り国境を越えて

巨大な砂塵嵐から生まれた砂塵の雲がアジアを飛びたち、太平洋を渡り、アメリカの空を曇らせた様子が、衛星の連続写真で紹介されている：http://daac.gsfc.nasa.gov/CAMPAIGN_DOCS/OCDST/asian_dust.html

1998年4月の「アジア直送便」（正式には“The Asian Dust Event of April 1998”と呼ばれている）に興味をもつ研究者が集まったサイト。経過の説明、画像（動画も含む）、議論など、情報が盛りだくさん：http://capita.wustl.edu/Asia-FarEast/

米国海洋大気局のサイト。日食や砂塵嵐、山火事など、重大な出来事の写真が掲載されている：http://www.osei.noaa.gov

ウェザー・モディフィケーション社のサイト。人工降雨についての情報が充実。雹を降らせる雲のイラストもあり：http://www.weathermod.com/services.htm

砂漠などのいろいろな地形を宇宙から写した写真。時代とともに環境がどう変化しているかに主眼を置いている：
http://edcwww.cr.usgs.gov/earthshots/slow/tableofcontents

7章　塵は氷河期に何をしていたのか

アイスコアを切りだして研究者に配布している米国立アイスコア研究所のサイト。「How it is done（方法）」のコーナーでは、切りだし、輸送、検査といった一連のプロセスを写真で綴った氷の世界のスライドショーが見られる。暖かい格好をしてご覧あれ：http://nicl.usgs.gov/process.htm

ネヴァダ大学砂漠研究所のケンドリック・テイラーが、『アメリカン・サイエンティス

が満載：http://www-curator.jsc.nasa.gov/dust/dust.htm

彗星って何だろう？　ハワイ大学で彗星を研究する天文学者、デイヴィッド・ジューイットのサイトで詳しく解説されている：http://www.ifa.hawaii.edu/faculty/jewitt/comet.html

小惑星についての解説なら、アリゾナ大学の月惑星研究所のサイトへ：http://seds.lpl.arizona.edu/nineplanets/nineplanets/asteroids.html

宇宙塵が氷河期を引きおこしたのか？　カリフォルニア大学バークリー校の教授、リチャード・A・ミュラーがみずからの研究の成果を語る。また、太陽には未知の伴星があるという持論も展開：http://muller.lbl.gov/

隕石のなかから大昔の星くずを取りだして調べているラリー・ニトラーのサイト。星くずからどんな情報を得られるかがわかりやすくまとめられている。宇宙のミニ・ダイヤモンドの写真もあり！：http://www.ciw.edu/lrn/psg_main.html

4章　砂漠の大虐殺

1930年代にアメリカ中南部を大砂塵嵐が襲ったときには、大勢の人が塵を吸いこんで肺炎になった。その悲哀を歌ったウディー・ガスリーの「ダスト・ニューモニア・ブルース」を聴いてみよう：http://chnm.gmu.edu/courses/hist409/dust/dust.html

風食の被害は1930年代で打ちどめになったわけではない。カンザス州立大学の風食研究所のサイトでは、その後も続く被害の状況を伝えている：http://www.weru.ksu.edu/new_weru/problem/problem.shtml

風に乗った塵は砂漠や岩石にどのような影響を及ぼすのか。米国地質調査所のサイトが素晴らしい写真やイラストとともに解説している：http://pubs.usgs.gov/gip/deserts/eolian/

オヴィラプトル（やそのほかたくさんの恐竜）のイラストはこちら：http://web.syr.edu/~dbgoldma/pictures.html

NASAの「Earth from Space（宇宙から見た地球）」のサイト。スペースシャトルから写した見事な写真が見られる。中国のタクラマカン砂漠やチャドのジュラブ砂漠で起きた砂塵嵐の写真もあり：http://earth.jsc.nasa.gov/sseop/efs/

5章　空を目指す塵たち

全米空中生物学会は、このサイトにニュースレターや会議の要約などを掲載している。カビや花粉についての最新の研究に興味のある方はこちらで：http://www.paaa.org

地球に注目したNASAのサイト。山火事をはじめとする地球規模の問題の数々を、写真を交えて解説した情報の宝庫：http://earthobservatory.nasa.gov/

参考ウェブサイト

［訳注：以下は、原書で著者があげている参考ウェブサイトをそのまま紹介している。サイトの内容はすべて英語で表示されているうえ、アメリカ国内のみの情報しか扱っていないサイトもあることを、あらかじめご了承いただきたい。写真やイラストは本文の理解にも役立つので、ぜひ参照してほしい。なお原書刊行以後ＵＲＬが変更になったものについては、わかる範囲で最新のものを反映させてある］

2章　星々の生と死

美しい天の川銀河とたっぷりの塵を写した写真：http://www.star.ucl.ac.uk/~apod/apod/ap980128.html

塵の円盤のなかで地球はどのようにして生まれたのか？　イラストつきでどうぞ：http://www.psi.edu/projects/planets/planets.html

赤外線カメラを使うと、レントゲン写真のように塵の向こうを覗きみることができる。このサイトで赤外線の威力を実感してみよう：［訳注：現在このＵＲＬはアクセスできない］http://www.ipac.caltech.edu/Outreach/Edu

宇宙塵を立体的に描いたイラスト：http://www.astro.ucla.edu/~wright/dust/

息を呑むように美しい黄道光の写真。ヘールボップ彗星のおまけつき：http://www.educeth.ch/stromboli/photoastro/comets/icons/habo07.jpg

宇宙で生まれた不思議な分子が地球に生命のもとを運んだのか？　NASA エームズ研究センターの宇宙化学研究所のサイトには、このテーマにかんする最新の情報や研究機関へのリンクが満載：http://www.astrochem.org/

（地球も含む）宇宙の生命を研究する宇宙生物学は、目覚しく発展している新しい分野である。この NASA のサイトには、最新のニュースや記事など豊富な情報が掲載されている：http://astrobiology.arc.nasa.gov/

生命のもとになる物質は、宇宙でどのように生まれるのだろうか。NASA の宇宙化学者、マックス・バーンスタインのグループがまとめたわかりやすい読み物。きれいなイラストつき：http://www.sciam.com/article.cfm?articleID=00067AE2-6A4B-1C72-9EB7809EC588F2D7［訳注：この読み物の和訳が『日経サイエンス』1999年10月号に「宇宙からやってきた生命のもと」として掲載されている］

3章　静かに舞いおりる不思議な宇宙の塵

彗星の塵のサンプルを地球にもち帰る宇宙船「スターダスト」のサイト：http://stardust.jpl.nasa.gov/

NASA の「塵の図書館」のサイト。塵のカタログには、宇宙からの小さな訪問者の写真

——. "Miras, Mass-Loss, and the Ultimate Fate of the Earth." Comments to AAAS, 2000. Published at: www.public.iastate.edu/~lwillson/homepage.html

U.S. Environmental Protection Agency. *Respiratory Health Effects of Passive Smoking*. Office of Research and Development, Office of Air and Radiation.EPA-43-F-93-003. 1993.

U.S. Food and Drug Administration. *The Food Defect Action Levels Handbook*. Center for Food Safety and Applied Nutrition. Revised May 1998. Published at: http://vm.cfsan.fda.gov/~dms/dalbook.html

U.S. General Accounting Office. "Indoor Pollution: Status of Federal Research Activities." GAO/RCED-99-254. August, 1999.

van Bronswijk, Johanna E. M. H. *House Dust Biology: For Allergists, Acarologists and Mycologists*. Holland. Published by the aurhor, 1981［邦訳：『ハウスダストの生物学』森谷清樹訳、西村書店、1990年］. Distributed by the author: j.e.m.h.v.bronswijk @allergo.nl

Wallace, Lance. "Correlations of Personal Exposure to Particles with Outdoor Air Measurements: A Review of Recent Studies." *Aerosol Science and Technology*, 32, no. 1, pp. 15-25, 2000.

——. "Real-Time Monitoring of Particles, PAH, and CO in an Occupied Townhouse." *Applied Occupational and Environmental Hygiene*, 15, no. 1, pp. 39-47, 2000.

Wouters, I. M., et al. "Increased Levels of Markers of Microbial Exposure in Homes with Indoor Storage of Organic Household Waste." *Applied Environmental Microbiology*, 66, no. 2, pp. 627-631, 2000.

11章　塵は塵に

Adams, Fred, et al. *The Five Ages of the Universe: Inside the Physics of Eternity*. New York: The Free Press, 1999［邦訳：『宇宙のエンドゲーム』竹内薫訳、徳間書店、2002年］.

Bay Area Air Quality Management District. *Permit Handbook*. Published at: www.baaqmd.gov/permit/handbook/s11co5ev.htm

Cremation Association of North America. "History of Cremation." Published at: www.cremationassociation.org/html/history.html

——. "Emissions Tests Provide Positive Results for Cremation Industry." 1999. Published at: www.cremationassociation.org/html/environment.html

——. "1998 Cremation Data and Projections to the Year 2010." 1999. Published at: www.cremationassociation.org/html/statistics.html

Irion, Paul E. *Cremation*. Philadelphia: Fortress Press, 1968.

Iserson, Kenneth V. *Death to Dust*, second edition. Tucson, Ariz. Galen Press, Ltd., 2000.

National Park Service. "Southwest Region Parks: Protecting Cultural Heritage." NPS Southwest Region, Santa Fe. U.S. Government Printing Office, pp. 837-845, 1992.

Willson, L. A., et al. "Mass Loss at the End of the AGB." Published at: www.public.iastate.edu/~lwillson/homepage.html

riskworld.com/Abstract/1996/SRAam96/ab6aa159.htm

Ott, Wayne. R., et al. "Everyday Exposure to Toxic Pollutants." *Scientific American*, pp. 86-93, February 1998［邦訳：『日経サイエンス』1998年5月号「化学汚染物質があふれる室内の空気」］.

Ozkaynak, J. Xue, et al. "The Particle Team (PTEAM) Study: Analysis of the Data." USEPA Project Summary. EPA/600/SR-95/098, April 1997.

Pew Environmental Health Commission. "Attack Asthma: Why America Needs a Public Health Defense System to Battle Environmental Threats," May 16, 2000. Published at: pewenvirohealth.jhsph.edu/html/reports/PEHCAsthmaReport.pdf

Platts-Mills, Thomas A. E., et al. "Indoor Allergens and Asthma: Report of the Third International Workshop." *Allergy and Clinical Immunology*, 100, no. 6, pp. S2-S24, 1997.

Public Citizen. "Letter to Ann Brown, Chairperson, U.S. Consumer Product Safety Commission." (Re: lead-core candle wicks.) February 24, 2000. Published at:www.citizen.org/publications/release.cfm?ID=6711

Reed, K., et al. "Quantification of Children's Hand and Mouthing Activity." *Journal of Exposure Analysis and Environmental Epidemiology*, 9, no. 5, pp. 513-520, 1999.

Roberts, J. W., et al. "Reducing Dust, Lead, Dust Mites, Bacteria, and Fungi in Carpets by Vacuuming." *Archives of Environmental Contamination and Toxicology*, 36, pp. 477-484, 1999.

Robin, L. F., et at. "Wood-Burning Stoves and Lower Respiratory Illnesses in Navajo Children." *Pediatric Infectious Disease*, 15, no. 10, pp. 859-865, 1998.

Rogge, Wolfgang F., et al. "Sources of Fine Organic Aerosol. Part 6. Cigarette Smoke in the Urban Atmosphere." *Environmental Science & Technology*, 28, pp. 1,375-1,388, 1994.

Sigurs, Nele, et al. "Respiratory Syncytial Virus Bronchiolitis in Infancy Is an Important Risk Factor for Asthma and Allergy at Age 7." *American Journal of Respiratory and Critical Care Medicine*, 11, no. 5, pp. 1,501-1,507, 2000.

Tariq, S. M., et al. "The Prevalence of and Risk Factors for Atopy in Early Childhood: A Whole Population Birth Cohort Study." *Journal of Allergy and Clinical Immunology*, 101, no. 5, pp. 587-593, 1998.

Thiebaud, Herve P., et al. "Mutagenicity and Chemical Analysis of Fumes from Cooking Meat." *Journal of Agricultural and Food Chemistry*, 42, no. 7, pp. 1502-1510, 1994.

U.S. Centers for Disease Control. "Acute Pulmonary Hemorrhage/Hemosiderosis Among Infants." *Morbidity and Mortality Weekly Report*, 43, no. 48, pp. 881-883, 1994.

U.S. Consumer Product Safety Commission. "CPSC Finds Lead Poisoning Hazard for Young Children in Imported Vinyl Miniblinds." Press release #96-150. 1996.

—. U.S. Environmental Protection Agency. "Use and Care of Home Humidifiers." 1991. Published at www.epa.gov/iaq/pubs/humidif.html

Ernst, Pierre, et al. "Relative Scarcity of Asthma and Atopy Among Rural Adolescents Raised on a Farm." *American Journal of Respiratory and Critical Care Medicine*, 161, no. 5, pp. 1,563-1,566,2000.

Farooqi, Sadaf I., et al. "Early Childhood Infection and Atopic Disorder." *Thorax*, 53, pp. 927-932, 1998.

Felton, James. "Food Mutagens: The Role of Cooked Food in Genetic Changes." *Science & Technology Review*, pp. 6-24, July, 1995.

Finkelman, Robert B., et al. "Health Impacts of Domestic Coal Use in China." *Proceedings of the National Academy of Sciences*, 96, pp. 3,427-3,431,1999.

Florig, Keith. "China's Air Pollution Risks." *Environmental Science & Technology*, 31, no. 6, pp. 274A-279A 1997.

Gereda, J. E., et al. "Relation Between House-Dust Endotoxin Exposure, Type 1 T-cell Development, and Allergen Sensitisation in Infants at High Risk of Asthma." *Lancet*, 355, no. 9,216, pp. 1,680-1,683, 2000.

Hagmann, Michael. "A Mold's Toxic Legacy Revisited." *Science*, 288, pp. 243-244, 2000.

Holgate, S. T. "Asthma and Allergy—Disorders of Civilization?" *QJM*, 91, pp. 171-184, 1998.

Hopkin, J. M. "Atopy, Asthma, and the Mycobacteria." *Thorax*, 55, pp.443-445, 2000.

Knize, Mark G., et al. "The Characterization of the Mutagenic Activity of Soil." *Mutation Research*, 192, pp. 23-30, 1987.

Lewis, S. A. "Infections in Asthma and Allergy," *Thorax*, 53, pp. 911-912, 1998.

Lioy, Paul J., et al. "Air Pollution." Environmental and Occupational Health Sciences Institute Web site [訳注：現在このURLにはアクセスできない] : http://snowfall.envsci.rutgers.edu/˜kkeating/101_html/101syllabus_html/lect21-AirPollution_html/ted01_html/

Matricardi, Paolo M., et al. "Exposure to Foodborne and Orofecal Microbes versus Airborne Viruses in Relation to Atopy and Allergic Asthma: Epidemiological Study." *British Medical Journal* 320, pp. 412-417, 2000.

Motomatsu, Kenichi, et al. "Two Infant Deaths After Inhaling Baby Powder." *Chest*, 75, pp. 448-450, 1979.

Nilsson, L., et al. "A Randomized Controlled Trial of the Effect of Pertussis Vaccines on Atopic Disease." *Archives of Pediatric and Adolescent Medicine*, 152, pp. 734-738, 1998.

Nishioka, M., et al. "Measuring Transport of Lawn-Applied Herbicide Acids from Turf to Home: Correlation of Dislodgeable 2, 4-D Turf Residues with Carper Dust and Carpet Surface Residues."*Environmental Science & Technology*, 30, pp. 3,313-3,320, 1996.

Nishioka, M. G., et al. "Measuring Transport of Lawn-Applied 2, 4-D and Subsequent Indoor Exposures of Residents." Abstract of meeting paper published at: www.

Anderson, Rosalind C., et al. "Toxic Effects of Air Freshener Emissions." *Archives of Environmental Health*, 52, pp. 433-441, 1997.

Arlian, L. G., et al. "Population Dynamics of the House Dust Mites *Dermatophagoides farinae, D. pteronyssinus and Euroglyphus maynei* (Acari: Pyroglyphidae) at Specific Relative Humidities." *Journal of Medical Entomology*, 35, no. 1, pp. 46-53, 1998.

Arlian, Larry G., et al. "Prevalence of Dust Mites in the Homes of People with Asthma Living in Eight Different Geographic Areas of the United States." *Journal of Allergy and Clinical Immunology*, 90, no. 3, pp. 292-300, 1992.

Ball, Thomas M., er al. "Siblings, Day-Care Attendance, and the Risk of Asthma and Wheezing During Childhood." *New England Journal of Medicine*, 343,no. 8, pp. 538-543, 2000.

Bernstein, Nina. "38% Asthma Rate Found in Homeless Children." *New York Times*, pp. B1, B13, May 5, 1999.

Bodner, C., et al. "Childhood Exposure to Infection and Risk of Adult Onset Wheeze and Atopy." *Thorax*, 55, pp. 383-387, 2000.

——. "Family Size, Childhood Infections and Atopic Diseases. The Aberdeen WHEASE Group." *Thorax*, 53, pp. 28-32, 1998.

Burge, Harriet A., ed. *Bioaerosols (Indoor Air Research)*. Boca Raton: Lewis Publishers, 1995.

Chapman, M. D. "Environmental Allergen Monitoring and Control." *Allergy*, 53, pp. 48-53, 1998.

Christie, G. L., et al. "Is the Increase in Asthma Prevalence Occurring in Children without a Family History of Atopy?" *Scottish Medical Journal*, 43,no. 6, pp. 180-182, 1998.

Cralley, Lester V., et al. *Health and Safety Boyond the Workplace*. New York: John Wiley & Sons, Inc., 1990.

Cramer, Daniel W., et al. "Genital Talc Exposure and Risk of Ovarian Cancer." *International Journal of Cancer*, 81, pp. 351-356, 1999.

Crater, Scott E., et al. "Searching for the Cause of the Increase in Asthma."*Current Opinion in Pediatrics*, 10, pp. 594-599, 1998.

Cizdziel, James V., et al. "Attics as Archives for House Infiltrating Pollutants: Trace Elements and Pesticides in Attic Dust and Soil from Southern Nevada and Utah." *Microchemical Journal*, 64, pp. 85-92, 2000.

Duff, Angela L., et al. "Risk Factors for Acute Wheezing in Infants and Children: Viruses, Passive Smoke, and IgE Antibodies to Inhalant Allergens." *Pediatrics*, 92, no. 4, pp. 535-540, 1993.

Egan, A. J., et al. "Munchausen Syndrome Presenting as Pulmonary Talcosis." *Archives of Pathology and Laboratory Medicine*, 123, pp. 736-738, 1999.

Erb, Klaus J. "Atopic Disorders: A Default Pathway in the Absence of Infection?" *Immunology Today*, 20, pp. 317-322, 1999.

Rohl, H. N., et al. "Endemic Pleural Disease Associated with Exposure to Mixed Fibrous Dust in Turkey." *Science*, 216, pp. 518-520, 1982.

Schneider, Andrew. "Asbestos-Containing Gardening Product Still Being Sold in Seattle Area." *Seattle Post-Intelligencer*, March 31, 2000. Published at: www.seattle-pi.com/uncivilaction/

——. "Uncivil Action." *Seattle Post-Intelligencer*, November 18-19, 1999. Published at: www.seattle-pi.com/uncivilaction/

Schneider, Eileen, et al. "A Coccidioidomycosis Outbreak Following the Northridge, Calif., Earthquake." *Journal of the American Medical Association*, 277, no. 11, pp. 905-909, 1997.

Schwartz, L. W., et al. "Silicate Pneumoconiosis and Pulmonary Fibrosis in Horses from the Monterey-Carmel Peninsula." *Chest*, 80 (suppl.), pp. 82S-85S, 1981.

Sebastien, P., et al. "Zeolite Bodies in Human Lungs from Turkey." *Laboratory Investigation*, 44, no. 5, pp. 420-425, 1981.

Sherwin, R. P., et at. "Silicate Pneumoconiosis of Farm Workers." *Laboratory Investigation*, 40, no. 5, pp. 576-581, 1979.

Simpson, J. C., et al. "Comparative Personal Exposures to Organic Dusts and Endotoxin." *Annals of Occupational Hygiene*, 43, no. 2, pp. 107-115, 1999.

U.S. Centers for Disease Control. "Hantavirus Pulmonary Syndrome—Panama, 1999-2000." *Morbidity and Mortality Weekly Report*, 49, no. 10, pp. 205-207,2000.

——. *Work-Related Lung Disease Surveillance Report* 1999. Washington, D.C., 1999.

——. *Occupational Exposure to Respirable Coal Mine Dust*. Washington,D.C., 1996.

——. "Respiratory Illness Associated with Inhalation of Mushroom Spores—Wisconsin, 1994." *Morbidity and Mortality Weekly Report*, 43, no. 29, pp. 525-526, 1994.

U.S. Department of Labor. "Labor Secretary Hits Fraud in Coal Mine Health Sampling Program." USDOL Office of Information. 91-151, 1991.

U.S. Environmental Protection Agency. "National Air Pollutant Emission Trends, 1900-1998." EPA 454/R-00-002, March 2000. Published at: www.epa.gov/ttn/chief/trends/trends98/index.html

——. "The 1998 Toxic Release Inventory." EPA-745-R-00-002. Published at: www.epa.gov/tri/tri98/index.htm

Zenz, Carl, et al. *Occupational Medicine*, third edition. St. Louis: Mosby, 1994.

Zhong, Yuna, et al. "Potential Years of Life Lost and Work Tenure Lost When Silicosis Is Compared with Other Pneumoconioses." *Scandinavian Journal of Work and Environmental Health*, 21 (Suppl. 2), pp. 91-94, 1995.

10章　家のなかにひそむミクロの悪魔たち

Abt, Eileen, et al. "Characterization of Indoor Particle Sources: A Study Conducted in the Metropolitan Boston Area." *Environmental Health Perspectives*, 108, no. 1, pp. 35-44, 2000.

——. "The Role of the Sand in Chemical Warfare Agent Exposure among Persian Gulf War Veterans: Al Eskan Disease and 'Dirty Dust'." *Military Medicine*, 165, no. 5, pp. 321-336, 2000.

Leigh, J. Paul, et al. "Occupational Injury and Illness in the United States." *Archives of Internal Medicine*, 157, pp. 1,557-1,568, 1997.

Lemieux, Paul M., et al. "Emissions of Polychlorinated Dibenzo-p-dioxins and Polychlorinated Dibenzofurans from the Open Burning of Household Waste in Barrels." *Environmental Science and Technology*, 34, no. 3, pp. 377-384, 2000.

Lilis, Ruth. "Fibrous Zeolites and Endemic Mesothelioma in Cappadocia, Turkey." *Journal of Occupational Medicine*, 23, no. 8, pp. 548-550, 1981.

Linch, Kenneth D., et al. "Surveillance of Respirable Crystalline Silica Dust Using OSHA Compliance Data (1979-1995)." *American Journal of Industrial Medicine*, 34, pp. 547-558, 1998.

Marsden, William, trans. and ed. Wright, Thomas, re-ed. *The Travels of Marco Polo the Venetian*. New York: Doubleday & Company, Inc., 1948.

Miguel, Ann G., et al. "Allergens in Paved Road Dust and Airborne Particles." *Environmental Science & Technology*, 33, no. 23, pp. 4,159-4,168, 1999.

Morgan, W. Keith, et al. *Occupational Lung Diseases*. Philadelphia. W. B. Saunders, 1984.

Mumpton, Frederick A. "Report of Reconnaissance Study of the Association of Zeolites with Mesothelioma Cancer Occurrences in Central Turkey." Brockport, N.Y.Department of Earth Sciences, State University College, 1979.

National Institute for Occupational Safety and Health. "Preventing Asthma in Animal Handlers." Department of Health and Human Services (NIOSH) Publication No. 97-116, 1998.

——. "Request for Assistance in Preventing Organic Dust Toxic Syndrome." Department of Health and Human Services (NIOSH) Publication No. 94-102, 1994.

Norboo, T., et al. "Silicosis in a Himalayan Village Population: Role of Environmental Dust." *Thorax*, 46, pp. 341-343, 1991.

OSHA. "Cotton Dust." OSHA Fact Sheet: 95-23, 1995.

——. "Grain Dust (Oat, Wheat and Barley)." Comments from the June 19, 1988, Final Rule on Air Contaminants Project extracted from 54FR2324 et. seq. Published at: www.cdc.gov/niosh/pel88/graindst.html

Pless-Mulloli, T., et al. "Living Near Opencast Coal Mining Sites and Children's Respiratory Health." *Occupational & Environmental Medicine*, 57, no. 3, pp. 145-151, 2000.

Reuters News Service. "Ex-U.S. Army Doctor Says Uranium Shells Harmed Vets." Reuters, September 3, 2000.

Rodrigo, M. J., et al. "Detection of Specific Antibodies to Pigeon Serum and Bloom Antigens by Enzyme Linked Immunosorbent Assay in Pigeon Breeder's Disease." *Occupational & Environmental Medicine*, 57, no. 3, pp. 159-164, 2000.

9章 ご近所の厄介者

Ataman, G. "The Zeolitic Tuffs of Cappadocia and Their Probable Association with Certain Types of Lung Cancer and Pleural Mesothelioma." *Comptes Rendus de l'Acadēmie de Science* (Paris), 287, pp. 207-210, 1978.

Baris, Y. I., et al. "An Outbreak of Pleural Mesothelioma and Chronic Fibrosing Pleurisy in the Village of Karain/Üugüp in Anatolia." *Thorax*, 33, pp. 181-192, 1978.

Baum, Gerald L., et al. *Textbook of Pulmonary Diseases*, sixth edition. Philadelphia: Lippincott-Raven, 1997.

Beckett, William, et al. "Adverse Effects of Crystalline Silica Exposure." (Official Statement of the American Thoracic Society.) *American Journal of Critical Care Medicine*, 155, pp. 761-768, 1997.

Brambilla, Christian, et al. "Comparative Pathology of Silicate Pneumoconiosis." *American Journal of Pathology*, 96, no. 1, pp. 149-169, 1979.

Christensen, L. T., et al. "Pigeon Breeders' Disease—a Prevalence Study and Review." *Clinical Allergy*, 5, no. 4, pp. 417-430, 1975.

Cockburn, Aidan, et al. "Autopsy of an Egyptian Mummy." *Science*, 187,no. 4, 182, pp. 1,155-1,160, 1975.

Dong, Depu, et al. "Lung Cancer Among Workers Exposed to Silica Dust in Chinese Refractory Plants." *Scandinavian Journal of Work and Environmental Health*, 21 (Suppl. 2), pp. 69-72, 1995.

Englehardt, James, principal investigator. "Solid Waste Management Health and Safety Risks: Epidemiology and Assessment to Support Risk Reduction." Florida Center for Solid and Hazardous Waste Management. Gainesville, 1999.

Grobbelaar, J. P. "Hut Lung: A Domestically Acquired Pneumoconiosis of Mixed Aetiology in Rural Women." *Thorax*, 46, pp. 334-341, 1991.

Harris, Gardiner, et al. "Dust, Death & Deception: Why Black Lung Hasn't Been Wiped Out." *Courier-Journal*, April 19-26, 1998. Published at: www.courier-journal.com/dust/index.html

Hirsch, Menachem, et al. "Simple Siliceous Pneumoconiosis of Bedouin Females in the Negev Desert." *Clinical Radiology*, 25, pp. 507-510, 1974.

Homes, M. J., et al. "Viability of Bioaerosols Produced from a Swine Facility." Proceedings, International Conference on Air Pollution from Agricultural Operations, Kansas City, Mo., pp. 127-132, February 7-9, 1996.

Houba, Remko, et al. "Occupational Respiratory Allergy in Bakery Workers: A Review of the Literature. *American Journal of Industrial Medicine*, 34, no. 6, pp. 529-546, 1998.

Hubbard, Richard, et al. "Occupational Exposure to Metal or Wood Dust and Aetiology of Cryptogenic Fibrosing Alveolitis." *Lancet*, 347, no. 8997, pp. 284-289, 1996.

Korenyi-Both, A. L., et al. "Al Eskan Disease: Desert Storm Pneumonitis." *Military Medicine*, 157, no. 9, pp. 452-462, 1992.

Alpine Lakes." *Water, Air and Soil Pollution*, 112, pp. 217-227, 1999.

——, et al. "Life at the Freezing Point." *Science*, 280, pp. 2,073-2,074, June 26, 1998.

Reheis, M. C., et al. "Dust Deposition in Southern Nevada and California, 1984-1989: Relations to Climate, Source Area, and Lithology." *Journal of Geophysical Research*, 100, no. D5, pp. 8,893-8,918, 1995.

Reuther, Christopher G. "Winds of Change: Reducing Transboundary Air Pollutants." *Environmental Health Perspectives*, 108, no. 4, pp. A170-175, 2000.

Schlesinger, Richard B. "Properties of Ambient PM Responsible for Human Health Effects: Coherence Between Epidemiology and Toxicology." *Inhalation Toxicology*, 12 (Suppl.1), pp. 23-25, 2000.

Shinn, Eugene A., et al. "African Dust and the Demise of Caribbean Coral Reefs." *Geophysical Research Letters*, 27, no. 19, pp. 3,029-3,033, 2000.

——. "139 Bacteria and Fungi Isolated from African Dust." 私信, February 2001.

Silver, Mary W., et al. "Ciliated Protozoa Associated with Oceanic Sinking Detritus." *Nature*, 309, pp. 246-248, May 17, 1984.

——. "The 'Particle' Flux: Origins and Biological Components." *Progress in Oceanography*, 26, pp. 75-113, 1991.

Smith, G. T., et al. "Caribbean Sea Fan Mortalities." *Nature*, 383, pp. 487, 1996.

Stone, Richard. "Lake Vostok Probe Faces Delays." *Science*, 286, pp. 36-37, October 1, 1999.

Swap, R., et al. "Saharan Dust in the Amazon Basin." *Tellus*, 44B, pp. 133-149, 1992.

Toy, Edmond, et al. "Fueling Heavy Duty Trucks: Diesel or Natural Gas?" *Risk in Perspective*, 8, no. 1, pp. 1-6, 1999.

U.S. Centers for Disease Control. "National Vital Statistics Report." 47, 1998.

U.S. Environmental Protection Agency. *Deposition of Air Pollutants to the Great Waters: Second Report to Congress*. USEPA, Office of Air Quality, Research Triangle Park, June 1997. EPA-453/R-97-011.

——. "Nonattainment Designations for PM-10 as of August 1999." Published at: www.epa.gov/airs/rvnonpm1.gif

Weiss, P., et al. "Impact, Metabolism and Toxicology of Organic Xenobiotics in Plants: A summary of the 4th IMTOX-Workshop contents." Published at: www.ubavie.gv.at/publikationen/tagungs/CP24s.HTM

Wright, Robert J., et al. *Agricultural Uses of Municipal Animal and Industrial Byproducts*. Washington, D.C.: USDA. 1998. Published at: www.ars.usda.gov/is/np/agbyproducts/agbyintro.htm

Young, R. W., et al. "Atmospheric Iron Inputs and Primary Productivity: Phytoplankton Responses in the North Pacific." *Global Biochemical Cycles*, 5,no. 2, pp. 119-134, 1991.

8章　ひたひたと降る塵の雨

"Bad Decision on Clean Air." *New York Times*, p. A22, May 19, 1999.

Busacca, Alan, ed. *Conference Proceedings: Dust Aerosols, Loess Soils, & Global Change, Washington State University*. Publication No. MISC0190, 1998.

Chadwick, O. A., et al. "Changing Sources of Nutrients During Four Million Years of Ecosystem Development." *Nature* 397, pp. 491-497, 1999.

Darwin, Charles. "An Account of the Fine Dust Which Often Falls on Vessels in the Atlantic Ocean." *Quarterly Journal of the Geological Society of London*, 2, pp. 26-30, 1846.

Edworthy, Jason. "Red Snow in the Rockies." *Canadian Alpine Journal*, 61, pp. 71-78, 1978.

Gao, Y., et al. "Relationships Between the Dust Concentrations Over Eastern Asia and the Remote North Pacific." *Journal of Geophysical Research*, 97, pp. 9,867-9,872, 1992.

Health Effects Institute and Aeronomy Laboratory of NOAA. *Report of the PM Measurements Research Workshop, Chapel Hill, North Carolina,* 22-23 July, 1998. Cambridge, Mass.: Health Effects Institute, 1998.

Hefflin, G. J., et al. "Surveillance for Dust Storms and Respiratory Diseases in Washington State, 1991." *Archives of Environmental Health*, 49, no. 3, pp. 170-174, 1994.

Holden, Constance, ed. "Cool DNA." *Science*, 285, p. 327, July 16, 1999.

Hurst, Christon J., ed. *Manual of Environmental Microbiology*. Washington, D.C.: ASM Press, 1997.

Levetin, Estelle. "Aerobiology of Agricultural Pathogens." In *Manual of Environmental Microbiology*, Hurst, Christon J., ed. Washington, D.C.: ASM Press, 1997.

Muhs, Daniel R., et al. "Geochemical Evidence of Saharan Dust Parent Material for Soils Developed on Quaternary Limestones of Caribbean and Western Atlantic Islands." *Quaternary Research*, 33, pp. 157-177, 1990.

NASA. "Magnetite-Producing Bacteria Found in Desert Varnish." NASA Ames press release 97-32, May 1, 1997. Published at［訳注：現在このＵＲＬにはアクセスできない］: ccf.arc.nasa.gov/dx/basket/storiesetc97_32AR.html

Nowicke, Joan W., et al. "Yellow Rain—a Palynological Analysis." *Nature*, 309, pp. 205-207, May 17, 1984.

Perry, Kevin D., et al. "Long-Range Transport of North African Dust to the Eastern United States." *Journal of Geophysical Research*, 102, no. D10, pp. 11,225-11,238, 1997.

Priscu, John C., et al. "Perennial Antarctic Lake Ice: An Oasis of Life in a Polar Desert." *Science*, 280, pp. 2,095-2,098, June 26, 1998.

Prospero, J. M., et al. "Impact of the North African Drought and El Niño on Mineral Dust in the Barbados Trade Winds." *Nature*, 320, pp. 735-738, 1986.

Psenner, Roland. "Living in a Dusty World: Airborne Dust as a Key Factor for

Gray, William M., et al. "Weather Modification by Carbon Dust Absorption of Solar Energy." *Journal of Applied Meteorology*, 15, pp. 355-386, April 1976.

Hansen, James, et al. "Global Warming in the Twenty-First Century: An Alternative Scenario." *Proceedings of the National Academy of Science*, 97, no.18, pp. 9,875-9,880, 2000.

Ledley, T. S., et al. "Potential Effects of Nuclear War Smokefall on Sea Ice." *Climatic Change*, 8, pp. 155-171, 1986.

——. "Sediment-Laden Snow and Sea Ice in the Arctic and Its Impact on Climate." *Climatic Change*, 37, pp. 641-664, 1997.

Li, L.-A., et al. "The Impact of Worldwide Volcanic Activities on Local Precipitation—Taiwan as an Example." *Journal of the Geological Society of China*, 40, pp. 299-311, 1997.

Overpeck, Jonathan, et al. "Possible Role of Dust-Induced Regional Warming in Abrupt Climate Change During the Last Glacial Period." *Nature*, 384, pp. 442-449, December 5, 1996.

Podgorny, I. A., et al. "Aerosol Modulation of Atmospheric and Surface Solar Heating Over the Tropical Indian Ocean." *Tellus*, 52B, pp. 947-958, 2000.

Prospero, Joseph M., et al. "Impact of the North African Drought and El Niño on Mineral Dust in the Barbados Trade Winds." *Nature*, 320, pp. 735-738, April 24, 1986.

Rhodes, Johnathon J. "Mode of Formation of 'Ablation Hollows' Controlled By Dirt Content of Snow." *Journal of Glaciology*, 33, no. 4. pp. 135-139, 1987.

Rosenfeld, D. "TRMM Observed First Direct Evidence of Smoke from Forest Fires Inhibiting Rainfall." *Geophysical Research Letters*, 26, no. 20, pp. 3,105-3,109, 1999.

Rosenfeld, Daniel. "Suppression of Rain and Snow by Urban and Industrial Air Pollution." *Science*, 287, pp. 1,793-1,796, March 10, 2000.

Steen, R. S. "Cryosphere-Atmosphere Interactions in the Global Climate System." Ph. D. Dissertation, Rice University, December 1997.

Taylor, Kendrick. "Rapid Climate Change." *American Scientist*, 87, no.4, pp. 320-327, 1999.

Tegen, Ina, et al. "The Influence of Climate Forcing of Mineral Aerosols from Disturbed Soils." *Nature*, 380, pp. 419-422, April 4, 1996.

Twohy, C. H., et al. "Light-Absorbing Material Extracted from Cloud Droplets and its Effect on Cloud Albedo." *Journal of Geophysical Research*, 94, no. D6, pp. 8,623-8,631, 1989.

"UW Professor's Climate Change Theory Leads to NASA Mission." University of Wasington press release, August 2, 1999.

Warren, S. G. "Impurities in Snow: Effects on Albedo and Snowmelt (Review)." *Annals of Glaciology*, 5, pp. 177-179, 1984.

6,806, 2000.

Raloff, J. "Sooty Air Cuts China's Crop Yields." *Science News Online*, December 4, 1999. Published at:www.sciencenews.org/sn_arc99/12_4_99/fob1.htm

Ram, Michael, et al. "Insoluble Particles in Polar Ice: Identification and Measurement of the Insoluble Background Aerosol." *Journal of Geophysical Research*, 21, no. D7, pp. 8,378-8,382, 1994.

Thompson, R. D. *Atmospheric Processes and Systems*. London, New York: Routledge, 1998.

United States Embassy, Beijing, China. "Partial Summary, Comments on 'Can the Environment Wait? Priorities for East Asia.' " Published at: www.usembassy-china.org.cn/sandt/bjpollu.htm

——."PRC Air Pollution: How Bad Is It?" 1998. Published at: www.usembassy-china.org.cn/sandt/Airq3wb.htm

U.S. Environmental Protection Agency. *National Air Pollutant Emission Trends, 1900-1998*. March 2000. Published at: www.epa.gov/ttn/chief/trends/trends98/index.html

Wilson, Richard, and Spengler, John D. *Particles in Our Air: Concentrations and Health Effects*. Boston: Harvard University Press, 1996.

Zhang, X. Y. et al. "Sources, Emission, Regional-and Global-Scale Transport of Asian Dust." *Conference Proceedings: Dust Aerosols, Loess Soils & Global Change, Washington State University*, 1998.

7章　塵は氷河期に何をしていたのか

Ackerman, A. S., et al. "Reduction of Tropical Cloudiness by Soot." *Science*, 288, pp. 1,042-1,047, May 12, 2000.

Anderson, Theodore L., et al. "Biological Sulfur, Clouds and Climate." In *Encyclopedia of Earth System Science*. Nierenberg, William A., ed. Orlando, Fla.: Academic Press, Inc., 1992.

Basile, Isabelle, et al. "Patagonian Origin of Glacial Dust Deposited in East Antarctica (Vostok and Dome C) During Glacial Stages 2, 4 and 6." *Earth and Planetary Science Letters*, 146, pp. 573-589, 1997.

Biscaye, P. E., et al. "Asian Provenance of Glacial Dust (Stage 2) in Greenland Ice Sheet Project 2 Ice Core, Summit, Greenland." *Journal of Geophysical Research*, 102, no. C12, pp. 26,765-26,781, 1997.

Boyd, P. W., et al. "Atmospheric Iron Supply and Enhanced Vertical Carbon Flux in the NE Subarctic Pacific: Is There a Connection?" *Global Biogeochemical Cycles*, 12, no. 3, pp. 429-441, 1998.

Coale, Kenneth H., et al. "A Massive Phytoplankton Bloom Inducted by an Ecosystem-Scale Iron Fertilization Experiment in the Equatorial Pacific Ocean." *Nature*, 383, pp. 495-501, October 10, 1996.

6章　塵は風に乗り国境を越えて

Anderson, Theodore L., et al. "Biological Sulfur, Clouds, and Climate." From *Encyclopedia of Earth System Science*, volume 1. New York: Academic Press, 1992.

Charlson, R. J., et al. "Sulfate Aerosol and Climate Change." *Scientific American*, 270, no. 2, pp. 48-57, 1994［邦訳：『日経サイエンス』1994年4月号「硫酸塩エアロゾルと気候変動」］.

Darwin, Charles. "An Account of the Fine Dust Which Often Falls on Vessels in the Atlantic Ocean." *Quarterly Journal of the Geological Society of London*, 2, pp. 26-30, 1846.

Delany, A. C., et al. "Airborne Dust Collected at Barbados." *Geochimica et Cosmochimica Acta*, 31, pp. 885-909, 1967.

Derbyshire, E., et al. "Landslides in the Gansu Loess of China." *Catena Supplement*, 20, pp. 119-145, 1991.

Dong, Hai. "Pollution a Culprit in Most Beijing Fogs." *Beijing Wanbao*,January 16, 1999. Published at:www.usembassy-china.org.cn/sandt/Bjfog.htm

Florig, H. Keith. "China's Air Pollution Risks." *Environmental Science & Technology*, 31, no. 6, pp. 274A-279A, 1997.

Franzen, Lars G. "The 'Yellow Snow' Episode of Northern Fennoscandia, March 1991—a Case Study of Long-Distance Transport of Soil, Pollen and Stable Organic Compounds." *Atmospheric Environment*, 28, no. 22, pp. 3,587-3,604, 1994.

Fullen, M. A., et al. "Aeolian Processes and Desertification in North Central China." Presented at: Wind Erosion: An International Symposium/Workshop. Manhattan, Kansas, June 3-5, 1997.

Jaffe, D., et al. "Transport of Asian Air Pollution to North America." *Geophysical Research Letters*, 26, pp. 711-714, 1999.

Knipping, E. M., et al. "Experiments and Simulations of Ion-Enhanced Interfacial Chemistry on Aqueous NaCl Aerosols." *Science*, 288, pp. 301-306, April 14, 2000.

Koehler, Birgit G. et al. "An FTIR Study of the Adsorption of SO_2 on n-Hexane Soot from -130° to -40°C." *Journal of Geophysical Research-Atmospheres*, 104, no. D5, pp. 5,507-5,515, 1999.

Landler, Mark. "Choking on China's Air, but Loath to Cry Foul." *New York Times*, February 12, 1999.

Lee, ShanHu, et al. "Lower Tropospheric Ozone Trend Observed in 1989-1997 in Okinawa, Japan." *Geophysical Research Letters*, 25, no. 10, pp. 1,637-1,640, 1998.

Perry, Kevin D., et al. "Long-Range Transport of North African Dust to the Eastern United States." *Journal of Geophysical Research*, 102, no. D10, pp. 11,225-11,238, 1997.

Petit, Charles W. "Weekend Rainouts Could Be Our Own Fault." *U.S. News & World Report*, 125, p. 4, 1998.

Quinn, P. K., et al. "Surface Submicron Aerosol Chemical Composition: What Fraction Is Not Sulfate?" *Journal of Geophysical Research*, 105, no. D5, pp. 6,785-

Liss, Peter. "Take the Shuttle—from Marine Algae to Atmospheric Chemistry." *Science*, 285, pp. 1,217-1,218, August 20, 1999.

Marshall, W. A. "Biological Particles Over Antarctica." *Nature*, 383, p. 680, October 24, 1996.

McGee, Kenneth A., et al. "Impacts of Volcanic Gases on Climate, the Environment, and People." U.S. Geological Survey Open-File Report 97-262, 1997.

Newhall, Chris, et al. "The Cataclysmic 1991 Eruption of Mount Pinatubo, Philippines." U.S. Geological Survey Fact Sheet 113-97, online version 1.0. Published at: geopubs.wr.usgs.gov/fact-sheet/fs113-97/

Nyberg, F., et al. "Urban Air Pollution and Lung Cancer in Stockholm" *Epidemiology*, 11, no 5, pp. 487-495, 2000.

Penner, Joyce E., et al., eds. *Aviation and the Global Atmosphere*. Cambridge: Cambridge University Press, 1999.

Psenner, R. et al. "Life at the Freezing Point." *Science*, 280, pp. 2,073-2,074, June 26, 1998.

Pyne, Stephen J. *World Fire: The Culture of Fire on Earth*. New York:Henry Holt, 1997.

Quinn, P. K., et al. "Aerosol Optical Properties in the Marine Boundary Layer During the First Aerosol Characterization Experiment (ACE1) and the Underlying Chemical and Physical Aerosol Properties." *Journal of Geophysical Research*, 103, no. D13, pp. 16,547-16,563, 1998.

Reheis, M. C., et al. "Dust Deposition in Southern Nevada and California, 1984-1989: Relations to Climate, Source Area, and Lithology." *Journal of Geophysical Research*, 100, no. D5, pp. 8,893-8,918, 1995.

Rogers, C. A., et al. "Evidence of Long-Distance Transport of Mountain Cedar Pollen into Tulsa, Oklahoma." *International Journal of Biometeorology*, 42, pp. 65-72, 1998.

Toy, Edmond, et al. "Fueling Heavy Duty Trucks: Diesel or Natural Gas?" *Risk in Perspective*, 8, no. 1, pp. 1-6, 2000.

U.S. Air Force. "U.S. Air Force Evolved Expendable Launch Vehicle Program: Final Supplemental Environmental Impact Statement." Published at: [訳注　現在このＵＲＬにはアクセスできない] http://ax.laafb.af.mil/axf/eelv/, 2000.

U.S. Department of Agriculture. "Global Warming's High Carbon Dioxide Levels May Exacerbate Ragweed Allergies." USDA press release. Release No. 0278.00, August 2000.

U.S. Environmental Protection Agency. "National Air Pollutant Emission Trends 1900-1998." EPA 454/R-00-002, March 2000. Published at: www.epa.gov/ttn/chief/trends/trends98/index.html

Westbrook, J. K., et al. "Atmospheric Scales of Biotic Dispersal." *Agricultural and Forest Meteorology*, 97, pp. 263-274, 1999.

Walker, A. S. "Deserts: Geology and Resources." USGS, 1997. Published at: http://pubs.usgs.gov/gip/deserts/

5章 空を目指す塵たち

Anderson, Bruce E., et al. "Aerosols from Biomass Burning Over the Tropical South Atlantic Region: Distributions and Impacts." *Journal of Geophysical Research*, 101, no. D19, pp. 24,117-24,137, 1996.

Andres, R. J., et al. "A Time-Averaged Inventory of Subaerial Volcanic Sulfur Emissions." *Journal of Geophysical Research*, 103, no. D19, pp. 25,251-25,261, 1998.

Bates, Timothy, et al. "Oceanic Dimethylsulfide (DMS) and Climate." Date unknown. Published at: saga.pmel.noaa.gov/review/dms_climate.html

Baxter, P. J., et al. "Preventive Health Measures in Volcanic Eruptions." *American Journal of Public Health*, 76 (Suppl. 3), pp. 84-90, 1986.

Casadevall, Thomas J. "The 1989-1990 Eruption of Redoubt Volcano, Alaska: Impacts on Aircraft Operations." *Journal of Volcanology and Geothermal Research*, 62, pp. 301-316, 1994.

——, ed. *Volcanic Ash and Aviation Safety: Proceedings of the First International Symposium on Volcanic Ash and Aviation Safety*. USGS Bulletin 2047,1994.

Chen, Jen-Ping. "Particle Nucleation by Recondensation in Combustion Exhausts." *Geophysical Research Letters*, 26, no. 15, pp. 2,403-2,406, 1999.

Dacey, John W. H., et al. "Oceanic Dimethylsulfide: Production During Zooplankton Grazing on Phytoplankton." *Science*, 233, pp. 1,314-1,316, September 19, 1986.

Ferek, Ronald J., et al. "Measurements of Ship-Induced Tracks in Clouds off the Washington Coast." *Journal of Geophysical Research*, 103, no. D18, pp. 23,199-23,206, 1998.

Friedl, Randall R., ed. *Atmospheric Effects of Subsonic Aircraft: Interim Assessment Report of the Advanced Subsonic Technology Program*. Goddard Space Flight Center: NASA Reference Publication 14-00, 1997.

Galanter M., et al. "Impacts of Biomass Burning of Tropospheric CO, NOx, and O3." *Journal of Geophysical Research*, 105, no. D5, pp. 6,633-6,653, 2000.

Herring, David. "Evolving in the Presence of Fire." Published at: earthobservatory.nasa.gov/Study/BOREASFire/boreas_fire.html. October, 1999.

Hornberger, B., et al. "Measurement of Tire Particles in Urban Air." Presented at ACAAI, Dallas, Texas, 1995.

Jaffrey, S. A., et al. "Fibrous Dust Release from Asbestos Substitutes in Friction Products." *Annals of Occupational Hygiene*, 36, no. 2, pp. 173-181,1992.

Knight, Nancy C., et al. "Some Observations on Foreign Material in Hailstones." *Bulletin of the American Meteorological Society*, 59, no. 3, pp. 282-286, 1978.

Kuhlbusch, Thomas A. J. "Black Carbon and the Carbon Cycle." *Science*, 280, pp. 1,903-1,904, June 19, 1998.

Bulletin, 108, no. 10, pp. 1,256-1,274, 1996.

——. "Sedimentary Record and Climatic Implications of Recurrent Deformation in the Tian Shan: Evidence from Mesozoic Strata of the North Tarim, South Junggar, and Turpan Basins, Northwest China." *GSA Bulletin,* 104, pp. 53-79, January 1992.

Holden, Constance, editor. "Remnant Crocs Found in Sahara." *Science,* 287, p. 1,199, February 18, 2000.

Hurt, R. Douglas. *The Dust Bowl: An Agricultural and Social History*. Chicago: Nelson-Hall, 1981.

Jerzykiewicz, T., et al. "Djadokhta Formation Correlative Strata in Chinese Inner Mongolia: An Overview of the Stratigraphy, Sedimentary Geology, and Paleontology and Comparisons with the Type Locality in the Pre-Altai Gobi." *Canadian Journal of Earth Science,* 30, pp. 2,180-2,195, 1993.

Kerr, Richard A. "The Sahara Is Not Marching Southward." *Science,* 281, pp. 633-634, July 31, 1998.

Loope, David B., et al. "Life and Death in a Late Cretaceous Dune Field, Nemegt Basin, Mongolia." *Geology,* 26, no. 1, pp. 27-30, 1998.

——. "Mud-filled *Ophiomorpha* from Upper Cretaceous Continental Redbeds of southern Mongolia: An Ichnologic Clue to the Origin of Detrital, Grain-Coating Clays." *Palaios,* 14, pp. 451-458, 1999.

Louw, G. N., et al. *Ecology of Desert Organisms*. New York: Longman Group, 1982.

Lumpkin, Thomas A., et al. "The Critical Role of Loess Soils in the Food Supply of Ancient and Modern Societies." *Conference Proceedings: Dust Aerosols, Loess, Soils & Global Change, Washington State University,* 1998.

Malusa, Jim. "Silent Wild. (Atacama Desert, Chile)." *Natural History,* 107, no. 3, pp. 50-57, 1998.

Priscu, John C. *Ecosystem Dynamics in a Polar Desert: The McMurdo Dry Valleys, Antarctica*. Washington, D.C.: American Geophysical Union, 1998.

Pye, Kenneth. *Aeolian Dust and Dust Deposits*. New York: Harcourt Brace Jovanovich, 1987.

Reheis, M. C., et al. "Owens (Dry) Lake, California: A Human-Induced Dust Problem." United States Geological Survey. 1997. Published at: http://geochange.er.usgs.gov/sw/impacts/geology/owens/

Sidey, Hugh. "Echoes of the Great Dust Bowl." *Time,* p. 50, June 10, 1996.

Sincell, Mark. "A Wobbly Start for the Sahara." *Science,* 285, p. 325,July 16, 1999.

Sletto, Bjorn. "Desert in Disguise." *Earth,* 6, no. 1, p. 42-50, 1997.

Sneath, David. "State Policy and Pasture Degradation in Inner Asia." *Science,* 281, pp. 1,147-1,148, August 21, 1998.

Strauss, Evelyn. "Wringing Nutrition from Rocks." *Science,* 288, p. 1,959, June 16, 2000.

U.S. Department of Agriculture. "Summary Report 1997 National Resources Inventory." Published at:www.nrcs.usda.gov/technical/NRI/1997/summary_report/

Pole." *Nature*, 392, pp. 899-903, April 30, 1998.

4章　砂漠の大虐殺

Anonymous. "Some Information about Dust Storms and Wind Erosion on the Great Plains." U.S. Department of Agriculture, Soil Conservation Service. March 30, 1953. (AGR-SCS-Beltsville, Maryland 2630, April 1954)

Babaev, Agajan G., ed. *Desert Problems and Desertification in Central Asia.* Heidelberg: Springer, 1999.

Bennett, H. H. "Emergency and Permanent Control of Wind Erosion in the Great Plains." *The Scientific Monthly*, XLVII, pp. 381-399, 1938.

—. *Soil Conservation.* New York and London: McGraw-Hill, 1939.

Blouet, Brian W. et al., eds. *The Great Plains: Environment and Culture.* Lincoln: University of Nebraska Press, 1979.

Busacca, Alan, et al. "Effect of Human Activity on Dustfall: A 1,300-Year Lake-Core Record of Dust Deposition on the Columbia Plateau, Pacific Northwest U.S.A." *Conference Proceedings: Dust Aerosols, Loess Soils & Global Change, Washington State University.* Publication No. MISC 0190, 1998.

—, eds: *Conference Proceedings: Dust Aerosols, Loess Soils & Global Change, Washington State University.* Publication No. MISC 0190, 1998.

Cloudsley-Thompson, J. L. *Man and the Biology of Arid Zones.* Baltimore: University Park Press, 1977.

—, ed. *Sahara Desert.* New York: Pergamon Press, 1984.

Crowley, Thomas J. "Remembrance of Things Past: Greenhouse Lessons from the Geologic Record." *Consequences*, 2, no. 1, pp. 3-12, 1996.

Douglas, David. "Environmental Eviction: Migration from Environmentally Damaged Areas." *Christian Century*, 113, no. 26, pp. 839-841, 1996.

Fastovsky, David E., et al. "The Paleoenvironments of Tugrikin-Shireh (Gobi Desert, Mongolia) and Aspects of the Taphonomy and Peleoecology of Protoceratops (Dinosauria: Ornithishichia)." *Palaios*, 12, no. 1, pp. 59-70, 1997.

George, Uwe. *In the Deserts of This Earth.* San Diego: Harcourt Brace Jovanovich, 1977.

Gillette, Dale A. "Estimation of Suspension of Alkaline Material by Dust Devils in the United States." *Atmospheric Environment*, 24A, no. 5, pp.1,135-1,142, 1990.

Graham, Stephan A., et al. "Stratigraphic Occurrence, Paleoenvironment, and Description of the Oldest Known Dinosaur (Late Jurassic) from Mongolia." *Palaios*, 12, no. 3, pp. 292-297, 1997.

Helms, Douglas, et al., eds. *The History of Soil and Water Conservation.* Washington, D.C.: The Agricultural History Society, 1985.

Hendrix, Marc S., et al. "Noyon Uul Syncline, Southern Mongolia: Lower Mesozoic Sedimentary Record of the Tectonic Amalgamation of Central Asia." *GSA*

3章　静かに舞いおりる不思議な宇宙の塵

Andersen, Anja, et al. "Spectral Features of Presolar Diamonds in the Laboratory and in Carbon Star Atmospheres." *Astronomy and Astrophysics*, 30, pp.1,080-1,090, 1998.

Backman, Dana, et al. "Extrasolar Zodiacal Emission: NASA Panel Report." NASA, 1997. Published at: astrobiology.arc.nasa.gov/workshops/1997/zodiac/backman/IIIa2.html

Bradley, John P., et al. "An Infrared Spectral Match between GEMS and Interstellar Grains." *Science*, 285, pp. 1,716-1,718, September 10, 1999.

Farley, K. A. "Cenozoic Variations in the Flux of Interplanetary Dust Recorded by 3He in a Deep-Sea Sediment." *Nature*, 376, pp. 153-156, July 13, 1995.

——, et al. "Geochemical Evidence for a Comet Shower in the Late Eocene." *Science*, 280, pp. 1,250-1,253, May 22, 1998.

Haggerty, Stephen E. "A Diamond Trilogy: Superplumes, Supercontinents, and Supernovae." *Science*,285, pp. 851-860, August 6, 1999.

Kerr, Richard A. "Planetary Scientists Sample Ice, Fire, and Dust in Houston." *Science*, 280, pp. 38-39, April 3, 1999.

Kortenkamp, Stephen J. "Amid the Swirl of Interplanetary Dust." *Mercury*, pp. 7-11, November-December 1998.

——, et al. "A 100,000-Year Periodicity in the Accretion Rate of Interplanetary Dust." *Science*, 280, pp. 874-876, May 8, 1998.

Kyte, Frank T. "The Extraterrestrial Component in Marine Sediments: Description and Interpretation." *Paleoceanography*, 3, no. 2, pp. 235-247, 1988.

Love, S. G., et al. "A Direct Measurement of the Terrestrial Mass Accretion Rate of Cosmic Dust." *Science*, 262, pp. 550-553, October 22, 1993.

Maurette, M., et al. "A Collection of Diverse Micrometeorites Recovered from 100 Tonnes of Antarctic Blue Ice." *Nature*, 351, pp. 44-45, May 2, 1991.

——."Placers of Cosmic Dust in the Blue Ice Lakes of Greenland." *Science*, 233, pp. 869-872, August 22, 1986.

Monastersky, Richard. "Space Dust May Rain Destruction on Earth." *Science News*, 153, no. 19, p. 294, May 9, 1998.

Muller, Richard A., et al. "Origin of the Glacial Cycles: A Collection of Articles." International Institute for Applied Systems Analysis, RR-98-2, February 1998.

Murray, John, et al. "Report on Deep-Sea Deposits Based on the Specimens Collected During the Voyage of *HMS* Challenger in the Years 1872-1876. Volume-XVIII (Part I), pp. xcix-c. From *The Voyage of HMS*Challenger. Thompson, C. W., and Murray, J., eds. London: Her Majesty's Stationery Office, 1891.

Oliver, John P., et al. "LDEF Interplanetary Dust Experiment (IDE) Impact Detector Results." Paper presented at the SPIE International Symposium on Optical Engineering in Aerospace Sensing, April, 1994.

Taylor, Susan, et al. "Accretion Rate of Cosmic Spherules Measured at the South and in Carbon Star Atmospheres." *Astronomy and Astrophysics*, 30, pp.1,080-1,090, 1998.

Backman, Dana, et al. "Extrasolar Zodiacal Emission: NASA Panel Report." NASA, 1997. Published at: http://astrobiology.arc.nasa.gov/workshops/1997/zodiac/backman/IIIa2.html.

Basiuk. Vladimir A., et al. "Pyrolytic Behavior of Amino Acids and Nucleic Acid Bases: Implications for Their Survival During Extraterrestrial Delivery." *Icarus*, 134, no. 2, pp. 269-279, 1998.

Beckwith, Steven V. W., et al. "Dust Properties and Assembly of Large Particles in Protoplanetary Disks." From *Protostars and Planets IV*. Mannings, Vince, et al., eds. Tucson: University of Arizona Press, 2000.

Bernstein, Max P., et al. "Life's Far-Flung Raw Materials." *Scientific American*, 281, pp. 42-49, July 1999［邦訳：『日経サイエンス』1999年10月号「宇宙からやってきた生命のもと」］.

Blum, Jurgen, et al. "The Cosmic Dust Aggregation Experiment CODAG." *Measurement Science and Technology*, 10, pp. 836-844, 1999.

Clark, David H. *The Historical Supernovae*. Oxford: Pergamon Press, 1979.

Clayton, Donald D., et al. "Condensation of Carbon in Radioactive Supernova Gas." *Science*, 283, pp. 1,290-1,292, February 26, 1999.

Culotta, Elizabeth, et al. "Planetary Systems Proliferate." *Science*, 286, p. 65, October 1, 1999.

Dwek, E., et al. "Detection and Characterization of Cold Interstellar Dust and Polycyclic Aromatic Hydrocarbon Emission, from COBE Observations." *Astrophysical Journal*, 475, pp. 565-579, February 1, 1997.

Hellemans, Alexander. "Fine Details Point to Space Hydrocarbons." *Science*, 287, p. 946, February 11, 2000.

Irion, Robert. "Can Amino Acids Beat the Heat?" *Science*, 288, p. 605,April 28, 2000.

Lada, Charles. "Deciphering the Mysteries of Stellar Origins." *Sky & Telescope*, pp. 18-24, May 1993.

Maran, Stephen P., ed. *The Astronomy and Astrophysics Encyclopedia*. New York: Van Nostrand Reinhold, 1992.

Mathis, John S. "Interstellar Dust and Extinction." *Annual Review of Astronomy and Astrophysics*, 28, no. 28, pp. 37-69, 1990.

Reach, William T., et al. "The Three-Dimensional Structure of the Zodiacal Dust Bands." *Icarus*, 127, no. 2, pp. 461-485, 1997.

Stokstad, Erik. "Space Rock Hints at Early Asteroid Furnace." *Science*, 284, pp. 1,246-1,247, May 21, 1999.

Wood, John A. "Forging the Planets." *Sky & Telescope*, pp. 36-48, January 1999.

参考文献

1章　一粒の塵に世界を観る

Cooke, William F., et al. “A Global Black Carbon Aerosol Model.” *Journal of Geophysical Research*, 101, no. D14, pp. 19,395-19,419, 1996.

EDGAR Database. “Global Anthropogenic NOx Emissions in 1990.” Published at: rivm.nl/env/int/coredata/edgar/

Ford, A., et al. “Volcanic Ash in Ancient Maya Ceramics of the Limestone Lowlands: Implications for Prehistoric Volcanic Activity in the Guatemala Highlands.” *Journal of Volcanology and Geothermal Research*, 66, no. 1-4, pp. 149-162, 1995.

Gong, Sunling. Global Sea-Salt Flux Estimate.私信, January, 2000.

Guenther, Alex. Biogenic Volatile Organic Compounds, Global Flux Estimates.私信, January 2000.

Kaiser, Jocelyn. “Panel Backs EPA and ‘Six Cities’ Study.” *Science*, 289, p. 711, August 4, 2000.

Marshall, W. A. “Biological Particles over Antarctica.” *Nature*, 383, p. 680, October 24, 1996.

Prospero, Joseph M. “Long-Term Measurements of the Transport of African Mineral Dust to the Southeastern United States: Implications for Regional Air Quality.” *Journal of Geophysical Research*, 104, no. D13, pp. 15,917-15,927, 1999.

Psenner, R., et al. “Life at the Freezing Point,” *Science*, 280, pp. 2,073-2,074, June 26, 1998.

Sattler, B., et al. “Bacterial Growth in Supercooled Cloud Droplets.” *Geophysical Research Letters*, 28, no. 2, pp. 239-243, 2001.

Stone, E. C., et al. “From Shifting Silt to Solid Stone: The Manufacture of Synthetic Basalt in Ancient Mesopotamia.” *Science*, 280, pp. 2,091-2,093, June 26, 1998.

Tegen, Ina, et al. “Contribution of Different Aerosol Species to the Global Aerosol Extinction Optical Thickness: Estimates from Model Results.” *Journal of Geophysical Research*, 102, no. D20, pp. 23,895-23,915, 1997.

Urquart, Gerald, et al. “Tropical Deforestation.” NASA Earth Observatory, undated. Published at: earthobservatory.nasa.gov/Library/Deforestation/deforestation_3.html

U.S. Centers for Disease Control. *Work-Related Lung Disease Surveillance Report* 1999. Washington, D.C.: CDC, 1999.

Yokelson, Robert J. Gas-to-Particle Conversion Rate for Biomass-Burning Carbon. 私信, January 2000.

2章　星々の生と死

Andersen, Anja, et al. “Spectral Features of Presolar Diamonds in the Laboratory

著　者

Hannah Holmes

サイエンス・ライター。Discovery Channel Onlineの特派員として、世界各地でおこなわれる科学的な研究調査に同行して記事を書いている。ほかにも、New York Times Magazine、National Geographic Traveler、Wildlife Conservationなどの雑誌に寄稿。
初めての著書となる本書は、優れた科学ノンフィクションに贈られるアヴェンティス賞の2002年度最終選考に残った。アメリカのメイン州サウスポートランド在住。

監修者

岩坂泰信（いわさか やすのぶ）

1941年富山県生まれ。東京大学大学院地球物理学専攻博士課程修了（理学博士）。現在、名古屋大学大学院環境学研究科教授。日本エアロゾル学会会長。著書に『オゾンホール』（裳華房）、『岩波講座　地球惑星科学3　地球環境論』『岩波講座　地球環境学3　大気環境の変化』（岩波書店）、『北極圏の大気科学』（共著・編集　養賢堂）、『環境学入門　大気環境学』（岩波書店）などがある。

訳　者

梶山あゆみ（かじやま）

東京都立大学人文学部卒。翻訳家。共訳に『ヒトラーに盗まれた第三帝国』（原書房）。翻訳協力に『美しくなければならない』（紀伊國屋書店）、『ゾウの耳はなぜ大きい？』（早川書房）、『水素エコノミー』（日本放送出版協会）、『Xファイルの科学』（バベルプレス）ほか多数。

小さな塵の大きな不思議

2004年3月31日　第1刷発行

発行所　株式会社 紀伊國屋書店
東京都新宿区新宿3－17－7
出版部（編集）電話03（5469）5919
ホールセール部（営業）電話03（5469）5918
東京都渋谷区東3－13－11
郵便番号150-8513

ISBN 4-314-00957-8 C0040
Printed in Japan
定価は外装に表示してあります

装幀　芦澤泰偉

印刷　慶昌堂印刷／製本　大口製本印刷